C# 边做边学

微课视频版

◎ 黄兴荣 李昌领 张廷秀 李继良 编著

清华大学出版社
北京

内 容 简 介

本书以 Visual Studio .NET 2017 作为开发平台，从 C#语言基础知识、面向对象编程、可视化编程、数据库编程及应用、二维小游戏开发等方面，深入浅出地全面介绍运用C#语言在.NET框架下开发各种应用程序的方法和技巧。书中内容围绕面向对象编程的基础及深入、可视化编程的基础及深入、数据库编程及应用三个方面进行重点论述，以上三个方面既是C#语言的精髓，也是读者入门时最为关键、最为关心的问题。在编排体系上，采用"项目引领，任务驱动"的教学模式，视每章为一个项目，每个项目由功能介绍、设计思路、关键技术、项目实践、小结等环节组成。全书共分为两个部分：第一部分给出14个基础实验项目，基本覆盖C#程序设计的主要知识点、方法和技巧；第二部分给出三个综合性案例，旨在提高读者提升实际项目开发的能力。

本书内容丰富、实用、可操作性强、语言生动流畅，能够使读者在轻松愉快的环境下迅速掌握使用C#语言进行程序设计的方法和技巧。本书特别适合于C#的初学者，也适用于有一定编程经验并想使用C#开发应用程序的专业人员。本书可作为高等学校的教材，也适合从事软件开发和应用的人员参考。

图书在版编目(CIP)数据

C#边做边学：微课视频版/黄兴荣等编著，—北京：清华大学出版社，2021.8(2023.1重印)
(21世纪新形态教·学·练一体化系列丛书)
ISBN 978-7-302-57300-5

Ⅰ.①C…　Ⅱ.①黄…　Ⅲ.①C语言—程序设计　Ⅳ.①TP312.8

中国版本图书馆CIP数据核字(2020)第005998号

策划编辑：魏江江
责任编辑：王冰飞　薛　阳
封面设计：刘　键
责任校对：焦丽丽
责任印制：丛怀宇

出版发行：清华大学出版社
网　　址：http://www.tup.com.cn，http://www.wqbook.com
地　　址：北京清华大学学研大厦A座　　**邮　　编**：100084
社 总 机：010-83470000　　**邮　　购**：010-62786544
投稿与读者服务：010-62776969，c-service@tup.tsinghua.edu.cn
质量反馈：010-62772015，zhiliang@tup.tsinghua.edu.cn
课件下载：http://www.tup.com.cn，010-83470236
印 装 者：三河市铭诚印务有限公司
经　　销：全国新华书店
开　　本：203mm×260mm　　**印　　张**：19.75　　**字　　数**：518千字
版　　次：2021年8月第1版　　**印　　次**：2023年1月第3次印刷
印　　数：2701～3900
定　　价：49.80元

产品编号：085851-01

C#语言作为高效的.NET开发语言，已成为业界主流的程序设计语言之一。C#具有功能强大，编程过程简捷明快、易学易用，适合快速程序开发的特性。

本书内容丰富，选题典型准确，注重项目实现步骤及细节，具有很强的可操作性。全书共分为两个部分：第一部分给出14个基础实验项目，基本覆盖C#程序设计的主要知识点、方法和技巧；第二部分给出三个综合性案例，旨在提升读者实际项目开发的能力。项目案例经过精心的考虑和设计，使之既能帮助读者理解编程细节，同时又具有启发性。本书的编程开发平台为Visual Studio 2017和SQL Server 2012。本书的主要特点如下：

(1) 以实际项目为中心。编排体系体现了"项目驱动、案例教学、理论实践一体化"的教学理念；全面、翔实地介绍了C#开发所需的各种知识、方法和技巧。

(2) 教学目标具体明确，重点突出。将重点分解为结构化程序设计、面向对象设计、可视化编程、C/S模式的数据库编程等能力模块进行论述。教学内容围绕三个方面重点论述，包括面向对象编程的基础及深入、可视化编程的基础及深入、数据库编程及应用。以上三个方面既是C#语言的精髓，也是读者入门时最为关键、最为关心的问题。

(3) 在选材上，重在"以必需、实用为界"，不对理论过多论述，语言生动流畅，没有晦涩的专业术语和案例，减少读者的负担，做到深入浅出，能够使读者在轻松、愉快的环境下迅速掌握使用C#语言进行程序设计的方法和技巧。对于重点的例子分别进行代码与设计分析，做到入情入理。

(4) 理论实践一体化。以微课视频形式呈现项目案例的重点内容，突出边做边学的特点。在每个案例中有机地融合了知识点讲解和技能训练目标，融"教、学、练"于一体。

(5) 配套资源丰富。本书提供教学大纲、教学课件、电子教案、习题答案、程序源码，作者还为本书精心录制了600分钟的微课视频。

资源下载提示

课件等资源：扫描封底的"课件下载"二维码，在公众号"书圈"下载。

素材(源码)等资源：扫描目录上方的二维码下载。

视频等资源：扫描封底刮刮卡中的二维码，再扫描书中相应章节中的二维码，可以在线学习。

本书由黄兴荣、李昌领、张廷秀、李继良编著，其他参编人员有梁晓弘、马晓绛、段珊珊、梁双华、郭夫兵。全书由黄兴荣统稿。

希望本书能对读者学习 C# 有所帮助，在编写过程中，我们力求写出 C# 的精髓，但是由于作者水平有限，书中不妥之处在所难免，敬请读者批评指正并提出宝贵意见。

编　者
2021 年 3 月

CONTENTS

目录

源码下载

第一部分　C#程序设计基础

第二部分　综合项目实训

第一部分

C#程序设计基础

第1章

控制台应用程序开发环境——Hello World来了

视频讲解

C＃可以实现多种程序应用，主要包括控制台(Console)应用程序、Windows Form 程序以及 Web 应用。控制台应用程序(Console Application)就是能够运行在 MS-DOS 环境中的程序。控制台应用程序通常没有可视化的界面，只是通过字符串来显示或者监控程序。控制台程序常常被应用于测试、监控等用途，用户往往只关心数据，不在乎界面。

在本项目中，将建立一个耳熟能详的“Hello World”控制台应用程序项目。通过这个项目的创建、编码、运行和调试，实现对 Microsoft Visual Studio 2017 编程环境及集成开发环境(Integrated Developing Environment，IDE)概貌性的了解，认识和熟悉基于C＃的项目开发的程序框架和一些基础知识。

1.1 项目案例功能介绍

通过创建、编写和运行一个控制台应用程序项目，实现在控制台中输出“Hello World”的功能，从而初步理解和掌握C＃控制台应用程序的开发过程，并对C＃程序结构有一个初步、概要性的认识。

1.2 项目设计思路

在本项目中，项目设计思路包括以下步骤。

(1) 创建一个空控制台应用程序。

(2) 编写程序代码和编译运行程序。

(3) C＃程序结构分析。

1.3 关键技术

1.3.1 命名空间

高级语言为了提高编程效率，总是在系统中加入许多系统预定义的元素，即编写了许多完成常用功能的程序放在系统中，编程时只要把系统相应的内容导入即可使用。

在C#中，把系统中包含的内容按功能分成多个部分，每部分放在了一个命名空间中。需要时采用如下形式导入命名空间。

```
using 命名空间;
```

而另一方面，必须得到与之相匹配的动态链接库的支持，即必须首先添加“命名空间”的引用，否则编译环境就会无法识别。

1.3.2 类

C#要求其程序中的每一个元素都要属于一个类。程序的所有内容都必须属于一个类，类的定义格式如下。

```
class 类名
{
 类体
}
```

1.3.3 Main()方法

在C#项目中，程序的入口是从这行代码开始的：

```
static void Main()
```

这行代码所定义的，其实是类的一个静态方法。C#规定，名字为Main()的静态方法就是程序的入口。当程序执行时，就直接调用这个方法。在程序中，程序的执行总是从Main()方法开始的。一个程序中不允许出现两个或两个以上Main()方法，而且Main()方法必须包含在一个类中。

1.3.4 注释

在程序编写过程中，常常要对程序中比较重要或需要注意的地方加以说明，但这些说明又不能参与程序的执行。此时，通常是采用注释的方式将这些说明加入到程序中。

合理、清晰的注释能帮助理解程序，提高程序的可读性。对编程而言，程序的可读性是程序性能的重要标志之一。所以一个程序员一定要从一开始就养成写注释的编程习惯。

在C#程序中，提供了两种注释方法。

(1) 每一行中“//”后面的内容作为注释内容，该方式只对本行生效。

(2) 需要多行注释的时候，在第一行之前使用“/*”，在最后一行之后使用“*/”，即被“/*”与“*/”包含的内容都作为注释内容。

1.3.5 Console.WriteLine()方法和 Console.Write()方法

控制台(Console)的输入/输出主要通过命名空间 System 中的 Console 类来实现,它提供了从控制台读写字符的基本功能。控制台输入主要通过 Console 类的 Read()方法和 ReadLine()方法来实现,控制台输出主要通过 Console 类的 Write()方法和 WriteLine()方法来实现。

(1) Console.WriteLine()方法的作用是将信息输出到控制台,同时,Console.WriteLine()方法在输出信息的后面添加一个回车换行符,用来产生一个新行。

在 WriteLine()方法中,可以采用"{N[,M][:格式化字符串]}"的形式来格式化输出字符串,其中的参数含义如下。

- 花括号("{}")用来在输出字符串中插入变量。
- N 表示输出变量的序号,从 0 开始,如当 N 为 0 时,则对应输出第 1 个变量的值,当 N 为 4 时,则对应输出第 5 个变量,以此类推。
- [,M][:格式化字符串]是可选项,其中,M 表示输出的变量所占的字符个数,当这个变量的值为负数时,输出的变量按照左对齐方式排列;如果这个变量的值为正数时,输出的变量按照右对齐方式排列。
- [:格式化字符串]也是可选项,因为在向控制台输出时,常常需要指定输出字符串的格式。通过使用数字格式化字符串,可以使用 Xn 的形式来指定输出字符串的格式,其中,X 指定数字的格式,n 指定数字的精度,即有效数字的位数。

在此,以 i 常用的整数数据类型格式进行举例,格式字符 D 或者 d 的作用是将数据转换成整数类型格式,在格式字符 D 或者 d 后面的数字表示转换后的整数类型数据的位数。这个数字通常是正数,如果这个数字大于整数数据的位数,则格式数据将在首位前以 0 补齐,如果这个数字小于整数数据的位数,则显示所有的整数位数。例如:

```
int  k = 1234;
Console.WriteLine("{0:D}", k);          //结果是 1234
Console.WriteLine("{0:d3}", k);         //结果是 1234
Console.WriteLine("{0:d5}", k);         //结果是 01234
```

(2) Console.Write()方法和 Console.WriteLine()方法类似,都是将信息输出到控制台,但是输出到屏幕后并不会产生一个新行,即换行符不会连同输出信息一起输出到屏幕上,光标将停留在所输出信息的末尾。

在 Console.Write()方法中,也可以采用"{N[,M][:格式化字符串]}"的形式来格式化输出字符串。

1.4 项目实践

1.4.1 创建一个空控制台应用程序

下面将使用 Visual Studio .NET 提供的项目模板来创建一个控制台应用程序(Console Application)。

(1) 启动 VS.NET。

（2）要创建一个 C＃控制台应用程序，首先选择“文件”→“新建”→“项目”命令，打开“新建项目”对话框，如图 1-1 所示。

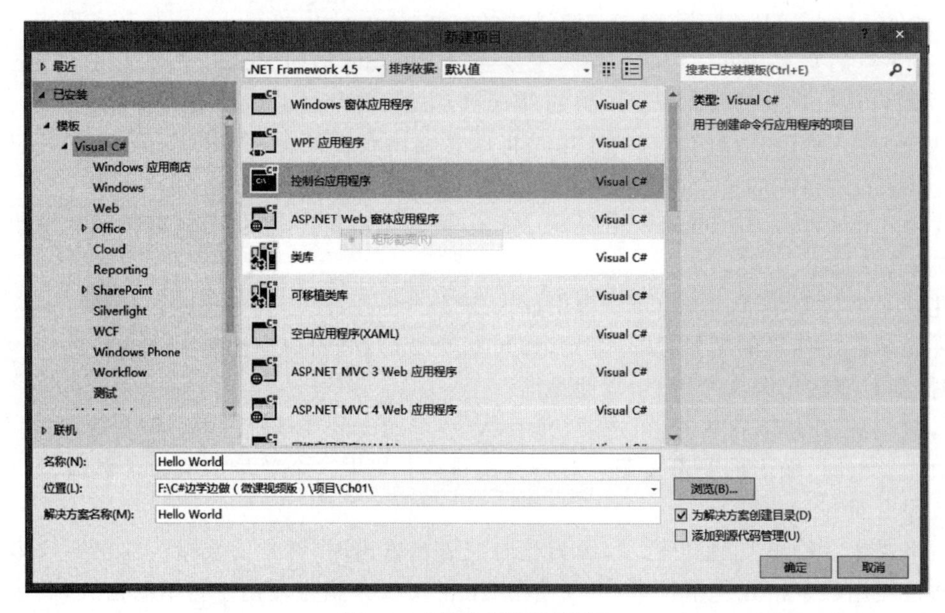

图 1-1 “新建项目”对话框

（3）在该对话框中，从左边的“项目类型”列表框中选择 Visual C＃选项，然后在右边的“模板”列表框中选择“控制台应用程序”选项。此时，在对话框下面“名称”文本框中将根据需要输入项目名称；如果要改变项目的位置，则可以通过单击“位置”文本框右边的“浏览”按钮，打开“项目位置”对话框来选择一个目录。

在本例中，项目命名为“Hello World”，项目文件保存在“F:\C＃边学边做(微课视频版)\项目\Ch01\”目录中，如图 1-1 所示。最后，单击“确定”按钮，关闭“新建项目”对话框，系统建立一个空项目 Hello World，并进入 Visual Studio .NET 系统。注意，Visual Studio. NET 系统可以为用户自动生成代码，图 1-2 给出了自动生成的代码。

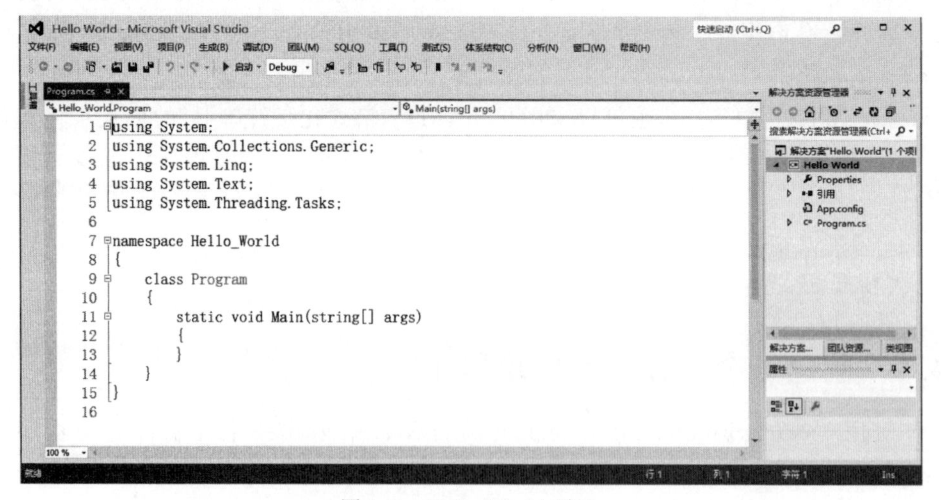

图 1-2 Hello World 项目

(4) 查看“解决方案资源管理器”窗口，如图 1-3 所示。在文件 Program.cs 上右击选择“重命名”命令，将其改名为“HelloWorld.cs”。

图 1-3　Hello World 项目的“解决方案资源管理器”窗口

1.4.2　编写程序代码和编译运行程序

下面进行程序代码的编写和编译，运行程序。

(1) 查看主窗口，VS.NET 自动生成的代码如下。

```
[1] using System;
[2] using System.Collections.Generic;
[3] using System.Linq;
[4] using System.Text;
[5] using System.Threading.Tasks;
[6]
[7] namespace Hello_World
[8] {
[9]     class HelloWorld
[10]     {
[11]         static void Main(string[] args)
[12]         {
[13]         }
[14]     }
[15] }
```

我们对代码做如下修改：在第 11 行将“static void Main(string[] args)”改为“static void Main()”；在第 12～13 行中间添加如下代码。

```
Console.WriteLine("Hello World");
```

（2）使用快捷键 Ctrl＋F5，或者选择菜单“调试”→“开始执行”命令，启动程序后，结果如图 1-4 所示。

图 1-4　Hello World 项目运行结果

（3）查看工程文件。

在目录“F:\C＃边学边做（微课视频版）\项目\Ch01\”下，将会发现文件夹“Hello World”，这是 VS. NET 为本项目所建立的工程文件夹。进入该文件夹后，发现里面包含一些子文件夹和文件。在此，仅对其中所包含的一些文件进行简单介绍。

① Hello World. sln：解决方案文件，扩展名 sln 是 solution 缩写，双击可以打开本工程。

② HelloWorld. cs：工程代码文件，扩展名 cs 为 C Sharp 的缩写。

③ 在子目录“bin\Debug”下，可以发现可执行文件 Hello World. exe，双击可以执行。

1.4.3　C＃程序结构分析

本节将对上述 Hello Wrold 项目的程序结构进行分析。

可知 C＃程序的基本结构如下。

```
//导入.NET 系统类库提供的命名空间
using System;
using System.Collections.Generic;
using System.Linq;
using System.Text;
using System.Threading.Tasks;

namespace Hello_World
{
    class HelloWorld                    //定义类
    {
        static void Main()              /* 程序的 Main()入口.其中 static 表示 Main()方法是
                                           一个静态方法,void 表示该方法没有返回值 */
        {
            //输出"Hello World"
            Console.WriteLine("Hello World");
        }
    }
}
```

1.5 小结

通过一个 C# 的控制台应用程序项目，初步掌握了 C# 程序的基本框架，初步了解和掌握类、命名空间、Main()方法和程序注释。

1.6 练一练

创建、编码、运行和调试一个 C# 控制台程序，输出“Welcome C#!”。

第2章

视频讲解

Windows应用程序开发环境——Hello C#来了

2.1 项目案例功能介绍

通过创建、设计、编写和运行一个 Windows 应用程序，在窗体的控件中输出“Welcome，C＃！”的信息，从而初步理解和掌握 Windows 应用程序的开发过程，并加深对于 C＃程序结构的认识。

2.2 项目设计思路

在本项目中，项目设计思路包括以下步骤。

（1）创建第一个空 Windows 应用程序。

（2）设计程序界面及控件属性设置。

（3）编写程序代码、运行调试程序。

（4）Windows 应用程序结构分析。

2.3 关键技术

2.3.1 添加控件

在 Windows 应用程序中，控件表示用户和程序之间的图形化连接。控件可以提供或处理数据、接受用户输入、对事件做出响应或执行连接用户和应用程序的其他功能。因为控件本质上是具有图形接口的组件，所以它能通过组件所提供的功能与用户交互。控件是包含在窗体上的对象，是构成用户界面的基本元素，也是 C＃可视化编程的重要工具。使用控件可使程序的设计简化，避免大量重复性工作，简化设计过程，有效地提高设计效率。对于一个程序开发人员而言，必须掌握每类控件的功能、用途，并掌握其常用的属性、事件和方法。

在VS中，工具箱中包含建立应用程序的各种控件。通常，工具箱分为Windows窗体、公共控件、容器、菜单和工具栏、数据、组件、打印、对话框等部分，常用的Windows窗体控件放在"Windows窗体"选项卡下。工具箱中有数十个常用的Windows窗体控件，它们以图标的方式显示在工具箱中，其名称显示于图标的右侧。"工具箱"中的"Windows窗体"里包含所有Windows的标准控件，如图2-1所示；用户还可以根据需要自己定义控件。通过在"属性"窗口中改变控件的属性可以改变控件的外观和特性。

在此，以向窗体中添加按钮(Button)为例说明如何添加控件，具体操作为：在工具箱中单击Button，然后移动鼠标指针到窗体中的预定位置，释放鼠标左键后，一个按钮就被添加到刚才方框的位置了，如图2-2所示。

图2-1　"工具箱"窗体

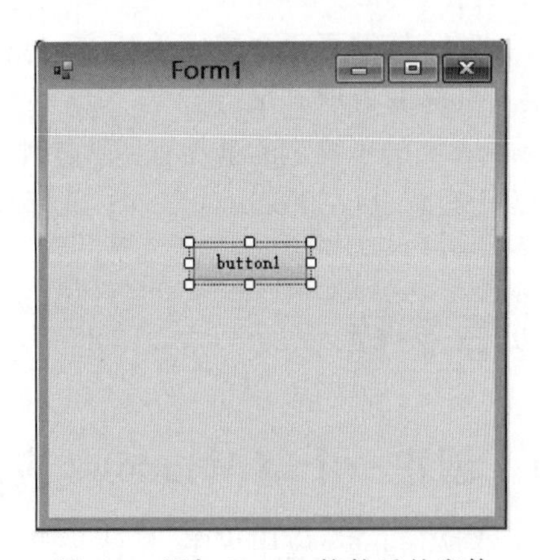

图2-2　添加Button控件后的窗体

2.3.2　控件属性

在C#中，所有的窗体控件，如标签控件、文本框控件、按钮控件等全部都是继承于System.Windows.Forms.Control。作为各种窗体控件的基类，Control类实现了所有窗体交互控件的基本功能：处理用户键盘输入、处理消息驱动、限制控件大小等。Control类的属性、方法和事件是所有窗体控件所公有的，而且其中很多是在编程中经常会遇到。例如，Anchor方法用来描述控件的布局特点；BackColor属性用来描述控件的背景色等。

Control类的属性描述了一个窗体控件的所有公共属性，可以在属性(Properties)窗口中查看或修改窗体控件的属性。常用的属性如下。

1. Name属性

每一个控件都有一个Name(名字)属性,在应用程序中,可通过此属性来引用这个控件。C#会给每个新添加的控件指定一个默认名,一般它由控件类型和序号组成,如button1、button2、textBox1、textBox2等。在应用程序设计中,可根据需要将控件的默认名字改成更有实际代表意义的名字。

2. Text属性

在C#中,每一个控件对象都有Text属性。它是与控件对象实例关联的一段文本,用户可以查看或进行输入。Text属性在很多控件中都有重要的意义和作用。例如,在标签控件中显示的文字、在文本框中用户输入的文字、组合框和窗体中的标题等都是用控件的Text属性进行设定的。

2.3.3 控件方法

可以调用Control类的方法来获得控件的一些信息,或者设置控件的属性值及行为状态。

例如,Focus方法可设置此控件获得的焦点;Refresh方法可重画控件;Select方法可激活控件;Show方法可显示控件等。

2.3.4 控件事件

在C#中,当用户进行某一项操作时,会引发某个事件的发生,此时就会调用事件处理程序代码,实现对程序的控制。事件驱动实现是基于窗体的消息传递和消息循环机制的。在C#中,所有的机制都被封装在控件之中,极大方便了编写事件的驱动程序。如果希望能够更加深入地操作,或定义自己的事件,就需要联合使用委托(Delegate)和事件(Event),可以灵活地添加、修改事件的响应,并自定义事件的处理方法。

例如,Control类的可响应的事件有:单击时发生的Click()事件;双击时发生的DoubleClick()事件;取得焦点时发生的GetFocus()事件;鼠标移动时发生的MouseMove()事件等。

2.4 项目实践

2.4.1 创建一个空Windows应用程序

创建一个空Windows应用程序,具体步骤如下。

(1) 启动VS.NET。

(2) 要创建一个C#的Windows应用程序,首先选择"文件"→"新建"→"项目"命令,打开"新建项目"对话框。

(3) 在该对话框中,从左边的"项目类型"列表框中选择Visual C#选项,然后在右边的"模板"列表框中选择"Windows应用程序"选项。此时,在下侧"名称"输入框中输入"HelloCSharp",并通过单击"浏览"按钮,选择工程所在目录;最后,单击"确定"按钮,关闭"新建项目"对话框。系统建立一个Windows项目"HelloCSharp",并进入Visual Studio .NET系统。

(4) 查看项目的"解决方案资源管理器"窗口,如图2-3所示。在文件Form1.cs上单击右键,选择"重命名"命令,将其改名为"HelloCSharp.cs"。

图 2-3　HelloCSharp 的资源管理器窗口

2.4.2　设计程序界面及控件属性设置

具体实现过程如下。

(1) 查看主窗口,里面有一个已生成的窗体 HelloCSharp,单击该窗体,然后单击右侧"属性"窗口,如图 2-4 所示。修改其中的 Name 属性为"frmHelloCSharp";修改 Text 属性为"Hello C#!"。

(2) 单击主窗口左侧的"工具箱"窗口,出现一些 Windows 控件。

(3) 双击 Label 控件,或者单击后按住左键将其拖曳至主窗口的窗体中,并修改其属性。

① Name:lblDisplay。

② Text:空。

③ BackColor:Windows。

(4) 双击 Button 控件,或者单击后按住左键将其拖曳至主窗口的窗体中,并修改其属性。

① Name:btnShow。

② Text:"显示"。

添加控件后窗体的效果如图 2-5 所示。

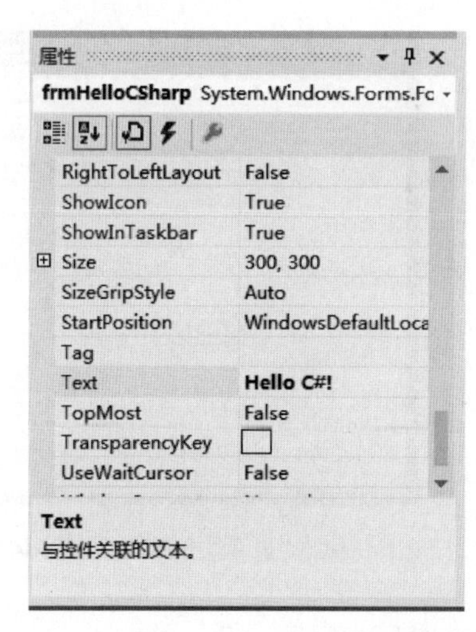

图 2-4　frmHelloCSharp 窗体的"属性"窗口

图 2-5　添加 Label 和 Button 后的窗体

2.4.3 编写程序代码、运行调试程序

在本项目中，编写程序代码、运行设计程序的具体实现过程如下。

(1) 双击"显示"按钮，将进入代码设计窗口(通过主窗口上侧的标签可以在代码窗口和窗体窗口之间进行切换)，如图 2-6 所示。

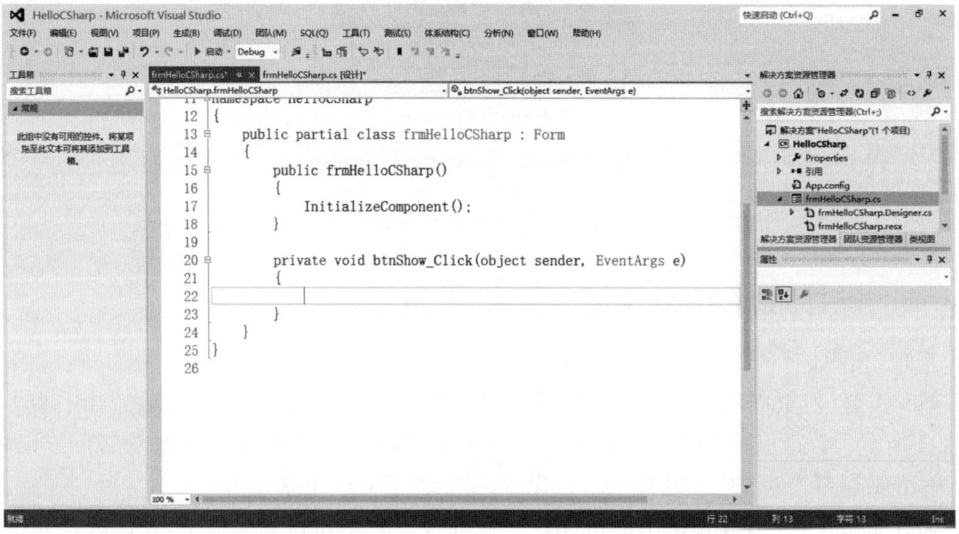

图 2-6 代码设计窗口

(2) 进入代码窗口后光标自动位于 btnShow_Click()内部(Click()单击"显示"按钮会触发这个光标)，在光标处添加如下代码。

```
this.lblDisplay.Text = "Welcome, C#!";
```

(3) 使用快捷键 Ctrl+F5，或者选择菜单"调试"→"开始执行"命令。启动程序后，执行结果如图 2-7 和图 2-8 所示。

图 2-7 单击"显示"按钮之前程序运行结果

图 2-8 单击"显示"按钮之后程序运行结果

(4) 查看在相应目录下的工程文件，将会发现文件夹"HelloCSharp"。

至此，第一个 Windows Form 应用程序项目就完成了。

2.4.4　Windows 应用程序结构分析

Windows 应用程序和控制台应用程序一样，也有前面所讲述的程序框架，只是为了帮助编程人员更好、更快地开发程序，编程环境已经把程序框架给搭建好了，并且创建一个供编程人员设计使用的窗体，以便在窗体上添加所需的相应控件。

(1) 添加控件。控件是对象，可以用它显示信息，并通过它向系统输入信息或者响应用户的操作。它们被放在 Form(窗体)对象中。各控件具有自己的一些属性、方法和事件。

向窗体上添加控件的方法有如下几种。

① 在工具箱中单击所要添加的控件，把鼠标指针移到窗体上，按住鼠标左键，画出所需要的控件。

② 从工具箱中拖动控件到窗体上。

③ 在工具箱中双击所要添加的控件，即可把控件添加到窗体上。

(2) 设置控件的属性。单击要设置属性的控件，此时控件边上出现 8 个小方块，然后通过“属性”窗口设置控件的属性。

(3) 在 C# 中，事件处理代码都是放在控件的事件中。以按钮的单击事件为例，进入控件事件的代码编辑器有如下方法。

① 双击要编写事件的控件即可。

② 单击属性窗口中的⚡按钮，出现事件窗口，查找到事件名并双击它，如图 2-9 所示。

③ 如在事件窗口中找到所需事件名后，在它的右边输入名字，然后双击它。

通过上面三种方法中的任意一种，都能进入事件代码编辑器，插入光标就在事件方法框架中。然后输入代码，以完成所要执行的功能。

图 2-9　“事件”窗口

2.5　小结

通过一个 C# 的 Windows 应用程序项目，初步掌握 Windows 应用程序开发的基本过程，初步了解和掌握添加控件、设置控件属性、编写程序代码。

2.6　练一练

设计一个 Windows 应用程序，设计界面如图 2-10 所示，程序运行的界面如图 2-11 和图 2-12 所示。其中，单击“确定”按钮之前的程序运行界面如图 2-11 所示；单击“确定”按钮之后的程序运行界面如图 2-12 所示。

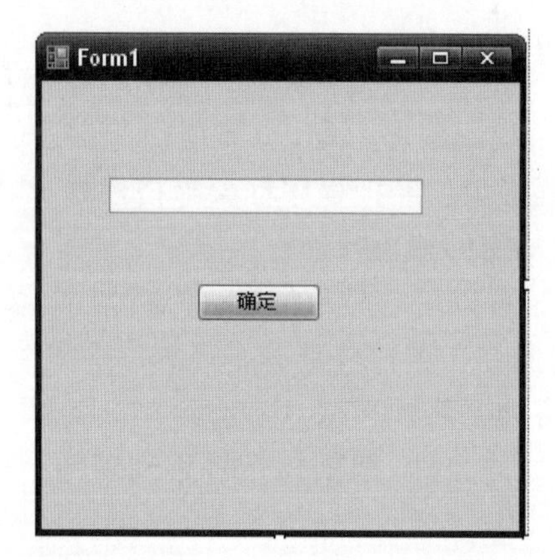

图 2-10　设计界面

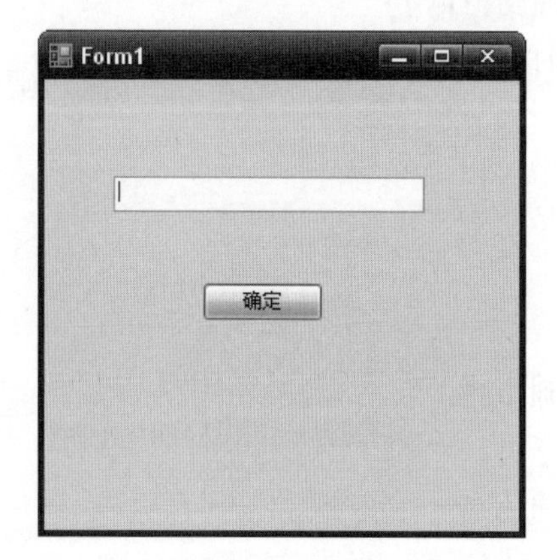

图 2-11　单击按钮之前的程序运行界面

图 2-12　单击按钮之后的程序运行界面

第3章

基本数据类型及运算——求圆的面积和周长

视频讲解

本章将建立一个项目，此项目用于求圆的面积和周长。通过此项目的创建、编写、运行和测试，初步掌握C#的数据类型、各种变量的声明方式、运算符的优先级、运算符与表达式的使用方法。

3.1 项目案例功能介绍

创建一个 GetAreaAndCircumference 控制台应用程序项目，此项目用于求圆的面积和周长。在项目中，定义三个 double 类型的变量 dblRadius、dblArea 和 dblCircumference，定义一个 PI 常量；dblArea = PI * dblRadius * dblRadius，dblCircumference = 2 * PI * dblRadius。其中，dblRadius 的数值是在程序运行时输入；把运算结果 dblArea 和 dblCircumference 输出到控制台中。

3.2 项目设计思路

在本项目中，项目设计思路包括以下步骤。

(1) 项目创建。

(2) 程序代码编制。

(3) 系统运行与效果测试。

3.3 关键技术

3.3.1 声明变量

变量是程序运行过程中用于存放数据的存储单元。变量的值在程序的运行过程中是可以改变的。

1. 变量的定义

在定义变量时，首先必须给每一个变量起名，称为变量名，以便区分不同的变量。在计算机中，变量名代表存储地址。变量名必须是合法的标识符。为了保存不同类型的数据，除了变量名之外，在定义变量时，还必须为每个变量指定数据类型，变量的类型决定了存储在变量中的数值的类型。对于一个变量的定义，变量名和变量类型缺一不可。C＃中，采用如下格式定义一个变量。

```
类型标识符 变量名 1, 变量名 2, 变量名 3, …
```

变量定义如下例所示。

```
int i, j, k;            //同时声明多个 int 类型相同的变量,在类型的后面用逗号分隔变量名
float fSum;
string strName, strAddress;
```

注意：任何变量在使用前，必须先定义，后使用。

2. 变量的赋值

变量是一个能保存某种类型的具体数据的内存单元，可以通过变量名来访问这个具体的内存单元。变量的赋值，就是把数据保存到变量中的过程。给一个变量赋值的格式如下。

```
变量名 = 表达式;
```

这里的表达式同数学中的表达式是类似的，如 9＋10、4＋a－c 都是表达式。单个常数或者变量，也可以构成表达式。由单个常数或者变量构成的表达式的值，就是这个常数或者变量本身。变量赋值的意义是：首先计算表达式的值，然后将这个值赋予变量。例如，定义了两个 double 类型的变量 dblTotalScore、dblAverageScore 和一个 int 类型的变量 nStudentCount：

```
double dblTotalScore, dblAverageScore;
int nStudentCount;
```

下面给 dblTotalScore、nStudentCount 赋值，应该写成：

```
dblTotalScore = 2000;
nStudentCount = 20;
```

3. 变量的初始化

在定义变量的同时，也可以对变量赋值，称为变量的初始化。在 C＃ 中，对变量进行初始化的格式如下。

```
类型标识符 变量名 = 表达式;
```

例如：

```
int nStudentCount = 150;        //定义一个 int 类型变量 nStudentCount,并将其赋予初始值为 150
```

3.3.2 声明常量

常量是指那些基于可读格式的固定数值，在程序的运行过程中其值是不可改变的。通过关键字 const 来声明常量，其格式如下。

```
const 类型标识符 常量名 = 表达式;
```

类型标识符指示所定义常量的数据类型，常量名必须是合法的标识符，在程序中通过常量名来访问该常量，如下例所示。

```
const double PI = 3.14159265;
```

上面的语句定义了一个 double 类型的常量 PI，它的值是 3.141 592 65。

常量具有如下特点。

(1) 程序中，常量只能被赋予初始值。一旦赋予一个常量初始值，这个常量的值在程序运行过程中就不允许改变，即无法对一个常量赋值。

(2) 定义常量时，表达式中的运算符对象只允许出现常量，不能有变量存在。

例如：

```
int a = 20;
const int b = 30;
const int c = b + 25;                //正确,因为b是常量
const int k = a + 45;                //错误,表达式中不允许出现变量
c = 150;                             //错误,不能修改常量的值
```

3.3.3　基本数据类型的转换

基本类型转换，是把数据从一种类型转换为另一种类型。在 C# 中，类型转换有两种形式：隐式转换和显式转换。

1. 隐式转换

隐式转换是 C# 默认的以安全方式进行的转换，不会导致数据丢失。例如，从小的整数类型转换为大的整数类型，从派生类转换为基类。

例如，int 转换成 double：

```
int a = 3;
double b = a;
Console.WriteLine(b);                //b = 3
```

2. 显式转换

显式类型转换，即强制类型转换。显式转换需要强制转换运算符，而且强制转换会造成数据丢失。

1) double 转 int

```
double a = 2.35;
int b = (int)a;
Console.WriteLine(b);                //b = 2
```

2) string 转 int 或 double (Parse 方法)

```
string a = "123123";
string b = "123.123";
int c = int.Parse(a);
double d = double.Parse(b);
Console.WriteLine(c);                //c = 123123
Console.WriteLine(d);                //d = 123.123
```

3）任何类型转 string 类型(. ToString()方法)

```
int a = 123;
double b = 1.23;
string c = a.ToString();
string d = b.ToString();
Console.WriteLine(c);                    //c = 123
Console.WriteLine(d);                    //d = 1.23
```

3.3.4 运算符和表达式

运算符是表示各种不同运算的符号，运算符和运算紧密相关。表达式由变量、常数和运算符组成，是用运算符将运算对象连接起来的运算式，是基本的对数据进行运算和加工的表示形式。表达式的计算结果是表达式的返回值。使用不同的运算符连接运算对象，其返回值的类型是不同的。

1. 运算符

根据运算符所要求的操作数的个数，运算符分为“一元运算符”“二元运算符”和“多元运算符”。一元运算符是指只有一个操作数的运算符，如“＋＋”运算符、“－－”运算符等。二元运算符是指有两个操作数的运算符，如“＋”运算符、“*”运算符等。在 C# 中，还有一个三元运算符，即“?:”运算符，它有三个操作数。

根据运算的类型，运算符又分为以下几类：算术运算符、赋值运算符、关系运算符、逻辑运算符、条件运算符和其他运算符。

2. 算术运算符

算术运算符用于对操作数进行算术运算，C# 中的算术运算符及其功能如表 3-1 所示。

表 3-1 C# 算术运算符

运算符	意义	运算对象数目	示例
＋	取正或加法	1 或 2	＋12、12＋20＋i
－	取负或减法	1 或 2	－3、a－b
*	乘法	2	i * j、8 * 5
/	除法	2	10/5、i/j
%	模(也可称为取余运算符。如 7%3 的结果等于 1)	2	10%5、i%j
＋＋	自增运算	1	i＋＋、＋＋i
－－	自减运算	1	i－－、－－i

3. 赋值运算符

赋值运算符用于将一个数据赋予一个变量，赋值操作符的左操作数必须是一个变量，赋值结果是将一个新的数值存放在变量所指示的内存空间中。常用的赋值运算符如表 3-2 所示。

表 3-2 C# 的赋值运算符

符号	描述	举例
＝	赋值	x＝1
＋＝	加法赋值	x＋＝1 等价于 x＝x＋1

续表

符号	描　　述	举　　例
-=	减法赋值	x-=1 等价于 x=x-1
*=	乘法赋值	x*=1 等价于 x=x*1
/=	除法赋值	x/=1 等价于 x=x/1
%=	取模赋值	x%=1 等价于 x=x%1
&=	AND 位操作赋值	x&=1 等价于 x=x&1
|=	OR 位操作赋值	x|=1 等价于 x=x|1
^=	XOR 位操作赋值	x^=1 等价于 x=x^1
>>=	右移赋值	x>>=1 等价于 x=x>>1
<<=	左移赋值	x<<=1 等价于 x=x<<1

其中，"="是简单的赋值运算符，它的作用是将右边的数值赋值给左边的变量，数值可以是常量，也可以是表达式。例如，x=18 或者 x=10-x 都是允许的，它们分别执行了一次赋值操作。

除了简单的赋值运算符之外，其他的赋值运算符都是复合的赋值运算符，是在"="之前加上其他运算符。复合赋值运算符的运算很简单，例如，x*=10 等价于 x=x*10，它是对变量进行一次自乘操作。复合赋值运算符的结合方向为自右向左。在 C# 中，可以对变量进行连续赋值，此时，赋值操作符是右关联的，这意味着从右向左运算符被分组。例如，x=y=z 等价于 x=(y=z)。

4. 表达式

表达式是类似于数学运算中的表达式，是由运算符、操作数和标点符号按照一定的规则连接而成的式子。根据运算符类型的不同，表达式可以分为算术表达式、赋值表达式、关系表达式、逻辑表达式以及条件表达式等。表达式在经过一系列运算后得到一个结果，这就是表达式的结果。结果的类型由参加运算的操作数据的数据类型决定。

在包含多种运算符表达式求值时，如果有括号，先计算括号里面的表达式。在运行时各运算符执行的先后次序由运算符的优先级别和结合性确定。先执行运算优先级别高的运算，然后执行运算优先级别低的。C# 中各个运算符的优先级如表 3-3 所示。

表 3-3　运算符的优先级(从高到低)

类　　别	运　算　符
基本运算符	(x)　x.y　f(x)　a[x]　x++　x--　new　typeof　sizeof　checked　unchecked
一元运算符	+　-　!　~　++x　--x　(T)x
乘/除运算符	*　/　%
加/减运算符	+　-
移位运算符	<<　>>
关系运算符	<　>　<=　>=　is　as
比较运算符	==　!=
按位与运算符	&
按位异或运算符	^
按位或运算符	|
逻辑与运算符	&&
逻辑或运算符	||
三元运算符	?:
赋值运算符	=　*=　/=　+=　-=　<<=　>>=　&=　^=　|=

3.3.5 简单数据的输入与输出

控制台(Console)的输入/输出主要通过命名空间 System 中的 Console 类来实现的,它提供了从控制台读写字符的基本功能。控制台输入主要通过 Console 类的 Read()方法和 ReadLine()方法来实现,控制台输出主要通过 Console 类的 Write()方法和 WriteLine()方法来实现。

其中,WriteLine()方法的作用是将信息输出到控制台,同时 WriteLine 方法在输出信息的后面添加一个回车换行符,用来产生一个新行。Write()方法和 WriteLine()方法类似,都是将信息输出到控制台,但是输出到屏幕后并不会产生一个新行。

ReadLine()方法用来从控制台读取一行数据,一次读取一行字符的输入,并且直到用户按下 Enter 键它才会返回。但是,ReadLine()方法并不接收回车键。如果 ReadLine()方法没有接收到任何输入,或者接收了无效的输入,那么 ReadLine()方法将返回 null。Read()方法的作用是从控制台的输入流读取下一个字符,Read()方法一次只能从输入流读取一个字符,并且直到用户按回车键才会返回。

3.4 项目实践

3.4.1 项目创建

项目创建的具体步骤如下。

(1) 启动 VS. NET。

(2) 创建一个 C# 控制台应用程序。首先选择"文件"→"新建"→"项目"命令,打开"新建项目"对话框。

(3) 在弹出的对话框中选择"控制台应用程序"模板,设置相应的项目名称与保存位置,单击"确定"按钮。创建完成的项目界面如图 3-1 所示。

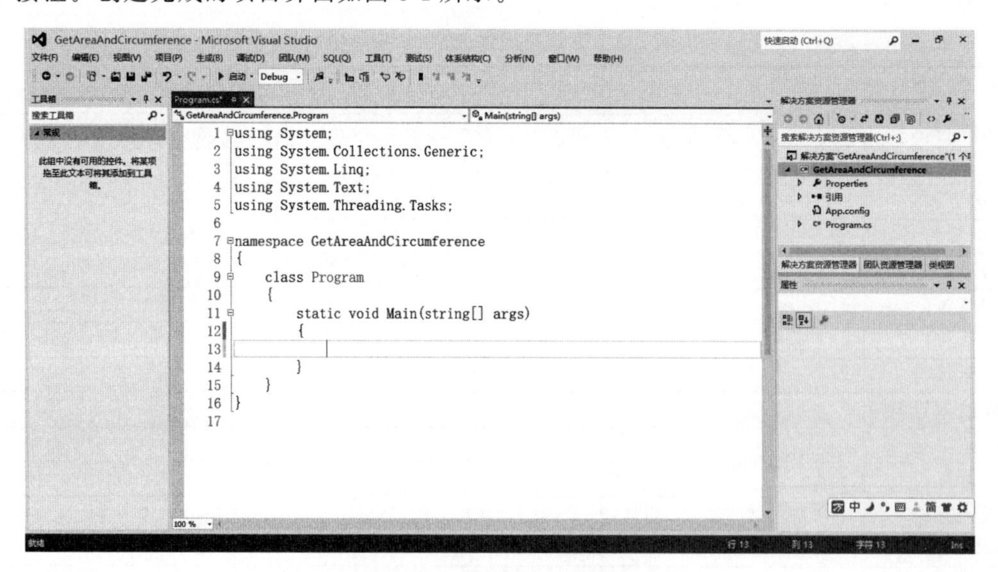

图 3-1 创建完成的项目界面

3.4.2　程序代码设计

程序代码设计，具体实现过程如下。

1. 程序代码设计

根据项目的描述，可在代码编辑器中完成如下代码的添加。

```
using System;
using System.Collections.Generic;
using System.Text;
using System.Linq;
using System.Threading.Tasks;

namespace GetAreaAndCircumference
{
    class Program
    {
        static void Main(string[ ] args)
        {
            //声明变量
            double dblRadius, dblArea, dblCircumference;
            //声明常量
            const double PI = 3.1415926;
            //定义字符串变量，接收输入数据
            string strInput;

            Console.WriteLine("请输入圆的半径：");
            //接收用户输入
            strInput = Console.ReadLine();

            //将接收过来的数据转换为浮点数
            dblRadius = double.Parse(strInput);

            //计算圆的面积和周长
            dblArea = PI * dblRadius * dblRadius;
            dblCircumference = 2 * PI * dblRadius;

            Console.Write("圆的面积为：{0}", dblArea + "\n");
            Console.WriteLine("圆的周长为：" + dblCircumference);
        }
    }
}
```

2. 代码分析

(1) 程序中，首先声明三个浮点类型的变量，一个浮点类型的常量以及一个用于接收数据的字符串变量。

(2) 在控制台中，接收用户输入，并通过强制类型转换方法 double.Parse()实现把字符串变量转换为浮点数。

(3) 通过表达式，计算圆的面积和周长。

(4) 输出计算结果。注意代码中包括两个输出语句,这两个输出语句是不同的。前面的一行代码通过转义字符"\n"来实现换行,而后面的一个输出语句则是通过 Console. WriteLine()来实现换行的。

3.4.3 项目运行

项目运行界面如图 3-2 所示。

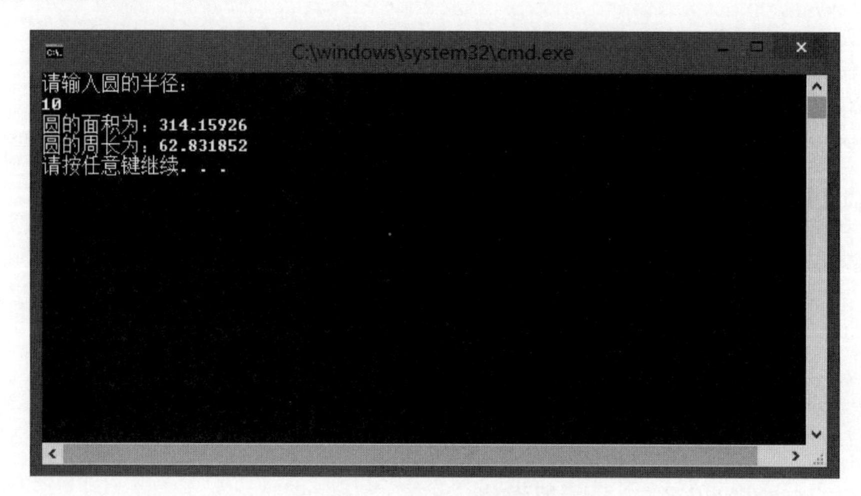

图 3-2 项目运行界面

3.5 小结

此项目主要涉及 C#的设计基础。其中,标识符是表示某一对象的具体名称,其定义与使用必须符合一定的规范,最好做到见名知义。变量与常量的名称属于标识符范畴,其声明要避免相同作用域内同名现象的出现。变量、常量与一定的数据类型相关联。因此,变量和常量的运算过程涉及精度大小、数据类型转换等相关问题。

计算机在对程序做处理时,涉及运算符和表达式。运算过程中,编译器将根据运算符优先级次序进行先后运算,并返回表达式的最终运算值。

3.6 练一练

(1) 设长方形的高为 1.5,宽为 2.5,求该长方形的周长和面积。

(2) 编写一个控制台程序,输入两个整数,输出这两个整数的和、差、积和商。

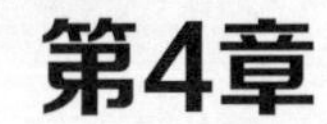

第4章

结构化程序设计——设计学生成绩统计器

视频讲解

本项目将设计一个程序用于实现学生成绩的统计。该项目的功能，是通过 if 判定语句和 goto 语句来配合实现，完成一个循环结构的特性，实现学生成绩的统计；通过 switch 分支语句来判定学生的分数区间。

通过此项目的实现，主要学习如何通过 C＃程序的选择结构来解决带有条件判定的问题。

4.1 项目案例功能介绍

每门课程考试完成之后，任课教师需要对考试结果进行汇总与分析，成绩的汇总是分析的基础，主要涉及全班的总人数、最高分、最低分、0～59 区间分数的人数及其所占的比例、60～69 区间分数的人数及其所占的比例、70～79 区间分数的人数及其所占的比例、80～89 区间分数的人数及其所占的比例、90～100 区间分数的人数及其所占的比例。

本项目通过控制台程序，实现依次接收每个同学的成绩，最后给出上述汇总信息。

4.2 项目设计思路

在本项目中，项目设计思路包括以下步骤。

(1) 项目分析与算法流程设计。

(2) 程序代码设计。

(3) 系统运行与效果测试。

4.3 关键技术

4.3.1 流程图

流程图(Flowchart)，也称为框图，它是用一些几何框图、流向线和文字说明来表示各种类型的操作。计算机算法可以用流程图来表示,图 4-1～图 4-4 是用流程图表示结构化程序设计的 3 种基本结构。

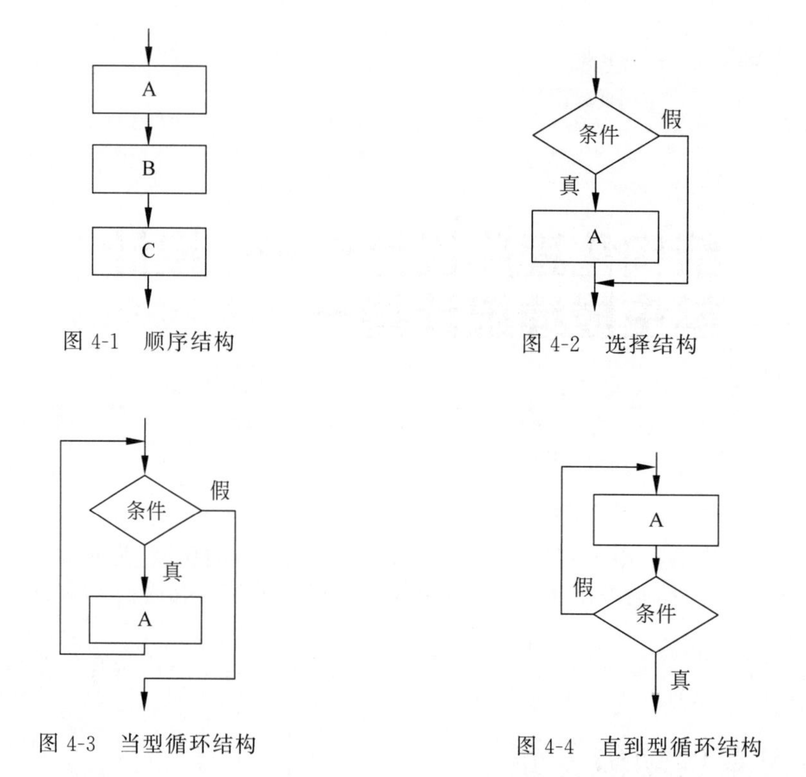

图 4-1　顺序结构

图 4-2　选择结构

图 4-3　当型循环结构

图 4-4　直到型循环结构

4.3.2　顺序结构

顺序结构的流程图如图 4-1 所示,先执行 A 语句,再执行 B 语句,两者是顺序执行的关系。A、B 可以是一个简单语句,也可以是一个基本结构,即顺序结构、选择结构或者循环结构之一。常用的简单语句包括空语句、复合语句、标签语句、声明语句和表达式语句等。

4.3.3　选择结构

选择结构也是一种常用的基本结构,是根据所定选择条件为真与否,而决定从各个不同的操作分支中执行某一分支的相应操作。常用的选择结构有条件语句和分支语句。

1. 条件语句

可以用条件语句来实现选择结构。常用的条件语句有如下几种。

1) if 语句

if 语句是基于布尔表达式的值来判定是否执行后面的内嵌语句块,其语法形式如下。

```
if(表达式)
{
    语句块;
}
```

说明:如果表达式的值为 true(即条件成立),则执行后面的 if 语句所控制的语句块,如果表达式的值为 false(即条件不成立),则不执行 if 语句控制的语句块。然后再执行程序中的后一条语句。if 语句的程序流程图如图 4-5 所示。如果 if 语句只控制一条语句,则大括号"{}"可以省略。

2) if…else 语句

if…else 语句是一种更为常用的选择语句。if…else 语句的语法如下。

```
if(表达式)
{
    语句块 1;
}
else
{
    语句块 2;
}
```

说明:如果表达式的值为 true(即条件成立),则执行后面的 if 语句所控制的语句块 1,如果表达式的值为 false(即条件不成立),则执行 if 语句控制的语句块 2。然后再执行程序中的后一条语句。if 语句的程序流程图如图 4-6 所示。

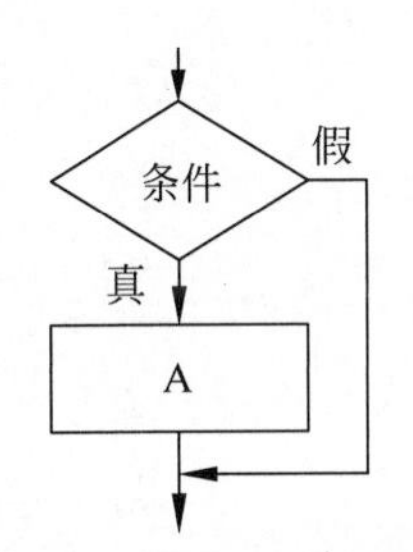

图 4-5　if 语句选择结构

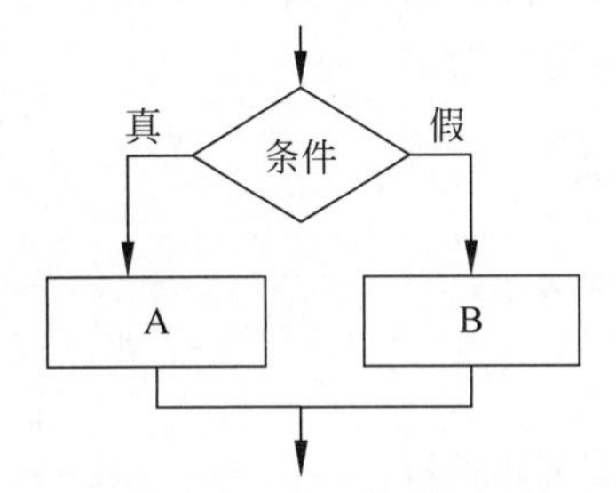

图 4-6　if…else 语句选择结构

如果程序的逻辑判定关系比较复杂,通常会用到 if…else 嵌套语句,if 语句可以嵌套使用,即在判定之中又有判定。其一般形式如下。

```
if(表达式 1)
   if(表达式 2)
       if(表达式 3)
           …
           语句 1;
        else
           语句 2;
    else
        语句 3;
else
    语句 4;
```

在应用这种 if…else 结构时,要注意 else 和 if 的配对关系,此配对关系是:从第 1 个 else 开始,一个 else 总是和它上面离它最近的可配对的 if 配对。

3) else if 语句

else if 语句是 if 语句和 if…else 语句的组合,其一般形式如下。

```
if(表达式 1)
    语句 1;
else if(表达式 2)
    语句 2;
…
else if(表达式 n - 1)
    语句 n - 1;
else
    语句 n;
```

说明：当表达式 1 为 true 时，执行语句 1，然后跳过整个结构执行下一条语句；当表达式 1 为 false 时，将跳过语句 1 去判定表达式 2。若表达式 2 为 true，则执行语句 2，然后跳过整个结构去执行下一条语句，若表达式 2 为 false，则跳过语句 2 去判定表达式 3，以此类推，当表达式 1、表达式 2、……、表达式 n—1 全为假时，将执行语句 n，再转而执行下一条语句。

2. 分支语句

当判定的条件有多个时，如果使用 else if 语句将会让程序变得难以阅读。而分支语句(switch 语句)提供一个更为简洁的语法，以便处理复杂的条件判定。

switch 语句的一般格式如下。

```
switch(表达式)
{
    case 常量表达式 1;
        语句 1;
        break;
    case 常量表达式 2;
        语句 2;
        break;
    …
    case 常量表达式 n;
        语句 n;
        break;
    [default:
        语句 n + 1;
        break;]
}
```

说明：

(1) 首先计算 switch 后面的表达式的值。

(2) 如果表达式的值等于"case 常量表达式 1"中常量表达式 1 的值，则执行语句 1，然后通过 break 语句退出 switch 结构，执行位于整个 switch 结构后面的语句；如果表达式的值不等于"case 常量表达式 1"中常量表达式 1 的值，则判定表达式的值是否等于常量表达式 2 的值，以此类推，直到最后一个语句。

(3) 如果 switch 后的表达式与任何一个 case 后的常量表达式的值都不相等，若有 default 语句，则执行 default 语句后面的语句 n+1，执行完毕后退出 switch 结构，然后执行位于整个 switch 结构后面的语句；若无 default 语句则退出 switch 结构，执行位于整个 switch 结构后面的语句。

4.3.4 标签语句

C#程序允许在一条语句前面使用标签前缀,其形式如下。

```
标签名称: 语句
```

标签语句主要用于配合 goto 语句来完成程序的跳转功能,例如:

```
if (X > 0)
        goto Large;
    X =  - X;
Large: return X;
```

在使用标签语句时,要注意标签名称的选择,一个标签名称应该唯一,不能与程序中出现的变量名或者其他标签名称相同。

4.4 项目实践

4.4.1 项目分析与算法流程设计

由前面所述的项目功能介绍可知,本项目包含以下基本功能。

(1) 依次接收班级每个学生的成绩。

(2) 每接收一个成绩,依据要求进行统计汇总。

由此可以得到问题的解决思路。该思路如下。

(1) 初始化统计信息各个变量。

(2) 输入学生成绩。

(3) 判定输入的学生成绩是否为有效,如有效继续执行(4);否则转向(7)。

(4) 已统计成绩的学生人数自增。

(5) 比较以前得到的最高、最低成绩与当前接收的成绩的大小关系,并修正统计信息;同时修正各区间成绩的统计信息。

(6) 接收下一个成绩。

(7) 判定是否退出系统,如不退出系统则转向(2);如退出系统则结束程序。

程序的流程图如图 4-7 所示。

其中,修正统计信息的执行策略如下。

(1) 最高成绩修正:将接收得到的成绩 temp_score 与之前的统计值 max_score 比较,如果 temp_score>max_score,则将新接收的成绩作为目前为止所有接收成绩中的最高值。

(2) 最低成绩修正:将接收得到的成绩 temp_score 与之前的统计值 min_score 比较,如果 temp_score<min_score,则将新接收的成绩作为目前为止所有接收成绩中的最低值。

(3) 各区间人数修正:依次判定所接收的成绩处于哪个区间范围内,然后将对应的区间统计值加 1。

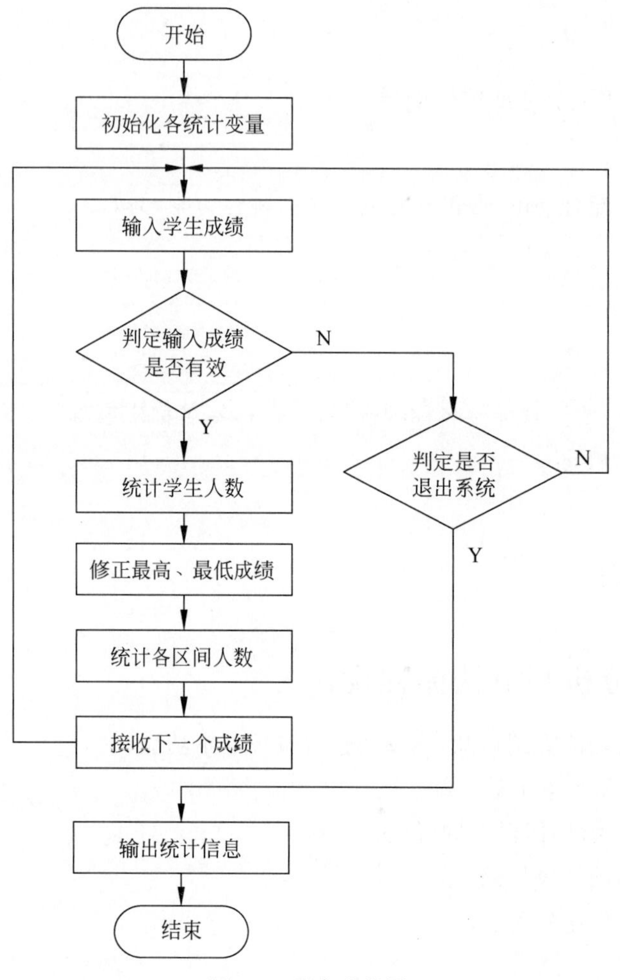

图 4-7　程序流程图

4.4.2　程序代码设计

程序代码设计，具体实现过程如下。

1. 代码设计

根据项目的描述，可在代码编辑器中完成如下代码的添加。

```
using System;
using System.Collections.Generic;
using System.Linq;
using System.Text;
using System.Threading.Tasks;

namespace Score
{
    class Program
    {
        static void Main(string[] args)
```

```
{
     int nStudents = 0;           //定义变量,用于统计学生的人数
    int temp_score;               //定义变量,接收每次输入的成绩
    //定义最大成绩与最小成绩
    int max_score = 0, min_score = 0;
    //统计各成绩区间内的人数
    int score_0_59 = 0, score_60_69 = 0, score_70_79 = 0,
        score_80_89 = 0, score_90_100 = 0;
    Console.WriteLine("--------学生成绩统计----------");
    Console.WriteLine("统计要求：学生成绩正确的区间为0~100,\n" +
        "           如果输入的成绩不在此区间中,可以选择退出统计!");
    Console.WriteLine();

loop: Console.WriteLine("请输入学生成绩：");
    string strScore = Console.ReadLine();
    if (strScore == null)
    {
        return;
    }
    //将 string 转换成 int
    //如果 strScore 为空或含有非数值字符,用 int.Parse 转换将报错
    temp_score = int.Parse(strScore);

    if ((temp_score < 0) || (temp_score > 100))
    {
        Console.WriteLine("你输入的分数不对,选择是(Y)退出还是继续(N)");
        string strSelect = Console.ReadLine();
        if (strSelect == "N")
        {
            goto loop;
        }
        else
        {
            //输出统计信息
            Console.WriteLine("--------学生成绩统计信息输出----------");
            Console.WriteLine("全班共{0:d}人,其中最高成绩{1:f2}," +
                        "最低成绩{2:f2}", nStudents, max_score, min_score);
            Console.WriteLine("成绩区间 90~100 的人数有{0:d}人," +
                "所占比例为：{1:f2}%",score_90_100, score_90_100 * 100 / nStudents);
            Console.WriteLine("成绩区间 80~89 的人数有{0:d}人," +
                "所占比例为：{1:f2}%", score_80_89, score_80_89 * 100 / nStudents);
            Console.WriteLine("成绩区间 70~79 的人数有{0:d}人," +
                "所占比例为：{1:f2}%",score_70_79, score_70_79 * 100 / nStudents);
            Console.WriteLine("成绩区间 60~69 的人数有{0:d}人," +
                "所占比例为：{1:f2}%",score_60_69, score_60_69 * 100 / nStudents);
            Console.WriteLine("成绩区间 0~59 的人数有{0:d}人," +
                "所占比例为：{1:f2}%", score_0_59, score_0_59 * 100 / nStudents);
            Console.ReadLine();
        }
    }
    else
```

```
{
    //统计学生人数
    nStudents++;

    if (nStudents == 1)
    {
        max_score = temp_score;
        min_score = temp_score;
    }
    else
    {
        //修正最大与最小成绩
        if (max_score < temp_score)
        {
            max_score = temp_score;
        }
        if (min_score > temp_score)
        {
            min_score = temp_score;
        }

    }
    //接收成绩所在区间的人数
    int temp = temp_score / 10;
    switch (temp)
    {
        case 10:
        case 9:
            Console.WriteLine("优秀");        //成绩优秀
            score_90_100++;
            break;
        case 8:
            Console.WriteLine("良好");        //成绩良好
            score_80_89++;
            break;
        case 7:
            Console.WriteLine("中等");        //成绩中等
            score_70_79++;
            break;
        case 6:
            Console.WriteLine("及格");        //成绩及格
            score_60_69++;
            break;
        default:
            Console.WriteLine("不及格");      //成绩不及格
            score_0_59++;
            break;
    }
}
```

```
                goto loop;
            }
        }
    }
```

2. 代码分析

(1) 在程序中,是使用标签语句 loop 和 goto 语句进行配合,来实现循环语句的功能。

(2) 在程序中使用 if 语句判定键盘输入的数值大于 100 或小于 0 时,程序提示用户输入的分数不对,然后提示退出程序还是继续输入。退出程序之前,要实现把统计信息输出。

(3) 如果所输入的成绩为 1～100 的数值,程序接下来判定该成绩是哪个区间的成绩。此处代码使用 switch 语句来进行判断成绩所处的区间。

(4) 程序中所嵌套的 if 判定语句比较多,程序可读性不是太好,稍显凌乱,这是 if 语句的一个缺点。

4.4.3　系统运行

项目运行之后,依据相关的提示信息,输入学生相应的成绩,其程序运行结果如图 4-8 所示。

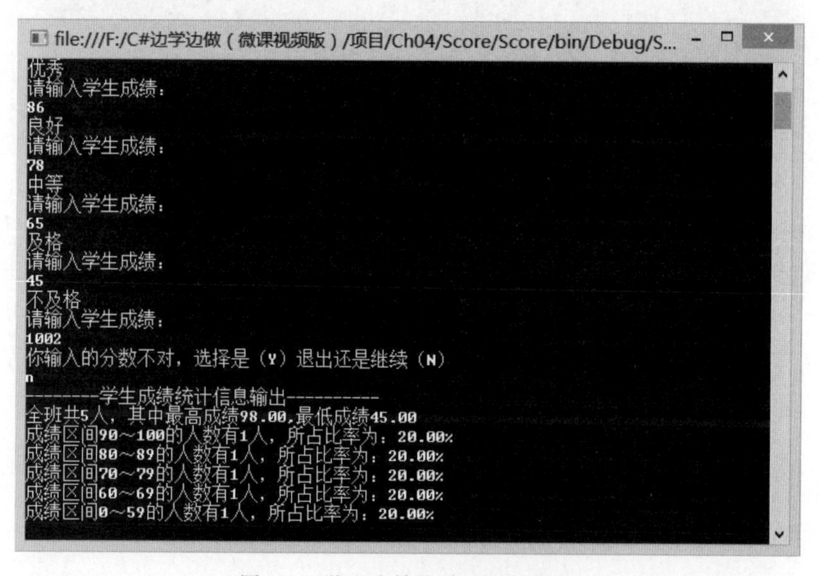

图 4-8　学生成绩统计的运行结果

4.5　小结

选择结构是程序设计中极其重要的语句结构之一,通过合理的分支结构,能达到控制程序走向的目的。

选择结构主要包括 if 语句和 switch 语句两种结构模式。if 语句多用于选择情况相对较少的情况；switch 语句用于选择情况较多的情况,可以显著地增加程序的可读性。多数情况下,两种结构可以互相转换使用,但必须注意的是 switch 自身的特点,特别是 case 后面为常量。选择语句允许多层嵌套使用，其嵌套结构为 if…else 结构。

4.6 练一练

（1）编写一个程序，对输入的四个整数，求出其中的最大值和最小值。

（2）企业发放奖金的依据是利润提成。利润 i 低于或等于 10 万元时，奖金可提 10%；利润高于 10 万元，低于 20 万元时，低于 10 万元的部分按 10%提成，高于 10 万元的部分可提成 7.5%；20 万～40 万元时，高于 20 万元的部分，可提成 5%；40 万～60 万时高于 40 万元的部分，可提成 3%；60 万～100 万元时，高于 60 万元的部分，可提成 1.5%，高于 100 万元时，超过 100 万元的部分按 1%提成。从键盘输入当月利润 i，求出应发放奖金总数。程序运行结果如图 4-9 所示。

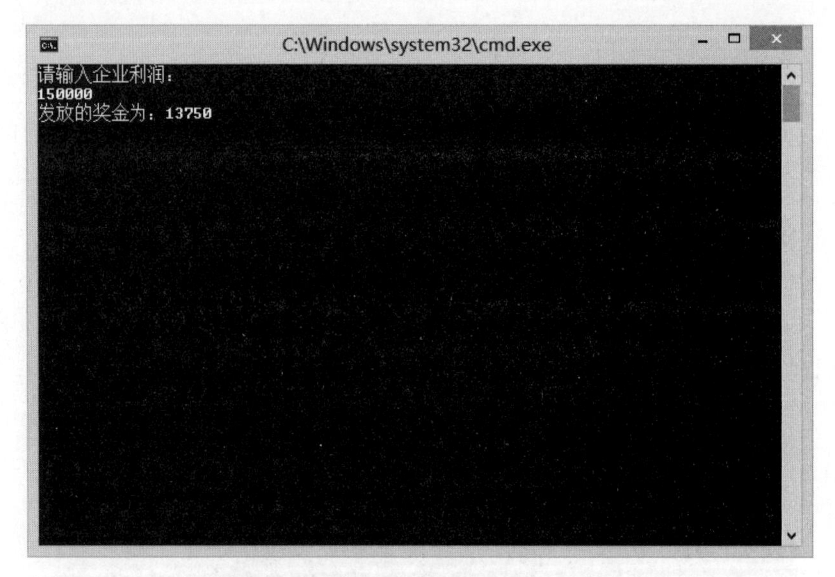

图 4-9　程序运行结果

第5章

结构化程序设计二——设计学生成绩统计器二

本章的项目所实现的功能同第4章的项目相类似，都是实现一个用于学生成绩统计的程序。但是，在本项目中，系统功能通过循环结构和switch分支结构来实现学生成绩统计的功能。通过本项目的学习和实践，可以掌握通过循环结构，解决一些必须通过重复工作来完成的问题。

5.1 项目案例功能介绍

每门课程考试完成之后，任课教师要对考试成绩进行汇总、分析，成绩的汇总是分析的基础。假设全班人数为已知的，所需要统计的信息主要涉及全班的最高分、最低分、0～59区间分数的人数及其所占的比例、60～69区间分数的人数及其所占的比例、70～79区间分数的人数及其所占的比例、80～89区间分数的人数及其所占的比例、90～100区间分数的人数及其所占的比例。

本项目采用控制台程序，实现依次接收每个同学的成绩，最后输出上述汇总信息。

5.2 项目设计思路

在本项目中，项目设计思路包括以下步骤。

(1) 项目分析与算法流程设计。

(2) 程序代码设计。

(3) 系统运行与效果测试。

5.3 关键技术

5.3.1 循环结构

程序设计中的循环结构，是指在程序中从某处开始有规律地反复执行某一语句块的结构，并把重复执行的语句块称为循环体。

循环结构是一种常见的基本结构。循环结构按其循环体是否有嵌套从属的子循环结构，可分为单循环结构和多重循环结构。

循环结构可以在很大程度上简化程序设计，并解决采用其他结构而不易解决的问题。例如，计算 1＋2＋3＋…＋100 的和，采用顺序结构来解决非常不便。若采用循环结构来编写这种程序，就相当简单，只需要几条语句即可。C＃中提供了 4 种类型的循环结构，分别适用于不同的情形。

5.3.2 while 语句与 do…while 语句

while 语句和 do…while 语句用于循环次数不固定时，相当高效、简洁。

1. while 语句

while 语句的一般语法格式为：

```
while(条件表达式)
{
    循环体;
}
```

说明：while 语句在执行时，首先判定条件表达式的值。如果 while 后面括号中的条件表达式的值为 true，即执行循环体，然后再回到 while 语句的开始处，再判定 while 后面括号中的表达式的值是否为 true，只要表达式一直为 true，那么就重复执行循环体，直到 while 后面括号中的条件表达式的值为 false 时，才退出循环，并执行下一条语句。

while 语句的程序流程图如图 5-1 所示。

2. do…while 语句

do…while 语句与 while 语句功能相似，但和 while 语句不同的是，do…while 语句的判定条件在后面，这和 while 语句不同。do…while 循环不论条件表达式的值是什么，do…while 循环都至少要执行一次。do…while 语句的一般语法格式如下。

```
do
{
    循环体;
}
while(条件表达式);
```

说明：当循环执行到 do 语句后，先执行循环体语句；执行完循环体语句后，再对 while 语句括号中的条件表达式进行判定。若表达式的值为 true，则转向 do 语句继续执行循环体语句；若表达式的值为 false，则退出循环，执行程序的下一条语句。

do…while 语句的程序执行流程图如图 5-2 所示。

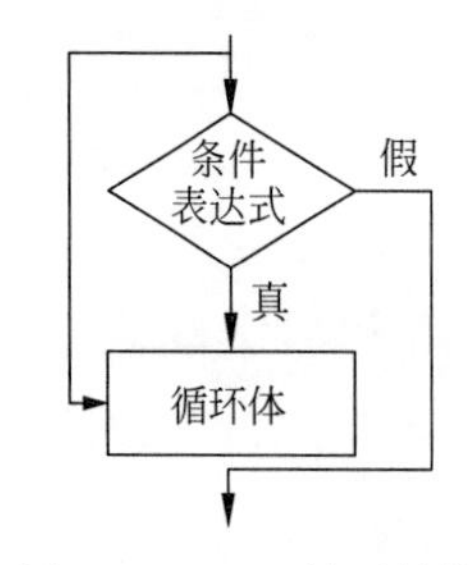

图 5-1　while 循环结构

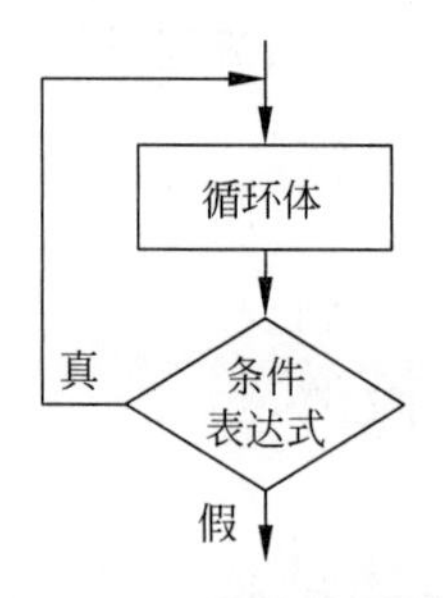

图 5-2　do…while 循环结构

5.3.3　for 循环语句和 foreach 语句

for 语句和 foreach 语句都是固定循环次数的循环语句。

1. for 语句

for 语句是一种功能强大的循环语句,它比 while 语句和 do…while 语句更为灵活。它的一般语法格式为:

```
for(表达式 1;表达式 2;表达式 3)
{
    循环体;
}
```

for 语句的执行过程如下。

(1) 首先计算表达式 1 的值。

(2) 判定表达式 2 的值,若其值为 true,则执行循环体中的语句,然后求表达式 3 的值;若表达式 2 的值为 false,则转而执行步骤(4)。

(3) 返回步骤(2)。

(4) 结束循环,执行程序的下一条语句。

for 语句的程序执行流程图如图 5-3 所示。

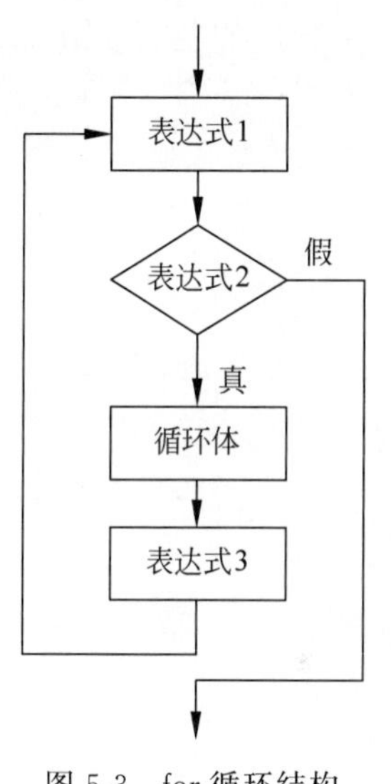

图 5-3　for 循环结构

2. foreach 语句

foreach 语句是 C# 中新增加的循环语句,它对于处理数组及集合等数据类型特别简便。foreach 语句用于列举集合中的每一个元素,并且通过执行循环体对每一个元素进行操作。foreach 语句只能对集合中的元素进行循环操作。foreach 语句的一般语法格式如下。

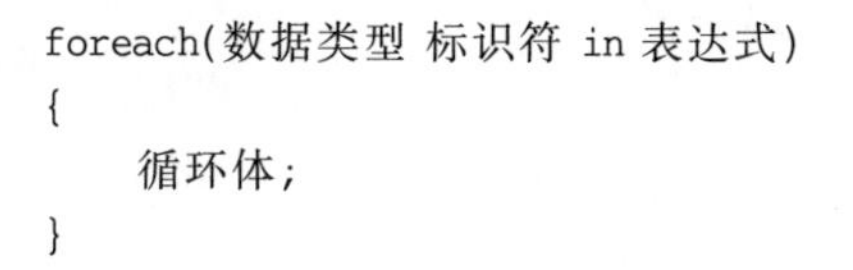

```
foreach(数据类型 标识符 in 表达式)
{
    循环体;
}
```

说明:foreach 语句中的循环变量是由数据类型和标识符声明的,循环变量在整个 foreach 语句范围内有效。在 foreach 语句执行过程中,循环变量就代表当前循环所执行的集合中的元素。每执行一次循环体,循环变量就依次将集合中的一个元素带入其中,直到把集合中的元素处理完毕,跳出 foreach 循环,转而执行程序的下一条语句。

5.4　项目实践

5.4.1　项目分析与算法流程设计

由前面所述的项目功能介绍可知,本项目包含以下几部分基本功能。

(1) 接收全班人数。

(2) 依次接收班级每个学生的成绩。

(3) 每接收一个成绩,依据要求进行统计汇总。

由此，可以得到问题的解决思路。该思路如下所述。

(1) 初始化统计信息各个变量。

(2) 接收班级学生人数 nStudents。

(3) 初始化已统计成绩的学生人数为 i=1。

(4) 判定 i<=nStudents，若判定式的值为 true，则执行(5)；若判定式的值为 false，则执行(9)

(5) 接收下一个成绩。

(6) 比较以前得到的最高、最低成绩与当前接收的成绩的大小关系，并修正统计信息。同时修正各区间成绩的统计信息。

(7) 已统计成绩的学生人数 i 自增。

(8) 执行(5)。

(9) 格式化输出统计信息。

程序的主流程图如图 5-4 所示。

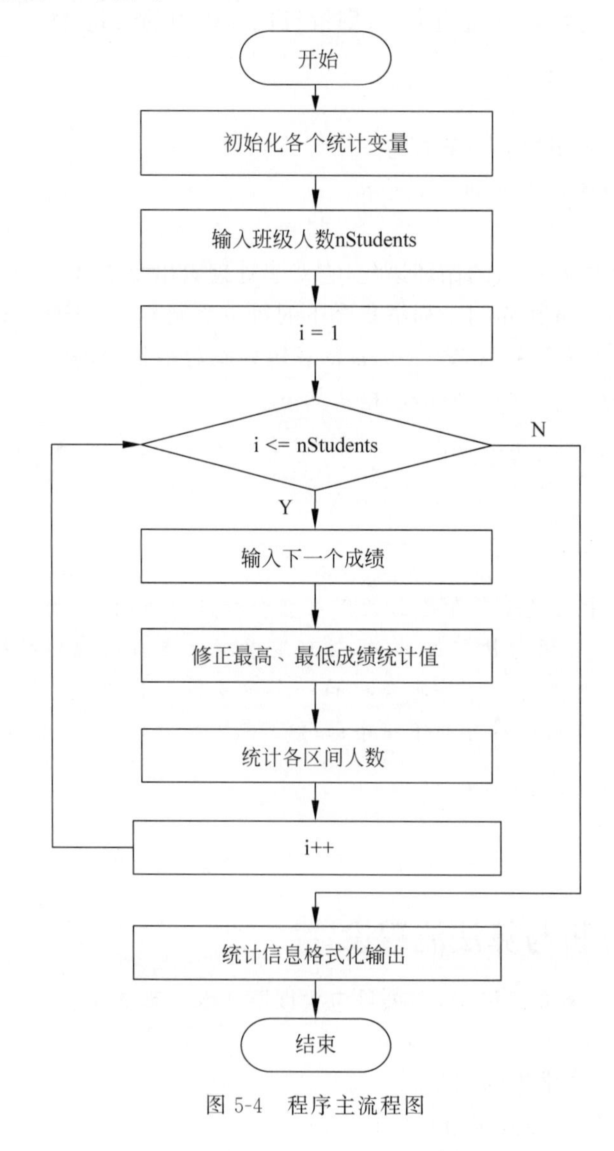

图 5-4 程序主流程图

其中，修正统计信息的执行策略如下。

(1) 最高成绩修正：将接收得到的成绩 temp_score 与之前的统计值 max_score 比较，如果 temp_score＞max_score，则将新接收的成绩作为目前为止所有接收成绩中的最高值。

(2) 最低成绩修正：将接收得到的成绩 temp_score 与之前的统计值 min_score 比较，如果 temp_score＜min_score，则将新接收的成绩作为目前为止所有接收成绩中的最低值。

(3) 各区间人数修正：依次判定所接收的成绩在哪个区间范围内，然后将对应的区间统计值加 1。

5.4.2　程序代码设计

具体程序代码设计如下。

1. 代码设计

根据项目的描述，可在代码编辑器中完成如下代码的添加。

```
using System;
using System.Collections.Generic;
using System.Linq;
using System.Text;
using System.Threading.Tasks;

namespace Score
{
    class Program
    {
        static void Main(string[] args)
        {
            int nStudents;                              //定义变量，用于统计学生的人数
            int temp_score;                             //定义变量，接收每次输入的成绩
            //定义最大成绩与最小成绩
            int max_score = 0, min_score = 0;
            //统计成绩各区间内的成绩人数
            int score_0_59 = 0, score_60_69 = 0, score_70_79 = 0,
                score_80_89 = 0, score_90_100 = 0;
            Console.WriteLine("--------学生成绩统计----------");

            //接收全班人数
            Console.WriteLine("请输入班级人数：nStudents = ");
            string s = Console.ReadLine();
            nStudents = Int32.Parse(s);

            //接收并处理成绩
            for (int i = 1; i <= nStudents; i++)
            {
                //接收成绩
                Console.WriteLine("请输入第{0:d}个学生的成绩", i);
                temp_score = Int32.Parse(Console.ReadLine());

                //修改最高与最低成绩
```

```
        if (i == 1)
        {
            max_score = temp_score;
            min_score = temp_score;
        }
        else
        {
            if (max_score < temp_score)
                max_score = temp_score;
            if (min_score > temp_score)
                min_score = temp_score;
        }

        //接收成绩所在区间的人数
        int temp = temp_score / 10;
        switch (temp)
        {
            case 10:
            case 9:
                Console.WriteLine("优秀");        //成绩优秀
                score_90_100++;
                break;
            case 8:
                Console.WriteLine("良好");        //成绩良好
                score_80_89++;
                break;
            case 7:
                Console.WriteLine("中等");        //成绩中等
                score_70_79++;
                break;
            case 6:
                Console.WriteLine("及格");        //成绩及格
                score_70_79++;
                break;
            default:
                Console.WriteLine("不及格");      //成绩不及格
                score_0_59++;
                break;
        }
    }

    //统计信息输出
    Console.WriteLine("--------学生成绩统计信息输出----------");
    Console.WriteLine("全班共{0:d}人,其中最高成绩{1:f2}," +
                "最低成绩{2:f2}", nStudents, max_score, min_score);
    Console.WriteLine("成绩区间 90～100 的人数有{0:d}人," +
        "所占比例为: {1:f2} %", score_90_100, score_90_100 * 100 / nStudents);
    Console.WriteLine("成绩区间 80～89 的人数有{0:d}人," +
        "所占比例为: {1:f2} %", score_80_89, score_80_89 * 100 / nStudents);
    Console.WriteLine("成绩区间 70～79 的人数有{0:d}人," +
        "所占比例为: {1:f2} %", score_70_79, score_70_79 * 100 / nStudents);
```

```
            Console.WriteLine("成绩区间 60～69 的人数有{0:d}人," +
                "所占比例为:{1:f2}%", score_60_69, score_60_69 * 100 / nStudents);
            Console.WriteLine("成绩区间 0～59 的人数有{0:d}人," +
                "所占比例为:{1:f2}%", score_0_59, score_0_59 * 100 / nStudents);
            Console.ReadLine();
        }
    }
}
```

2. 代码分析

(1) 本项目的基本设计思想是依次接收成绩,每接收一个学生成绩后,紧接着做相关的统计、汇总工作。

(2) 对于每次成绩统计、汇总工作而言,其基本操作流程是相同的,因此可以将成绩处理作为一个循环体来处理。

(3) 程序中使用了一个 for 循环结构,其循环次数控制是通过计数器 i 来实现的。

(4) 程序中使用了一个 switch 分支结构,使得程序结构更为清晰,增加了程序的可读性。

5.4.3 系统运行

系统运行之后,依据相关提示信息,输入学生的人数及其相应成绩,其运行结果如图 5-5 所示。

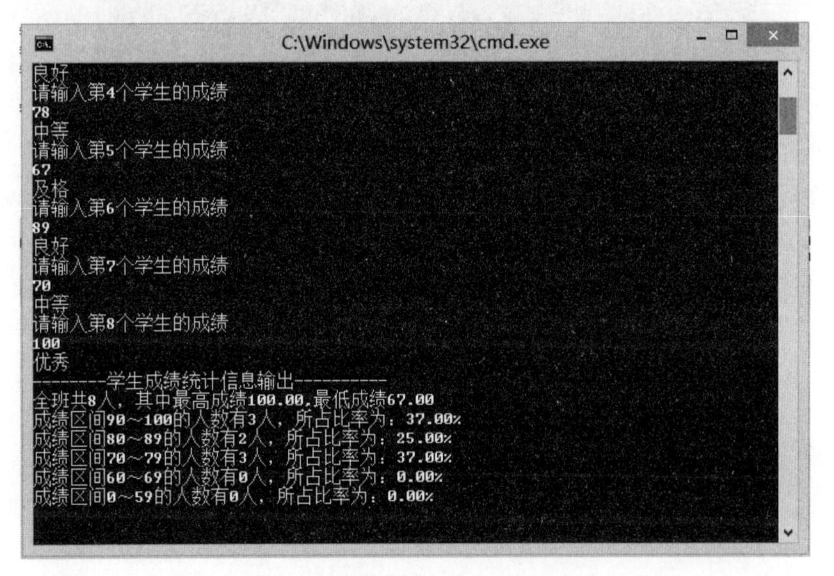

图 5-5 学生成绩统计的运行结果

5.5 小结

在 C# 中提供了 4 种循环结构语句:for 语句、while 语句、do…while 语句和 foreach 语句。

对于不同的实际运用,可以灵活选择不同的循环语句加以运用。对于 for 语句而言,一般用于循环次数明确的情况下;而 while 与 do…while 语句则常常用于循环次数未知的情况下;while 与

for 语句均为“预判定”或“预测试”语句，即在循环体执行前，首先进行是否满足循环的判定，然后才真正执行循环；而 do…while 循环则是“后循环”或“后测试”循环，即首先执行一次循环体，然后判定循环是否能够继续进行下去，如可以继续进行，则再次执行循环体；foreach 语句则是用于数组或集合元素中。

在所有的循环语句中，都应确保避免“死循环”的发生，这种情况的发生通常是由于循环条件的永久成立而引起的。一种有效控制循环进行的策略就是跳转语句的应用。C# 中提供了 goto 语句、continue 语句、break 语句和 return 语句来完成程序控制权的转移。

5.6 练一练

(1) 分别用 for、while、do…while 语句编写程序，求出 100 之内的自然数之和。

(2) 编写程序，要求输出如图 5-6 所示的图形。

图 5-6　程序运行结果

第6章 面向对象程序设计基础——实现学生信息管理一

本章通过面向对象技术实现学生信息管理的功能。通过此项目的学习和实践,学生将理解和掌握C#中关于类、对象、字段、方法、构造函数和析构函数的概念,初步掌握面向对象技术的C#编程实现。

6.1 项目案例功能介绍

初步实现基于面向对象技术的学生信息管理。

通常,学生信息包括学号、姓名、年龄等属性,也包括长大、入学、毕业等行为。如何实现学生信息管理呢?在此,通过定义一个学生类clsStudent,实现学生信息的管理。所定义的学生类中有3个私有属性:nNum(学号)、strName(姓名)、nAge(年龄);2个函数:clsStudent(构造函数)、~clsStudent(析构函数),其中,使用构造函数为clsStudent类的对象赋值,实现对象的初始化,在析构函数中释放动态分配的内存;4个方法:Grow(长大1岁)、Enrollment(入学)、Graduate(毕业)、Display(输出信息)。

6.2 项目设计思路

在本项目中,项目设计思路包括以下步骤。

(1) 创建一个学生类clsStudent。

(2) 在clsStudent类中添加相应的字段。

(3) 在clsStudent类中添加相应的属性。

(4) 在clsStudent类中添加相应的方法。

(5) 在clsStudent类中添加构造函数和析构函数。

(6) clsStudent类对象的创建及对象成员的引用。

6.3 关键技术

6.3.1 类的定义

在C#中,"类"是一种数据结构,它可以包含数据成员(常量和字段)、函数成员(属性、方法、事件、索引器、运算符、构造函数、析构函数)。

C#中类的声明需要使用class关键字,并把类的主体放在花括号中,格式如下。

```
[类修饰符] class 类名 [:基类类名]
{
        //属性
        //方法
}
```

其中,除了class关键字和类名外,剩余的都是可选项;类名必须是合法的C#标识符,它将作为新定义的类的类型标识符;类的主体是以一对大括号开始和结束的,在一对大括号后面可以跟一个分号,也可以省略分号,类的主体中的成员种类较多,常见的有字段、属性、方法和事件。类的所有成员的声明均需在类的主体中。

class关键字前面是访问级别。在C#中,类的访问级别由类的修饰符进行限定,类的修饰符如表6-1所示。如果类的修饰符为public,这表示该类可以被任何其他类访问。类的名称位于class关键字的后面。

表6-1 C#类修饰符

修饰符	说　　明
abstract	抽象类,表明该类是一个不完整的类,只有声明而没有具体的实现。一般只能用来作其他类的基类,而不能单独使用
internal	内部类,表明本类只能从同一个程序集的其他类中访问
new	新建类,表明由基类中继承而来的、与基类中同名的成员
private	私有类,表明只能在定义它的类中访问这个类
protected	保护类,表明只能在定义它的类以及该类的子类中访问这个类
public	公有类,表明该类可以被任何其他类访问
sealed	密封类,说明该类不能再作其他类的基类,该类不能被继承

下面以一个学生类的实例,说明该类在C#中的实现。该类的类图如图6-1所示。

学生
-学号 -姓名 -性别
+入学() +成长() +毕业()

图6-1 学生类

【例6-1】 定义一个学生类。

```
public class clsStudent
{
    //属性
    //学号、姓名、性别等

    //方法
```

```
        //入学、成长、毕业等
    }
```

6.3.2 类的成员：字段

字段是类成员中最基础的成员，它是与对象或类相关联的变量。字段的作用主要用于存储与类有关的一些数据。它的声明格式与普通变量的声明格式基本相同，声明位置没有特殊要求；但习惯上将字段说明放在类的主体中的最前面。

定义字段的基本格式为：

```
访问修饰符 数据类型 字段名;
```

其中，字段修饰符包括 public、private、protected，其含义与表 6-1 中描述相同，不再赘述。下面的例子用来说明 public 和 private 修饰符的作用。

【例 6-2】 public 和 private 修饰符的作用。

```
using System;
using System.Collections.Generic;
using System.Linq;
using System.Text;
using System.Threading.Tasks;

namespace Example_PublicAndPrivate
{
    /// <summary>
    /// 学生类
    /// </summary>
    public class clsStudent
    {
        //字段
        public string strName;                              //公有字段
        private int nAge;                                   //私有字段

        //方法...
    }

    /// <summary>
    /// Main 函数类
    /// </summary>
    class Test
    {
        /// <summary>
        /// 应用程序的主入口点.
        /// </summary>
        static void Main(string[] args)
        {
            clsStudent s = new clsStudent();
            s.strName = "张三";                             //正确
            s.nAge = 20;                                    //错误,不能访问
```

```
            }
        }
    }
```

上述程序中，定义了一个 Student 类，包含一个公有字段 strName 和一个私有字段 nAge。在 Test 类中试图对学生类的对象 s 的年龄进行设置，但是 Student 类的 nAge 字段是私有的，在其他的类中无法访问，因此程序会报错，报错信息如图 6-2 所示。而访问其公有字段 strName 就不会有问题。

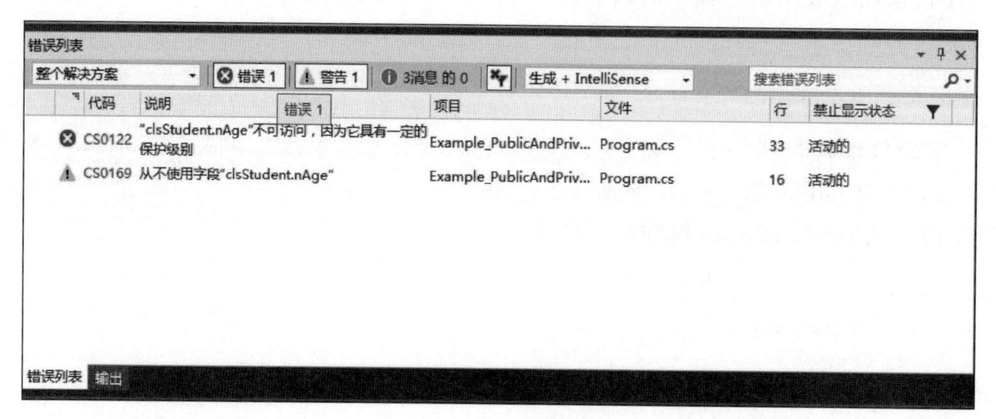

图 6-2　程序报错信息

6.3.3　类的成员：属性

类字段一般定义为私有的或受保护的，不允许外界访问。若需要外界访问此字段，可以利用类的属性，提供给外界访问私有或保护字段的途径。

在例 6-2 的定义中，对于公有字段 strName 的访问是不受限制的，对于私有字段 nAge 的访问仅限于该类的内部成员，如果要实现在类以外也能访问类的私有成员，可以设置一个公有的属性实现对私有成员进行访问。在 C# 中，通常声明属性的语法格式如下。

```
访问修饰符 类型 属性名
{
    get
    {
        return 字段名;
    }
    set
    {
        字段名 = value;
    }
}
```

实际上，属性是一个或两个代码块，表示一个 get 访问器或是一个 set 访问器或是 get 访问器及 set 访问器。当读取属性时，执行 get 访问器的代码块；当赋予属性一个新值时，执行 set 访问器的代码块。只具有 get 访问器的属性被称为只读属性；只具有 set 访问器的属性被视为只写属性；同时具有这两个访问器的属性是读写属性。

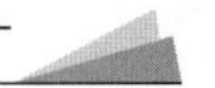

下面的例子为clsStudent类定义了属性，实现对私有字段的访问，用于设置和获取其私有字段“年龄”。

【例 6-3】 字段和属性使用示例。

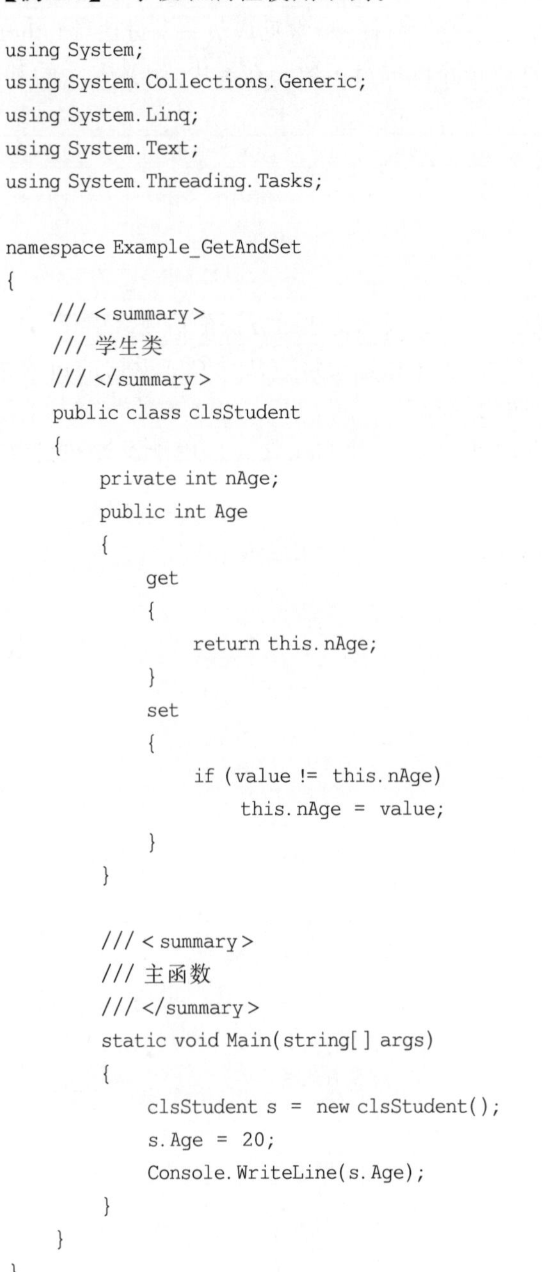

```
using System;
using System.Collections.Generic;
using System.Linq;
using System.Text;
using System.Threading.Tasks;

namespace Example_GetAndSet
{
    /// <summary>
    /// 学生类
    /// </summary>
    public class clsStudent
    {
        private int nAge;                                   //私有字段
        public int Age                                      //属性,用于对私有字段的访问
        {
            get
            {
                return this.nAge;
            }
            set
            {
                if (value != this.nAge)
                    this.nAge = value;
            }
        }

        /// <summary>
        /// 主函数
        /// </summary>
        static void Main(string[] args)
        {
            clsStudent s = new clsStudent();
            s.Age = 20;
            Console.WriteLine(s.Age);
        }
    }
}
```

注意：在代码中为学生类定义了一个私有字段nAge，相应地，也定义了属性Age，并包含get和set两个访问器，使其既可读也可写。在属性的get访问器中，用return来返回一个事物的属性值。在属性的set访问器中可以使用一个特殊的隐含参数value。该参数包含用户指定的值，通常用在set访问器中，将用户指定的值赋值到一个类变量中。如果没有set访问器，则表示属性是只读的；如果没有get访问器则表示属性是只写的。

6.3.4 类的成员：方法

在前面学习了类成员中的字段和属性，通过它们可以完成数据的存放和读取，但如果要完成其他的一些功能，如输入信息、计算等，就需要利用类中的另外一种常见成员——方法(Method)。

方法是一种用于实现由对象或类执行的计算或操作的成员函数。在类中，定义方法的基本语法格式为：

```
访问修饰符 返回值类型 方法名(形式参数列表)
{
    方法体各语句;
}
```

对于方法中的形式参数列表，可以有一个或多个参数，表示传递给方法的值或者引用；其中也可以为空，表示不传递参数。方法可以有返回值类型，用于指定由该方法计算或返回的值的类型；如果方法不返回任何值，则它的返回值类型应声明为 void。

下面的例 6-4 为 clsStudent 类定义了公有方法 SetAge()和 GetAge()，用于设置和获取其私有字段“年龄”。

视频讲解

【例 6-4】 类的公有方法的示例。

```
using System;
using System.Collections.Generic;
using System.Linq;
using System.Text;
using System.Threading.Tasks;

namespace DeclareMethod
{
    /// <summary>
    /// 学生类
    /// </summary>
    public class clsStudent
    {
        //属性
        public string strName;                              //公有属性
        private int nAge;                                   //私有属性

        //方法...
        public void SetAge(int _nAge)
        {
            this.nAge = _nAge;
        }
        public int GetAge()
        {
            return this.nAge;
        }
    }

    /// <summary>
```

```
        /// Main 函数类
        /// </summary>
        class Class1
        {
            static void Main(string[ ] args)
            {
                clsStudent s = new clsStudent();
                s.SetAge(20);                              //赋值年龄
                Console.WriteLine(s.GetAge());             //获取年龄
            }
        }
    }
```

程序中为各个学生定义了公有方法 SetAge()，其功能是为类的私有属性“年龄”赋值；同时为学生类定义了获取“年龄”属性值的公有方法 GetAge()。

通过 SetAge()方法，并传递适当的参数，便可以为学生 s 的年龄赋值，而通过调用 GetAge()方法获取其年龄，并输出。

6.3.5　类的构造函数和析构函数

在 C#类的方法中，有两个特殊的方法，即类的构造函数和析构函数。

构造函数是当类实例化时首先执行的函数。反之，析构函数是当实例(也就是对象)从内存中销毁前最后执行的函数。这两个函数的执行是无条件的，并且不需要程序手工干预。也就是说，只要定义一个对象或销毁一个对象，不用显式地调用构造函数或析构函数，系统都会自动在创建对象时调用构造函数，而在销毁对象时调用析构函数。

1. 构造函数

在实例化对象的时候，对象的初始化是自动完成的，并且这个对象是空的。有时，我们希望创建一个对象时要为其初始化某些特征，这时就需要用到构造函数。在 C#中，构造函数是特殊的成员函数。

构造函数的特殊性表现在如下几个方面。

(1) 构造函数的函数名和类的名称一样。

(2) 构造函数可以带参数，但没有返回值。

(3) 构造函数在对象定义时被自动调用。

(4) 如果没有给类定义构造函数，则编译系统会自动生成一个默认的构造函数。

(5) 构造函数可以被重载，但不可以被继承。

(6) 构造函数的类型修饰符总是 public。如果是 private，则表示这个类不能被实例化，这通常用于只含有静态成员的类中。

通常，声明构造函数是为了在创建对象时对数据进行初始化，所以构造函数通常需要形参。在学生类 clsStudent 中，如果希望可以在利用类实例化对象时给内部成员赋值，使得利用此类模型来实例化对象时有更大的灵活性，那么就可以在类中加上构造函数。

下面实现对于学生类的构造函数。

视频讲解

【例 6-5】　通过构造函数，实现在产生一个学生对象时为其完成起名工作。

```
using System;
```

```
using System.Collections.Generic;
using System.Linq;
using System.Text;
using System.Threading.Tasks;

namespace Example_Construct
{
    /// <summary>
    /// 学生类
    /// </summary>
    public class clsStudent
    {
        public string strName;                              //域

        /// <summary>
        /// 构造函数,为学生起名
        /// </summary>
        public clsStudent(string _strName)
        {
            this.strName = _strName;
        }

    }
    class Class1
    {

        static void Main(string[] args)
        {
            clsStudent s = new clsStudent("张三");
            Console.WriteLine(s.strName);
        }
    }
}
```

注意:在 clsStudent 类中,定义了方法 clsStudent(),注意这个方法与 clsStudent 类同名。这样,每当实例化一个 clsStudent 对象时,总会执行这个函数。

在构造函数中可以没有参数,也可以有一个或多个参数。这表明构造函数在类的声明中可以有函数名相同,但参数个数不同或者参数类型不同的多种形式,这就是构造函数重载。用 new 关键字创建一个类的对象时,类名后的一对圆括号提供初始化列表,这实际上就是提供给构造函数的参数。系统根据这个初始化列表的参数个数、参数类型和参数顺序调用不同的构造函数。

2. 析构函数

在类的实例超出某个范围时,我们希望它所占的存储空间能被收回,以便能节省出计算机的存储空间来做其他的用途。在 C# 中,提供了析构函数用于专门释放被占用的系统资源。

析构函数,在设计时要注意名字与类名必须相同,同时在其前面加上符号“~”;析构函数不接受任何参数也不返回任何值,若试图声明其他任何一个以符号“~”开头,而不与类名相同的方法,或者试图让析构函数返回一个值都是不行的。

析构函数不能被继承而来,也不能显式地调用,当某个类的实例被认为不再有效时,垃圾收集器(Garbage Collection,GC)会帮助我们完成这些易被遗忘的工作。

析构函数也是类的特殊的成员函数,它主要用于释放类实例。析构函数的特殊性表现在以下几个方面。

(1) 析构函数的名字与类名相同,只是需要在其前面加了一个符号“～”。

(2) 析构函数不接收任何参数,没有任何返回值,也没有任何访问关键字。

(3) 当撤销对象时,自动调用析构函数。

(4) 析构函数不能被继承,也不能被重载。

【例 6-6】 为 clsStudent 类建立析构函数。

```
public class Student
{
        /// <summary>
        /// 析构函数
        /// </summary>
        ～clsStudent()
        {
            Console.WriteLine("Call Destruct Method.");
         }
}
```

当程序使用完一个学生对象后,都会自动调用这个析构函数,输出“Call Destruct Method.”。

说明:事实上,一般并不需要使用析构函数,.NET Framework 提供了默认的析构函数执行内存清理等工作。如果确定需要在销毁对象前,完成一些特殊的任务,才需要使用自定义的析构函数。

6.3.6　类对象的创建和类对象成员的引用

在 C# 程序中,类是抽象的,要实现类定义的功能,就必须实例化类,即创建类的对象。

1. 类对象的创建

在 C# 中,使用 new 运算符来创建类的对象,其格式如下。

```
类名 对象名 = new 类名([参数表]);
```

也可以使用如下两步创建类的对象。

```
类名 对象名;
对象名 = new 类名([参数表]);
```

其中,[参数表]是可选的,根据类所提供的构造函数来确定。

声明类相当于定义一个模型,在类定义完毕之后使用 new 运算符创建类的对象(实例)。计算机将为对象分配内存,并且返回对该对象的引用。

对于学生类 clsStudent,采用下面的语句来创建 clsStudent 对象,并且将那些对象的引用保存到变量 s 中。

```
clsStudent s = new clsStudent();                        //声明、实例化对象同时进行
```

也可以使用如下语句。

```
clsStudent s;                                  //先声明对象
s = new clsStudent();                          //对象实例化
```

上面的语句 new clsStudent()实例化时计算机会自动调用类 clsStudent 的无参数构造函数实例化和初始化各个成员。若采用如下语句:

```
clsStudent s2 = new clsStudent(201803008, "李四", 17,"女");
```

此时,计算机将会调用类 clsStudent 的有参数的构造函数实例化对象,并且将学号、姓名、年龄、性别按指定的输入进行初始化。

2. 对象成员的引用

当有了类的对象以后,就可以通过对象名及其提供的有公有访问权限的成员来操作对象了。对象使用“.”运算符来引用类的成员。当然,能够进行引用的范围受到成员的访问修饰符的控制。例如,由于在设计学生类 clsStudent 时的 strName 是公有访问权限的,所以可以采用如下语句给学生对象 s 中的姓名进行赋值。

```
s1.strName = "赵文";
```

这是允许的。由于 nAge 是私有访问的,所以如下语句:

```
s1.nAge = 19;
```

是不允许的。但是,我们注意到,由于提供了公有的属性 Age,所以如下语句:

```
s1.Age = 19;
```

是正确的。

视频讲解

6.4 项目实践

6.4.1 创建一个学生类 clsStudent

下面来创建学生类 clsStudent,代码如下。

【例 6-7】 学生类声明。

```
class clsStudent
{

}
```

在代码中定义了一个类名为 clsStudent 的类,此时类的主体中没有定义任何内容。但对于要定义的学生类的类的主体是不为空的,在后面的工作任务中,逐步完善学生类的字段、方法等。

6.4.2 在类 clsStudent 中添加相应的字段

定义字段的基本格式为:

```
访问修饰符 数据类型 字段名;
```

【例 6-8】 根据给定字段定义的基本格式，为学生类声明字段。代码如下。

```
class clsStudent
{
    int nNum;                                    //学号
    public string strName;                       //姓名
    private int nAge;                            //年龄
    private string strSex;                       //性别
}
```

在学生类中定义了四个字段成员，分别用于保存学生的学号、姓名、年龄和性别。在此，也许读者会注意到，后三个字段成员的定义形式和第一个稍有不同之处。其中，第一个字段前面没有访问修饰符，第二个字段前面的访问修饰为 public，最后两个字段前面的访问修饰符为 private。需要注意的是，在面向对象程序设计中，类中的成员在定义时一般都要加上访问修饰符，以标志该成员在哪些范围能够被访问到。如果声明类成员时没有使用任何修饰符，则表明该成员被认为是私有的(private)。

6.4.3 在类 clsStudent 中添加相应的属性

在例 6-8 的定义中，对于公有字段 strName 的访问是不受限制的，对于私有字段 nNum、nAge 和 strSex 的访问仅限于该类的内部成员，如果要实现在类以外也能访问类的私有成员，可以设置公有的属性来对私有成员进行访问。

学生类的属性声明如例 6-9 所示。

【例 6-9】 学生类属性声明。

```
class clsStudent
{
    //成员字段
    int nNum;                                    //学号
    public string strName;                       //姓名
    private int nAge;                            //年龄
    private string strSex;                       //性别

    //声明公有属性实现访问私有的 nNum 字段
    public int Num
    {
        //提供对 nNum 的读权限
        get
        {
            return nNum;
        }
        //提供对 nNum 的写权限
        set
        {
            nNum = value;
        }
    }

    //声明公有属性实现访问私有的 nAge 字段
```

```
        public int Age
        {
            //提供对 nAge 的读权限
            get
            {
                return nAge;
            }
            //提供对 nAge 的写权限
            set
            {
                nAge = value;
            }
        }

        //声明公有属性实现访问私有的 strSex 字段
        public string Sex
        {
            //提供对 strSex 的读权限
            get
            {
                return strSex;
            }
            //提供对 strSex 的写权限
            set
            {
                strSex = value;
            }
        }
    }
```

在例 6-9 代码中，定义了 Num、Age 和 Sex 三个属性，这三个属性都提供了 get 和 set 访问器，因而外界对于这三个属性都具有读和写权限。

注意：属性提供了灵活的机制来读取、编写或计算私有字段的值，可以像使用公共数据成员一样使用属性。

属性名应该和要访问的字段名相关，但不能相同。命名属性时，通常采取属性名的所有单词的首字母大写的方式。

6.4.4 在类 clsStudent 中添加相应的方法

本节进一步完善前面定义的学生类。为学生类定义四个方法，一个用于表示学生入学，一个用于表示学生成长，一个用于表示学生毕业，一个用于输出信息。

【例 6-10】 学生类中方法的定义。

```
class clsStudent
{
    //成员字段
    int nNum;                                   //学号
    public string strName;                      //姓名
    private int nAge;                           //年龄
```

```
private string strSex;                                      //性别

//声明公有属性实现访问私有的 nNum 字段
public int Num
{
    //提供对 nNum 的读权限
    get
    {
        return nNum;
    }
    //提供对 nNum 的写权限
    set
    {
        nNum = value;
    }
}

//声明公有属性实现访问私有的 nAge 字段
public int Age
{
    //提供对 nAge 的读权限
    get
    {
        return nAge;
    }
    //提供对 nAge 的写权限
    set
    {
        nAge = value;
    }
}

//声明公有属性实现访问私有的 strSex 字段
public string Sex
{
    //提供对 strSex 的读权限
    get
    {
        return strSex;
    }
    //提供对 strSex 的写权限
    set
    {
        strSex = value;
    }
}
//学生入学
public void Enrollment()
{
    Console.WriteLine("学号为: {0},姓名为: {1}同学入学", nNum, strName);
}
```

```
        //学生长大 1 岁
        public void Grow()
        {
            nAge++;
        }

        //学生毕业
        public void Graduate()
        {
           Console.WriteLine("学号为：{0},姓名为：{1}同学毕业", nNum, strName);
        }

        //输出信息
        public void Display()
        {
           Console.WriteLine("学名为：{0}", nNum);
           Console.WriteLine("姓名为：{0}", strName);
           Console.WriteLine("年龄为：{0}", nAge);
           Console.WriteLine();
        }
}
```

6.4.5 在类 clsStudent 中添加构造函数和析构函数

具体实现过程如下。

1. 在类 clsStudent 中添加构造函数

【例 6-11】 学生 clsStudent 类有参数的构造函数和无参数的构造函数声明。

```
//声明公有、含参数的构造函数
//参数 num、name、age、sex 分别传递学号、姓名、年龄、性别
public clsStudent(int num, string name, int age,string sex)
{
        nNum = num;
        strName = name;
        nAge = age;
        strSex = sex;
}

//声明不含参数的构造函数
public clsStudent()
{
        nNum = 201701001;
        strName = "赵中华";
        nAge = 18;
        strSex = "男";
}
```

注意：

(1) 一个类的构造函数通常与类名相同。

(2) 构造函数不声明返回类型。

(3) 一般的构造函数总是public类型的，如果是private类型的，表明类不能被实例化。

(4) 在构造函数中不要做对类的实例进行初始化以外的事情，也不要尝试显式地调用构造函数。

(5) 构造函数允许重载，但不能被继承。

2. 在类clsStudent中添加析构函数

【例6-12】 学生类的析构函数声明。

```
//析构函数
~clsStudent()
{
    Console.WriteLine("学生类的析构函数被调用!");
}
```

6.4.6 学生类对象的创建及对象成员的引用

在前面的工作任务中，实现了类的声明，然而类是抽象的，要实现类定义的功能，就必须实例化类，即创建类的对象。

1. 类对象的创建

【例6-13】 学生类对象创建，构造函数的使用。

```
public class Test
{
    static void Main()
    {
        clsStudent s1 = new clsStudent();

        clsStudent s2 = new clsStudent(201803008, "李四", 17,"女");
    }
}
```

2. 对象成员的引用

【例6-14】 根据所提供的学生类，实现对象成员的引用。

```
public class Test
{
    static void Main()
    {
        clsStudent s1;
        s1 = new clsStudent();                    //调用不含参数的构造函数,初始化对象
        s1.strName = "赵文";                      //改变学生的姓名
        s1.Age = 19;                              //改变学生的年龄
        s1.Enrollment();
        s1.Display();
        s1.Grow();                                //赵文成长1岁
```

```
            s1.Display();
            s1.Grow();                                        //赵文成长 1 岁
            s1.Display();
            s1.Graduate();

            //调用含参数的构造函数,初始化对象
            clsStudent s2 = new clsStudent(201803008, "李四", 17,"女");
            s2.Enrollment();
            s2.Display();
            s2.Grow();                                        //李四成长 1 岁
            s2.Display();
            s2.Graduate();
        }
    }
```

注意：创建类的对象、创建类的实例、实例化类等说法是等价的，都是以类为模板生成了一个对象的操作。

6.5 小结

类是面向对象程序设计的一个基本概念，是对一组类似对象的一般化描述，它包括字段、属性、方法和事件几类成员。类是创建对象的模板，由类创建对象。

字段是描述类特征的成员，如果需要描述类的某方面的特征，就要设置一个相应的字段。属性是为了访问隐蔽数据(字段)的，如果隐蔽字段的数据需要在类外访问，就要定义相应的属性。方法是类能做的事情。事件是对象接受外部操作而发生的动作。

构造函数是类的特殊函数，它与类同名，且不带任何返回值。由构造函数创建类对象，它是为初始化对象的字段成员设置的；一个类中可以包括多个构造函数，即构造函数的重载。如果声明类时不包含任何构造函数，系统会给它创建一个默认的空构造函数，如果声明类时创建一个构造函数，默认的空构造函数就没有了，需要的话再声明一个。

6.6 练一练

(1) 创建一个 clsPerson 类，它包括一个私有年龄字段，一个公有姓名字段，一个输出字段值的方法。创建两个 clsPerson 类的实例，编译测试 clsPerson 类。

(2) 重构 clsPerson 类，在题(1)的基础上增加一个读写字段的属性，用于输入、输出私有年龄字段值。创建两个对象，编译测试 clsPerson 类。

(3) 在题(3)的基础上，增加一个带有两个参数的构造函数。同时，创建两个对象，编译测试 clsPerson 类。

第7章

面向对象程序设计基础二——实现学生信息管理二

本章的项目是在前面项目的基础上，对于学生信息管理功能的进一步拓展，同时也是对于C#面向对象技术进一步的提高与深化。通过此项目的实现，读者将理解和掌握C#中方法的重载、静态成员、类的继承（派生）的概念，并进一步掌握面向对象技术的C#编程实现。

7.1 项目案例功能介绍

在前面项目中，已经初步实现了对于学生信息的管理，对于面向对象的编程技术已有初步的实践和运用。

在本章项目中，将运用方法重载机制，对于学生类clsStudent的Grow()方法进行重载；运用类的静态成员，实现对于学生的人数统计；运用类的继承（派生）实现对于学生类clsStudent进行代码复用，在clsStudent（学生类）上派生出clsCollegeStudent（大学生类）。

7.2 项目设计思路

在本项目中，项目设计思路包括以下步骤。

(1) 在学生类clsStudent中实现Grow()方法的重载。

(2) 通过静态字段实现学生人数的统计。

(3) 基于学生类派生出大学生类。

7.3 关键技术

7.3.1 类方法的重载

有时候，方法实现的功能需要针对多种类型的参数，虽然在C#中提供了隐式转换功能，但是这种转换有时会导致运算结果出错，为了使同一功能能够适用于各种类型的数据，C#提供了方法重载机制。

方法重载是指声明两个以上的同名方法，实现对不同数据类型的相同处理。方法重载有两点要求：一是重载的方法名称必须相同，二是重载的方法、形参的个数或者类型必须不同，否则将出现“已经定义了一个具有相同类型参数的方法成员”编译错误。

在第6章项目中，读者可能发现我们定义了两个同名的函数 clsStudent，一个是没有参数的，另一个是含有参数的，实际上这就是对于构造函数进行了重载。对于重载方法，编译器会根据调用时传递的参数个数和类型来区分应该调用哪一个方法。

对于学生类 clsStudent 而言，如果想要使其具有一个“成长”方法，但是这个方法可能是使其增长一岁，也可能是增加指定的岁数。我们将运用方法的重载来解决此类问题。在例 7-1 中，定义了 5 个 Add()方法，这 5 个 Add()方法将采用同一个方法名，实现了做“加法”运算的 5 种不同情况；在调用 Add()时只需要在其中传入相应的参数，系统编译器就会根据实参的个数和类型来决定到底调用哪个重载方法。

视频讲解

【例 7-1】 Add()方法的重载。

```
using System;
using System.Collections.Generic;
using System.Linq;
using System.Text;
using System.Threading.Tasks;

namespace Overload
{
    class Program
    {
        static int nResult = 0;
        static double dblResult = 0.0;

        static public void Add()
        {
            int nA = 10;
            int nB = 20;
            nResult = nA + nB;
        }

        static public void Add(int nA1,int nB1)
        {
            nResult = nA1 + nB1;
        }

        static public void Add(int nA1, int nB1,int nC1)
        {
            nResult = nA1 + nB1 + nC1;
```

```
        }

        static public void Add(double dblA1, double dblB1)
        {
            dblResult = dblA1 + dblB1;
        }

        static public void Add(double dblA1, double dblB1,double dblC1)
        {
            dblResult = dblA1 + dblB1 + dblC1;
        }

        static void Main(string[ ] args)
        {
            int n1 = 0;
            int n2 = 0;
            int n3 = 0;
            double dbl1 = 0.0;
            double dbl2 = 0.0;

            Add();
            n1 = nResult;
            Console.WriteLine("无参数传入的两个整数相加 Add()所得到的结果为:{0}", n1);

            Add(20,30);
            n2 = nResult;
            Console.WriteLine("传入两个整数类型的参数相加 Add()所得到的结果为:{0}", n2);

            Add(20, 30,40);
            n3 = nResult;
            Console.WriteLine("传入三个整数类型的参数相加 Add()所得到的结果为:{0}", n3);

            Add(20.5, 30.5);
            dbl1 = dblResult;
            Console.WriteLine("传入两个浮点类型的参数相加 Add()所得到的结果为:{0}", dbl1);

            Add(20.5, 30.5,40.5);
            dbl2 = dblResult;
            Console.WriteLine("传入三个浮点类型的参数相加 Add()所得到的结果为:{0}", dbl2);

        }
    }
}
```

程序运行界面如图 7-1 所示。

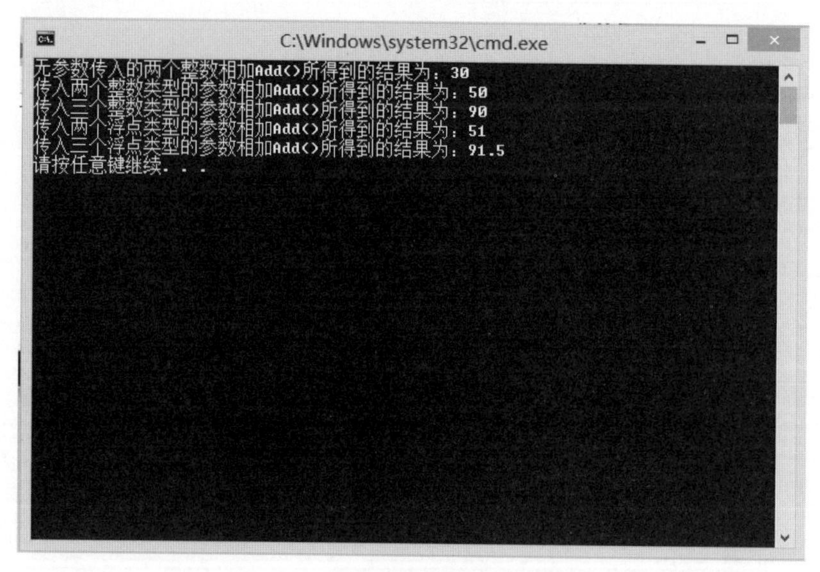

图 7-1　Add()方法重载运行界面

7.3.2　类的静态成员

类的成员类型有静态成员和非静态成员两种。类的静态成员可以是静态字段、静态方法（也称为实例方法）等。静态成员与非静态成员的不同，在于静态成员属于类，即在使用时静态成员要通过类名来调用，而非静态成员则总是与特定的对象（实例）相关联，通过对象名来调用它。

声明静态成员时需要使用 static 关键字，关键字所处的位置一般在访问修饰符的后面。若对于类中的某个成员进行声明时加上 static，则该成员称为静态成员。静态方法的访问级别关键字同普通方法一样，但是很少是 private，因为一般需要在类的外部访问类的静态方法。在调用静态方法时不需要实例化类的对象，直接使用类引用即可。

静态方法和非静态方法的区别是：静态方法表示类所具有的行为，而非其某个具体对象所具有的行为。例如，学生开班会这项任务，就是全体学生集体的事情，而非某个学生的事情。对于学生类 clsStudent 来说，如何获取所有学生的人数信息呢？显然，这不是某个具体学生（对象）的属性，而是整个学生群体（类）的属性。

7.3.3　类的继承

为了提高软件模块的可复用性和可扩充性，提高软件的开发效率，我们总是希望能够利用已有的开发成果，同时又希望在自己的开发过程中能够有足够的灵活性，不拘泥于原有的模块。

继承是面向对象程序设计的主要特征之一，它可以让你复用代码，可以节省程序设计的时间。继承就是在类之间建立一种关系，使得新定义的派生类的实例可以继承已有的基类的特性，而且可以加入新的特性或者是修改已有的特性，建立起类的新层次。

继承的本质是代码重用。当要构造一个新的类时，通常无须从头开始。例如，在学生类的基础上，可以建立一个“大学生”类。很明显，“大学生”这个类具有自己的新特性，如“所在系”和“专业”就并不是所有学生都有的，而是大学生才有的特殊性质。因此，可以把大学生看作学生的一种延续，即在继承了学生的属性和方法基础之上，又包含新的属性或方法。在构造大学生这个类时，只需在学生类的基础上添加大学生特有的特性即可，而无须从头开始。此时，称学生类为父类，大学生类为子类。同理，在大学生类的基础上，可以派生出研究生类作为子类，从而达到代码利用的目的。

在C#中，用符号“:”来实现类的继承。

7.4 项目实践

7.4.1 在学生类clsStudent中实现Grow()方法的重载

对于学生类clsStudent而言，如果想要使其具有一个Grow()(表示成长)方法，但是这个方法可能是使其增长一岁，也可能是增加指定的岁数。我们将运用方法的重载来解决此类问题。在程序中，两个Grow()方法将采用同一个方法名，在调用此方法时只需要在其中传入相应的参数，系统编译器就会根据实参的个数和类型来决定到底调用哪个重载方法。

【例7-2】 学生类中Grow()方法的重载。

```
using System;
using System.Collections.Generic;
using System.Linq;
using System.Text;
using System.Threading.Tasks;

namespace StudentInfo
{
    class clsStudent
    {
        //成员字段
        int nNum;                                   //学号
        public string strName;                      //姓名
        private int nAge;                           //年龄
        private string strSex;                      //性别

        //声明公有、含参数的构造函数
        //参数num、name、age、sex分别传递学号、姓名、年龄、性别
        public clsStudent(int num, string name, int age, string sex)
        {
            nNum = num;
            strName = name;
            nAge = age;
            strSex = sex;
        }

        //声明不含参数的构造函数
        public clsStudent()
        {
            nNum = 1801001;
            strName = "赵中华";
            nAge = 18;
```

```
            strSex = "男";
        }

        //析构函数
        ~clsStudent()
        {
            Console.WriteLine("学生类的析构函数被调用!");
        }

        //学生入学
        public void Enrollment()
        {
            Console.WriteLine("学号为: {0},姓名为: {1}同学入学", nNum, strName);
        }

        //学生长大 1 岁
        public void Grow()
        {
            nAge++;
        }

        //学生长大_nAgeSpan 岁
        public void Grow(int _nAgeSpan)
        {
            nAge += _nAgeSpan;
        }

        //学生毕业
        public void Graduate()
        {
            Console.WriteLine("学号为: {0},姓名为: {1}同学毕业", nNum, strName);
        }

        //输出信息
        public void Display()
        {
            Console.WriteLine("学名为: {0}", nNum);
            Console.WriteLine("姓名为: {0}", strName);
            Console.WriteLine("年龄为: {0}", nAge);
            Console.WriteLine();
        }
    }

    public class Test
    {
        static void Main()
        {
            //调用含参数的构造函数,初始化对象
            clsStudent s = new clsStudent(201803008, "李四", 17, "女");
            s.Enrollment();
            s.Display();
```

```
            s.Grow();                                   //李四成长1岁
            s.Display();
            s.Grow(3);                                  //李四成长3岁
            s.Display();
            s.Graduate();
        }
    }
}
```

程序运行的结果如图 7-2 所示。

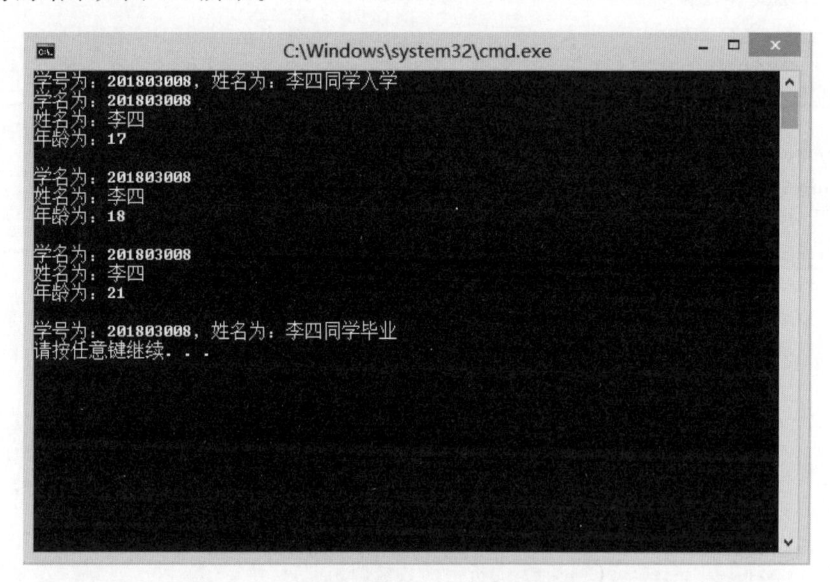

图 7-2　Grow()方法重载

7.4.2　通过静态字段实现学生人数的统计

对于学生类 clsStudent 来说，如何获取全部学生的人数信息呢？显然，这不是某一个具体学生(对象)的属性，而是整个学生群体(类)的属性。此时，可以通过静态字段实现学生人数的统计。

视频讲解

【例 7-3】 通过静态字段实现学生人数的统计。代码如下。

```
using System;
using System.Collections.Generic;
using System.Linq;
using System.Text;
using System.Threading.Tasks;

namespace StudentInfo
{
    class clsStudent
    {
        //成员字段
        int nNum;                                       //学号
        public string strName;                          //姓名
        private int nAge;                               //年龄
```

```
private string strSex;                                 //性别
public static int nCount;                              //静态字段,用于统计学生人数

//声明公有、含参数的构造函数
//参数 num、name、age、sex 分别传递学号、姓名、年龄、性别
public clsStudent(int num, string name, int age, string sex)
{
    nNum = num;
    strName = name;
    nAge = age;
    strSex = sex;
    nCount++;
}

//声明不含参数的构造函数
public clsStudent()
{
    nNum = 1801001;
    strName = "赵中华";
    nAge = 18;
    strSex = "男";
    nCount++;
}

//析构函数
~clsStudent()
{
    Console.WriteLine("学生类的析构函数被调用!");
}

//学生入学
public void Enrollment()
{
    Console.WriteLine("学号为: {0},姓名为: {1}同学入学", nNum, strName);

}

//学生长大 1 岁
public void Grow()
{
    nAge++;
}

//学生长大_nAgeSpan 岁
public void Grow(int _nAgeSpan)
{
    nAge += _nAgeSpan;
}

//学生毕业
public void Graduate()
```

```
        {
            Console.WriteLine("学号为：{0},姓名为：{1}同学毕业", nNum, strName);
        }

        //输出信息
        public void Display()
        {
            Console.WriteLine("学名为：{0}", nNum);
            Console.WriteLine("姓名为：{0}", strName);
            Console.WriteLine("年龄为：{0}", nAge);
            Console.WriteLine();
        }
    }

    public class Test
    {
        static void Main()
        {
            //调用含参数的构造函数,初始化对象
            clsStudent s1 = new clsStudent(201803008, "李四", 17, "女");
            Console.WriteLine("现有学生人数为：" + clsStudent.nCount);

            clsStudent s2 = new clsStudent();
            Console.WriteLine("现有学生人数为：" + clsStudent.nCount);
        }
    }
}
```

注意：在程序中，为学生类定义了静态字段 nCount，也定义了构造函数，从而实现在每次生成一个学生对象时，实现 nCount 的自动增加，达到统计学生人数的目的。

学生人数统计结果如图 7-3 所示。

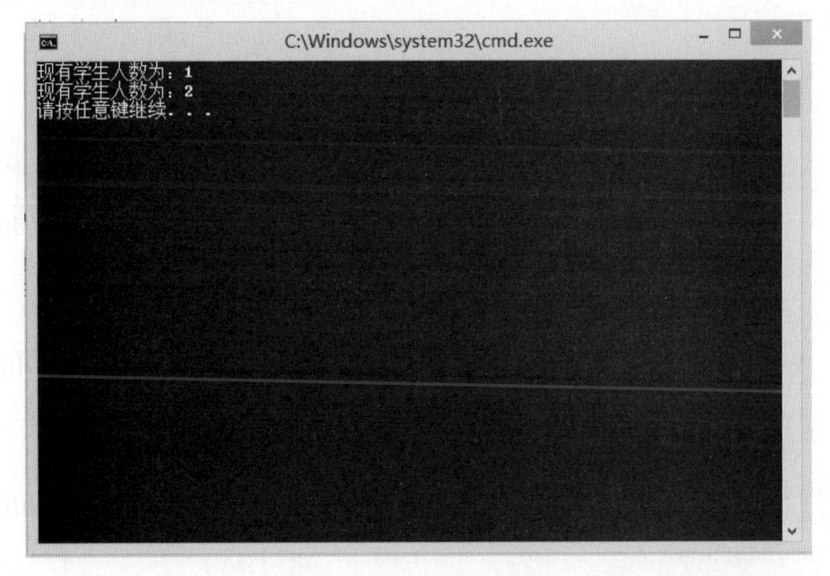

图 7-3　学生人数统计结果

7.4.3 基于学生类派生出大学生类

为了实现程序代码复用，把大学生类看作学生类的派生，即在继承了学生类的属性和方法基础之上，又包含新的属性或方法。

视频讲解

【例 7-4】 基于学生类 clsStudent 派生出大学生类 clsCollegeStudent。

```
class clsCollegeStudent : clsStudent
{
    private string strInsititue;                            //声明所在院系字段

    //声明所在院系属性
    public string Insititue
    {
        get
        {
            return strInsititue;
        }
        set
        {
            strInsititue = value;
        }
    }

    private string strMajor;                                //声明专业字段

    //声明专业属性
    public string Major
    {
        get
        {
            return strMajor;
        }
        set
        {
            strMajor = value;
        }
    }

    //声明公有无参数的构造函数
    public clsCollegeStudent():base()
    {
        strInsititue = "计算机系";
        strMajor = "软件技术";
    }

    //声明公有含参数的构造函数
    //参数分别传递学号、姓名、年龄、性别、所在院系、专业
    public clsCollegeStudent(int num, string name, int age, string sex,
          string insititue, string major): base(num, name, age, sex)
```

```
        {
            strInsititue = "计算机系";
            strMajor = "软件技术";
        }

        public override void Display()
        {
            Console.WriteLine("学名为: {0}", base.Num);
            Console.WriteLine("姓名为: {0}", base.strName);
            Console.WriteLine("年龄为: {0}", base.Age);
            Console.WriteLine("性别为: {0}", base.Sex);
            Console.WriteLine("所在系为: {0}", strInsititue);
            Console.WriteLine("专业为: {0}", strMajor);
            Console.WriteLine();
        }
    }
```

在上面 clsCollegeStudent 类的定义中，虽然只声明了所在院系字段和属性、专业字段和属性、两个构造函数和一个输出信息的方法，但由于 clsCollegeStudent 类继承于 clsStudent 类，所以 clsCollegeStudent 类自动就具有了 clsStudent 类的所有成员。

下面对于 clsCollegeStudent 类中的成员及每个成员的访问权限进行分析，具体分析结果如表 7-1 所示。

表 7-1　clsCollegeStudent 类成员及其访问权限

clsCollegeStudent 类	访问权限	成 员 来 源
strInsititue	private	clsCollegeStudent 类自己定义的
Insititue	public	
strMajor	private	
Major	public	
Display	public	
nNum	private	从父类 clsStudent 类继承而来
Num	public	
strName	public	
nAge	private	
Age	public	
strSex	private	
Sex	public	
Enrollment	public	
Grow	public	
Graduate	public	

注意：

(1) 派生类构造函数的声明与调用。

派生类的构造函数会默认调用父类的无参构造函数；若要显式调用父类的构造函数，则需要在派生类的构造函数名后，函数体前进行调用，但名字应该变成 base。

```
//声明公有无参数的构造函数
public clsCollegeStudent():base()
{
    strInsititue = "计算机系";
    strMajor = "软件技术";
}

//声明公有含参数的构造函数
//参数分别传递学号、姓名、年龄、性别、所在院系、专业
public clsCollegeStudent(int num, string name, int age, string sex,
    string insititue, string major): base(num, name, age, sex)
{
    strInsititue = "计算机系";
    strMajor = "软件技术";
}
```

当实例化大学生对象时，编译系统将先调用父类的构造函数进行成员的初始化，然后再执行派生类的构造函数。

(2) 方法重写与虚拟方法。

程序中为已声明的方法提供一个新实现，可以通过让派生类重写基类的方法。Java 和 C# 的一个重要区别是：默认情况下，Java 方法被标记为 virtual，而在 C# 中，必须使用 virtual 修饰符将方法显式标记为 virtual。属性访问器和方法均可以重写，它们的重写方法非常相似。派生类中要重写的方法使用 virtual 修饰符进行声明。在派生类中，已重写的方法是使用 override 修饰符声明的。

override 修饰符表示派生类的一个方法或属性，它代替基类中具有相同名称的方法或属性。要重写的基方法必须声明为 virtual、abstract 或 override，不能按此方式重写非虚方法或非静态方法。已重写和正在重写的方法或属性必须具有同样的访问级别修饰符。

下面对于所派生出的大学生类 clsCollegeStudent 进行测试。

【例 7-5】 实现所派生出的大学生类 clsCollegeStudent 的测试。

```
public class Test
{
    static void Main()
    {
        clsCollegeStudent cs1 = new clsCollegeStudent();
        cs1.Age = 19;
        cs1.Insititue = "计算机系";
        cs1.Major = "移动应用开发";
        cs1.Num = 2018010003;
        cs1.Sex = "男";
        cs1.strName = "李华";
        cs1.Display();
    }
}
```

基于学生类 clsStudent 派生出大学生类 clsCollegeStudent 的运行结果如图 7-4 所示。

图 7-4　基于学生类派生出大学生类的运行结果

7.5 小结

方法的重载、静态成员和类的继承，是对于面向对象技术进一步深化和拓展。方法的重载，做到了使用同样的方法名，完成功能类似，而具体实现不同任务的目的。静态成员表示了类所具有的行为，而非其某个具体对象所具有的行为。类的继承的本质是代码重用，派生类是对于其基类的一种延续，具有新的特殊性质。

7.6 练一练

(1) 创建一个人员类 clsPerson，它包括一个姓名字段，一个年龄字段，一个性别字段。在人员类 clsPerson 的基础上派生出学生类 clsStudent，该类在人员类的基础上，新增加一个学号字段、一个班级字段和三个用来描述学生成绩的字段，包括高数成绩字段、英语成绩字段、C＃成绩字段。其中，高数、英语为考试课程(以百分制表示)，C＃为考查课程(以优、良、中、及格、不及格的五分制来表示)。

(2) 对于学生类 clsStudent，创建 InputScore()方法来输入不同学生、不同课程的成绩。

(3) 对于不同学生，实现学生成绩的总分统计，以及班级平均成绩的统计。

第8章

抽象类、多态和接口——实现运动员训练管理

本章的项目是对于面向对象技术的进一步深化。通过此项目的实现，读者将学习和掌握 C# 中抽象类、多态以及接口的概念和应用。

8.1 项目案例功能介绍

在本章项目中，将定义一个抽象类 clsPlayer，在 clsPlayer 中定义一个抽象方法 Train()；定义三个继承于 clsPlayer 的子类，在子类中实现抽象方法 Train()；利用多态实现三个子类的 Train() 方法的调用。

8.2 项目设计思路

在本项目中，项目设计思路包括以下步骤。

(1) 定义一个抽象类 clsPlayer，在其中定义一个抽象方法 Train()。

(2) 定义三个 clsPlayer 的子类，在子类中实现抽象方法 Train()。

(3) 定义测试类，实现调用 Train()方法。

(4) 利用多态实现 Train()方法的调用。

8.3 关键技术

8.3.1 定义抽象方法和抽象类

现实中，存在如图 8-1 所示的对象及关系，父类“运动员”有 3 个子类，这 3 个子类都可以继承父类的“训练”这个方法，但是，仔细考虑下，父类“运动员”的训练该如何实现呢？

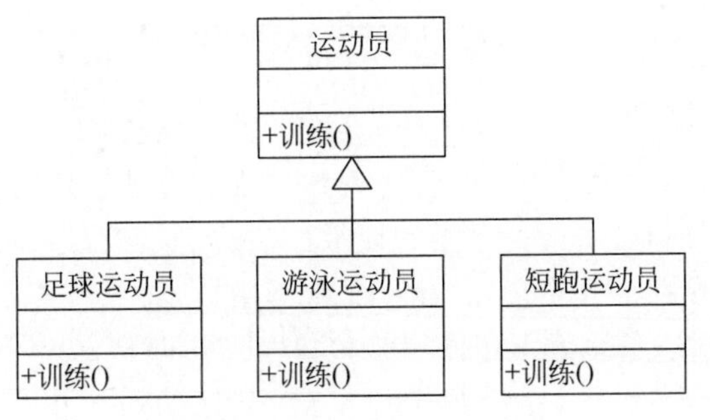

图 8-1　运动员及其子类关系

此时，不难发现，这个方法实际上没有办法具体实现，因为无法用统一的训练方法去针对所有不同的子类运动员。毕竟，不同的运动员有不同的训练方法。可见，在"运动员"类中，"训练"只是一个纸上谈兵的方法，是一个"虚拟"的方法。

那么，是不是可以把这个"训练"方法从运动员中间去掉呢？显然不行。事实上，"训练"的存在是有其意义的，它规定了所有的子类运动员都要有"训练"这个方法。所以，这个"虚拟"方法也并不是没有用处，可以为其子类设置一个必须包含的"训练"方法。

在此，把"训练"这个方法称为"抽象方法"，把"运动员"这个父类称为"抽象类"。

在 C# 中，抽象方法和抽象类的定义如下。

(1) 抽象方法：包含方法定义，但没有具体实现的方法，需要其子类或者子类的子类来具体实现。

(2) 抽象类：含有一个或多个抽象方法的类称为抽象类。抽象类不能够被实例化，这是因为它包含没有具体实现的方法。

上面介绍了什么是抽象方法和抽象类，现在来看抽象方法和抽象类如何在 C# 中实现的。

(1) 在 C# 中，使用关键字 abstract 来定义抽象方法(abstract method)，并需要把 abstract 关键字放在访问级别修饰符和方法返回数据类型之前，没有方法实现的部分，格式如下。

```
public abstract void Train();
```

(2) 子类继承抽象父类之后，可以使用 override 关键字覆盖父类中的抽象方法，并做具体的实现，格式如下。

```
public override void Train() { … }
```

另外，子类也可以不实现抽象方法，继续留给其后代实现，这时子类仍旧是一个抽象类。

根据上面给出的语法，定义运动员抽象类如下。

```
/// <summary>
/// 抽象类：运动员
/// </summary>
public abstract class Player
{
    /// <summary>
    /// 抽象方法：训练
    /// </summary>
    public abstract void Train();
}
```

代码定义了运动员抽象类，它有一个抽象方法 Train()。

8.3.2 定义接口

接口与抽象类非常相似，它定义了一些未实现的属性和方法。所有继承它的类都继承这些成员，在这个角度上，可以把接口理解为一个类的模板。

下面是有关抽象类和接口的几个形象比喻，非常不错。

(1) 飞机会飞，鸟会飞，它们都继承了同一个接口“飞”。但是，F22 战斗机属于飞机抽象类，鸽子属于鸟抽象类。

(2) 就像铁门、木门都是门，门是抽象类，你想要个门，我给不了(门不能实例化)。但是，我可以给你个具体的铁门或木门(多态)；而且只能是门，你不能说它是窗(单继承)；一个门可以有锁(接口)，也可以有门铃(多重继承)。门(抽象类)定义了你是什么，接口(锁)规定了你能做什么(一个接口最好只能做一件事，你不能要求锁也能发出声音吧(接口污染))。

接口和抽象类的相似之处表现在以下两方面。

(1) 两者都包含可以由子类继承的抽象成员。

(2) 两者都不直接实例化。

两者的区别表现在以下几个方面。

(1) 抽象类除拥有抽象成员之外，还可以拥有非抽象成员；而接口所有的成员都是抽象的。

(2) 抽象成员可以是私有的，而接口的成员一般都是公有的。

(3) 接口中不能含有构造函数、析构函数、静态成员和常量。

C# 只支持单继承，即子类只能继承一个父类，而一个子类却能够继承多个接口。

声明接口之后，类就可以通过继承接口来实现其中的抽象方法。继承接口的语法同类的继承类似，使用冒号“:”，将待继承的接口放在类的后面。如果继承多个接口，将使用逗号将其分隔。

8.3.3 多态

与抽象类、多态紧密相关的一个面向对象机制是多态。从字面上可知，多态即表示多种形态，那什么是类的多种形态呢？它有什么用处？

继续 8.3.1 节给出的例子，现在假设你是一个运动队的总教练，手下有足球、游泳、短跑运动员。你把运动员召集起来之后，如果你只是对他们说“去训练吧！”，那么他们会怎样做呢？

很显然，不同项目的运动员会去做不同的训练。对于总教练而言，只需要告诉他们统一的指令即可。在面向对象的思想中，这称为多态(Polymorphism)。

再如，有一个“多态”的英文单词——“cut”。当理发师听到“cut”时，会开始剪头发；当演员听到“cut”时，会停止表演；当医生听到“cut”时，会在病人身上切口子。

多态就是父类定义的抽象方法，在子类对其进行实现之后，C# 允许将子类赋值给父类，然后在父类中，通过调用抽象方法来实现子类具体的功能。

在 8.3.1 节的示例中，“运动员”包含一个抽象方法“训练”，在其子类对“训练”进行了实现之后，C# 允许下面的赋值表达式：

```
Player  p = new FootballPlay();
```

这样，就实现了把一个子类对象赋值给了父类的一个对象，然后，可以利用父类对象调用其抽象函数。

```
p.Train();
```

这样,该运动员对象就会根据自己所从事的项目去做相应的训练。

8.4 项目实践

8.4.1 定义一个抽象类 clsPlayer,在其中定义抽象方法 Train()

定义一个运动员类 clsPlayer,在 clsPlayer 中,定义一个方法 Train(),此方法用于描述运动员的训练。Train()对于不同运动项目的运动员来说,具有不同的意义。但是,这个方法实际上没有办法具体实现,因为无法用统一的训练方法去针对不同的子类运动员的训练。毕竟,不同的运动员有不同的训练方法。

那么如何通过程序实现不同的功能呢?在 C#中,可以通过抽象类的抽象方法来实现。

【例 8-1】 定义一个抽象类 clsPlayer,在 clsPlayer 中定义一个抽象方法 Train()。

视频讲解

```
/// <summary>
/// 抽象类: 运动员
/// </summary>
public abstract class Player
{
    /// <summary>
    /// 抽象方法: 训练
    /// </summary>
    public abstract void Train();
}
```

注意: abstract 关键字的使用,正是它修饰了抽象类 clsPlayer 和抽象方法 Train()。

8.4.2 定义三个 clsPlayer 的子类,在子类中实现抽象方法 Train()

那么如何在程序中实现抽象类和抽象方法呢?在 C#中,通过子类继承抽象类之后,可以通过使用 override 关键字覆盖父类中的抽象方法,并做具体的实现。

【例 8-2】 定义三个继承于抽象类 clsPlayer 的子类,并对于其中的抽象方法加以实现。

视频讲解

```
/// <summary>
/// 足球运动员
/// </summary>
public class FootballPlayer : Player
{
    public override void Train()
    {
        Console.WriteLine("Football players are training...");
    }
}
```

```
/// < summary >
/// 游泳运动员
/// </summary >
public class SwimPlayer : Player
{
    public override void Train()
    {
        Console.WriteLine("Swim players are training...");
    }
}

/// < summary >
/// 短跑运动员
/// </summary >
public class Sprinters : Player
{
        public override void Train()
        {
            Console.WriteLine("Sprinters are training...");
        }
}
```

8.4.3 定义测试类,实现调用 Train()方法

在完成上面的两个工作任务之后,有必要编写一个测试类,对于三个子类中的 Train()方法加以调用,以便回顾这个项目,并与下面的多态调用 Train()做一个直观的对照。

视频讲解

【例 8-3】 定义测试类,实现调用三个子类中的 Train()方法。

```
using System;
using System.Collections.Generic;
using System.Linq;
using System.Text;
using System.Threading.Tasks;

namespace Example_AbstractClass
{
    /// < summary >
    /// 抽象类: 运动员
    /// </summary >
    public abstract class Player
    {
        /// < summary >
        /// 抽象方法: 训练
        /// </summary >
        public abstract void Train();
    }

    /// < summary >
    /// 足球运动员
    /// </summary >
```

```
    public class FootballPlayer : Player
    {
        public override void Train()
        {
            Console.WriteLine("Football players are training...");
        }
    }

    /// <summary>
    /// 游泳运动员
    /// </summary>
    public class SwimPlayer : Player
    {
        public override void Train()
        {
            Console.WriteLine("Swim players are training...");
        }
    }

    /// <summary>
    /// 短跑运动员
    /// </summary>
    public class Sprinters : Player
    {
        public override void Train()
        {
            Console.WriteLine("Sprinters are training...");
        }
    }

    /// <summary>
    /// Class1 的摘要说明
    /// </summary>
    class MainTest
    {
        /// <summary>
        /// 应用程序的主入口点
        /// </summary>
        [STAThread]
        static void Main(string[] args)
        {
            FootballPlayer f = new FootballPlayer();
            f.Train();

            SwimPlayer s = new SwimPlayer();
            s.Train();

            Sprinters b = new Sprinters();
            b.Train();
        }
    }
}
```

在上面的代码中，通过测试类 MainTest，对于三个子类中的 Train()实现了调用。此时，程序运行的结果如图 8-2 所示。

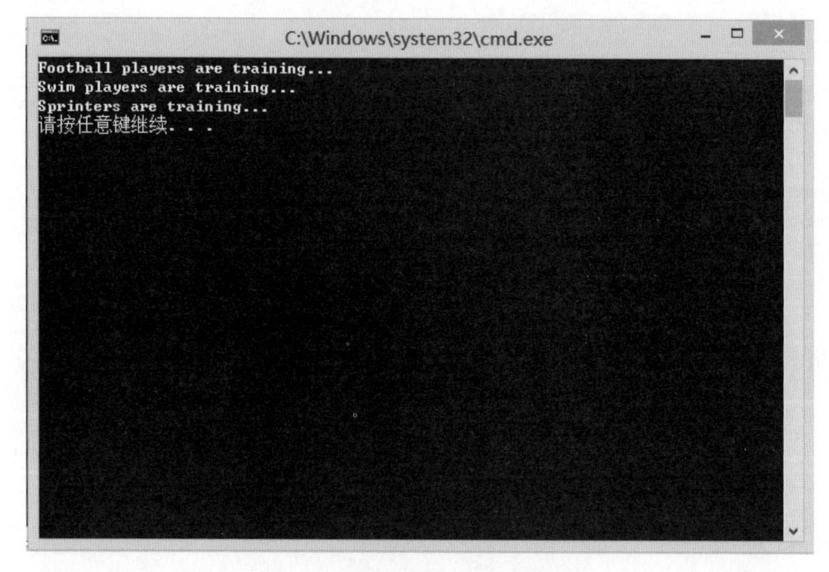

图 8-2　实现抽象方法的运行结果

8.4.4　利用多态实现 Train()方法的调用

在例 8-3 中，虽然实现了对于三个子类的 Train()的调用；但是，调用时却分别使用如下的语句：f. Train()、s. Train()和 b. Train()来实现对于 FootballPlayer、SwimPlayer 和 Sprinters 运动员的"训练"，而不是对于运动员统一发号施令。显然，这不是利用多态实现了对于 Train()方法的调用。

下面利用多态来对运动员们统一发号施令。

视频讲解

【例 8-4】　抽象类、抽象方法和多态的实现。

```
using System;
using System.Collections.Generic;
using System.Linq;
using System.Text;
using System.Threading.Tasks;

namespace Example_Polymorphsn
{
    /// <summary>
    /// 抽象类：运动员
    /// </summary>
    public abstract class Player
    {
        /// <summary>
        /// 抽象方法：训练
        /// </summary>
        public abstract void Train();
```

```
    }

    /// <summary>
    /// 足球运动员
    /// </summary>
    public class FootballPlayer : Player
    {
        public override void Train()
        {
            Console.WriteLine("Football players are training...");
        }
    }

    /// <summary>
    /// 游泳运动员
    /// </summary>
    public class SwimPlayer : Player
    {
        public override void Train()
        {
            Console.WriteLine("Swim players are training...");
        }
    }

    /// <summary>
    /// 短跑运动员
    /// </summary>
    public class Sprinters : Player
    {
        public override void Train()
        {
            Console.WriteLine("Sprinters are training...");
        }
    }


    /// <summary>
    /// Class1 的摘要说明
    /// </summary>
    class Class1
    {
        /// <summary>
        /// 应用程序的主入口点
        /// </summary>
        [STAThread]
        static void Main(string[] args)
        {
```

```
            Player p;
            p = new FootballPlayer();
            p.Train();

            p = new SwimPlayer();
            p.Train();

            p = new Sprinters();
            p.Train();
        }
    }
}
```

此时,程序运行的结果如图 8-3 所示。

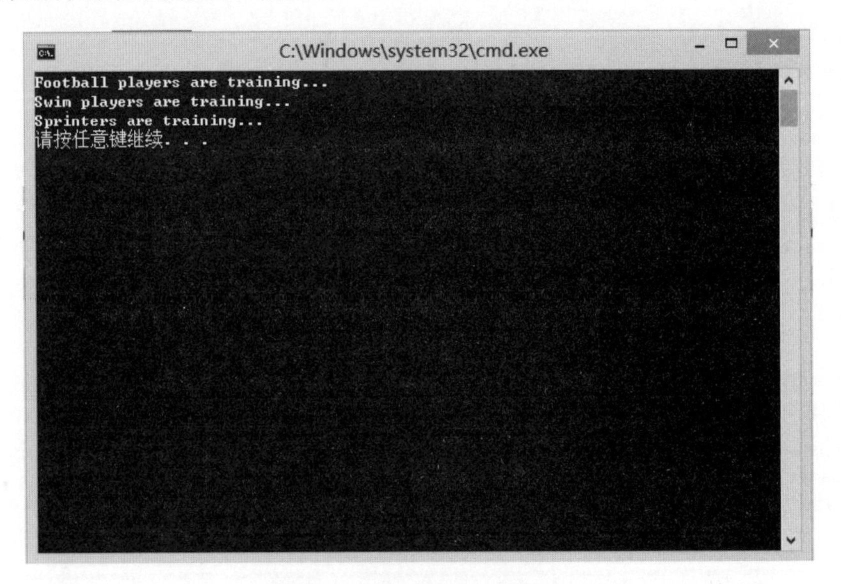

图 8-3　多态实现的运行结果

注意: 代码中只声明了一个运动员对象 p,然后对其赋值为足球运动员,并调用 Train()方法让其训练;同样,再使其成为游泳运动员,同样调用 Train()方法让其训练。表面上,“p.Train();”这行代码对其所调用的方法是一样的,但由于 p 的训练项目不同,因此,根据多态的性质,p 调用了不同的训练方法。

8.5 小结

抽象类、抽象方法和多态是面向对象程序设计中的重要话题,利用它们可以使得程序设计更加严密。本项目通过抽象类、抽象方法和多态来解决运动员训练的问题。项目中,定义一个运动员的基类 clsPlayer,并在基类中定义一个抽象方法 Train(),然后从此类中派生出三个子类,分别对抽象方法 Train()进行了重写,以实现多态性。

当然，与抽象类相似的另一个概念为：接口。通过接口也可以实现抽象类相似的功能。

8.6 练一练

(1) 定义一个抽象类 clsShape，包含抽象方法 Area()（用来计算面积）和 SetData()（用来输出形状大小）。

(2) 在(1)题基础上派生出三角形 clsTriangle 类、矩形 clsRect 类、圆形 clsCircle 类，分别实现抽象方法 Area()和 SetData()。

(3) 定义一个 clsArea 类，计算出这几个形状的面积之和，各形状的数据通过其构造函数或成员函数来设置。编写完整程序加以实现。

第9章

数组与方法——统计学生成绩

本章的项目是对C#中数组、方法的综合运用。通过此项目的实现，读者将学习和掌握C#中一维数组的定义、初始化和使用，方法的定义和使用，并进一步强化对于类的运用。

9.1 项目案例功能介绍

在本章项目中，将定义学生成绩类clsStudentScore，在clsStudentScore中通过一维数组arrStudentScore，实现初始化每名学生的成绩、输出每名学生每门课程的成绩、输出每名学生的总成绩、输出每名学生的平均成绩、输出所有学生的总成绩。此外，再定义一个测试类clsScoreTest，来实现若干个一维数组arrStudentScore的初始化，并调用学生成绩类clsStudentScore的方法实现输出学生每门课程的成绩、输出每名学生的总成绩、输出每名学生的平均成绩等功能。

9.2 项目设计思路

在本项目中，项目设计思路包括以下步骤。

（1）定义学生成绩类clsStudentScore，在该类中通过一维数组arrStudentScore实现若干门课程成绩的存储，在此基础上实现相应的字段和方法。

（2）定义测试类clsScoreTest，在该类中实例化若干个学生成绩类arrStudentScore的实例，实例化时通过一维数组实现方法的参数传递；在测试类clsScoreTest中，实现其他功能。

9.3 关键技术

9.3.1 数组的概念

数组的作用非常强大，也是基本数据结构之一，是编程实现过程中必不可少的要素之一。一个数组中有若干个类型相同的数组元素的变量，这些变量可以通过一个数组名和数组下标（或者称为索引）来访问。C＃中的数组下标也是从零开始，数组中的所有元素都具有相同的类型。在数组中，每一个成员叫作数组元素，数组元素的类型称为数组类型，数组类型可以是C＃中定义的任意类型，其中也包括数组类型本身。如果一个数组的类型不是数组类型，则称为一维数组。

在C＃中，数组分为一维数组（只有一个下标）或者多维数组（有多个下标）。对于每一维中，数组中数组元素的个数叫作这个维的数组长度。无论是一维数组还是多维数组，每个维的下标都是从0开始，结束于这个维的长度减1。数组被用于各种目的，因为它提供了一种高效、方便的手段将相同类型的变量合成一组。在实际使用数据的过程中，一般是先确定数据类型，然后根据实际情况确定数组的长度。

C＃中的数组是由System. Array类派生而来的引用对象，因此可以使用Array类的方法来进行各种操作。另外，数组常常用来实现静态的操作，即不改变其空间大小，如查找、遍历等。System. Array类是C＃中各种数组的基类，其常用属性和方法的简单说明如表9-1所示。

表9-1 Array类常用属性/方法说明

属性/方法	说　明
IsFixedSize	属性，指示Array是否具有固定大小
Length	属性，获得一个32位整数，表示Array的所有维数中元素的总数
Rank	属性，获取Array的秩（维数）
BinarySearch	方法，使用二进制搜索算法在一维的排序Array中搜索值
Clone	方法，创建Array的浅表副本
Copy/CopyTo	方法，将一个Array的一部分复制到另一个Array中
GetLength	方法，获取一个32位整数，表示Array的指定维中的元素
GetLowerBound/GetUpperBound	方法，获取Array的指定维的下/上限
GetValue/SetValue	方法，获取/设置Array中的指定元素值
IndexOf/LastIndexOf	方法，返回一维Array或部分Array中某个值第一个/最后一个匹配项索引
Sort	方法，对一维Array对象中的元素进行排序

9.3.2 一维数组的定义和初始化

下面具体描述一维数组的定义和初始化。

1. 一维数组的定义

数组在使用前先进行定义。定义一维数组的格式如下。

```
数据类型[]  数组名:
```

其中，数组类型为各种数据类型（如double型或类类型），它表示数据元素的类型；数组名可以是C＃合法的标识符；在数组名与数据类型之间是一组空的方括号。

例如：

```
char[] charArr;                                    //定义了一个字符型一维数组
int[] intArr;                                      //定义了一个整型一维数组
string[] strArr;                                   //定义了一个字符串型一维数组
```

在定义数组后，必须对其进行初始化才能使用；初始化数组有两种方法，即动态初始化和静态初始化。

2. 动态初始化

动态初始化需要借助 new 运算符，为数组元素分配内存空间，并为数据元素赋初始值。动态初始化数组的格式如下。

```
数组名 = new 数据类型[数组长度];
```

其中，数据类型是数组中数据元素的数据类型，数组长度可以是整型的常量或变量。

在 C＃中，可以将数组定义与动态初始化合在一起，格式如下。

```
数据类型[]  数组名 = new 数据类型[数组长度];
```

例如：

```
int[] intArr = new int[5];
```

上面的语句定义了一个整型数组，它包含从 intArr[0]到 intArr[4]这 5 个元素。new 运算符用于创建数组，并用默认值对数据元素进行初始化。在本例中，所有数组元素的值都被初始化为 0。当然，用户也可以为其赋予初始化值，程序代码如下。

```
int[] intArr = new int[5]{3,6,9,2,10};
```

此时数组元素的初始化值就是大括号中列出的元素值。

定义其他类型的数组的方法是一样的，如下面的语句用于定义一个存储 10 个字符串元素的数组，并对其进行初始化。

```
string[] strArr = new string[10];
```

在本例中，strArr 数组中所有数组元素的初始值都为“”。

3. 静态初始化

如果数组中包含的元素不多，而且初始元素可以穷举时，可以采用静态初始化的方法。静态初始化数组时，必须与数组定义结合在一起，否则程序就会报错。静态初始化数组的格式如下。

```
数据类型[] 数组名 = {元素 1[,元素 2, …]};
```

用这种方法对数组进行初始化时，无须说明数组元素的个数，只需按顺序列出数组中的全部元素即可，系统会自动计算并分配数组所需的内存空间。

例如：

```
int[] intArr = {3,6,9,2,10};
string[] strArr = {"English","Maths","Computer","Chinese"};
```

4. 关于一维数据初始化的几点说明

在 C＃中，数据初始化是程序设计中经常容易出错的部分，为加深读者对 C＃中数组的理解，读者需要注意以下几点。

（1）动态初始化数组时，可以把定义与初始化分开在不同的语句中，例如：

```
int[] intArr;                              //定义数组
intArr = new int[5];                       //动态初始化,初始化元素的值均为 0
```

或者

```
intArr = new int[5]{ 3,6,9,2,10};
```

此时，在 new int[5]{3,6,9,2,10}这条语句中，方括号中表示数组元素个数的"5"可以省略，因为后面大括号中已列出了数组中的全部元素。

(2) 静态初始化数组必须与数组结合在一条语句中，否则程序就会出错。例如：

```
int[] intArr;                    //定义数组
intArr = { 3,6,9,2,10};          //错误，定义与静态初始化分别在两条语句中
```

(3) 在数组初始化语句中，如果大括号中已明确列出了数组中的元素，即确定了元素个数，则表示数组元素个数的数值(即方括号中的数值)必须是常量，并且该数值必须与数组元素个数一致。例如：

```
int j = 3;                                  //定义一个整型变量 j，并为 j 赋初值为 3
int[ ] intArrayX = new int[3]{2,6,10};      //正确
int[ ] intArrayY = new int[j]{2,6,10};      //错误，j 不是一个常量
int[ ] intArrayZ = new int[3]{2,6,10,12};   //错误，数组元素个数与方括号中的数值不一致
```

9.3.3　访问一维数组中的元素

定义一个数组，并对其进行初始化后，就可以访问数组中的元素了。在 C# 中是通过数组名和下标值来访问数组元素的。数组下标就是元素索引值，它代表了要被访问的数组元素在内存中的相对位置。在 C# 语言中，数组下标的正常取值范围是从 0 开始，到数组长度减去 1 结束。在访问数组元素时，其下标可以是一个整型常量或整型表达式。例如，下面的数组元素的下标都是合法的。

```
intArr[3],strArr[0],intArr[j],strArr[2 * i - 1]
```

在实际的程序设计中，也可能导致下标值超越正常取值范围。如果下标越界，将会抛出一个 System.IndexOutOfRangeException 异常。

9.3.4　方法的定义和使用

在实际应用中，C# 的方法的定义和调用要复杂得多，本节将从输入参数、方法重载等方面，对其进行进一步的讨论。

方法是类中用于执行计算或进行其他操作的函数成员。

1. 方法的定义

方法由方法头和方法体组成，其一般定义的格式为：

```
修饰符　返回值类型　方法名(形式参数列表)
{
    方法体各语句;
}
```

说明：

(1) 如果省略"方法修饰符"，默认为 private，表示该方法为类的私有成员。

(2) "返回值类型"指定该方法返回数据的类型，它可以是任何有效的类型，C# 通过方法中的

return 语句得到返回值。如果方法不需要返回一个值，其返回值类型必须是 void。

(3) 方法名要求满足 C# 标识符的命名规则，括号()是方法的标志，不能省略。

(4) “形式参数列表”是逗号分隔的类型、标识符对。这里的参数是形式参数，本质是一个变量，它用来在调用方法时接收传给方法的实际参数的值。如果方法没有参数，那么参数列表为空。

视频讲解

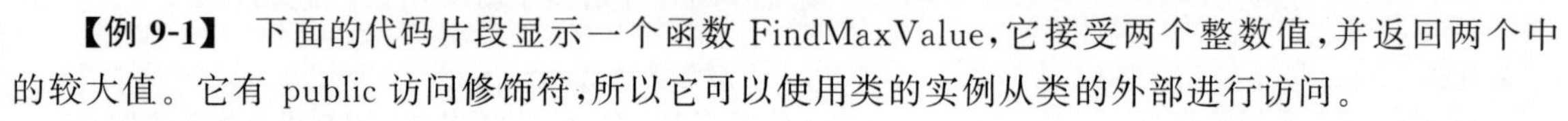

【例 9-1】 下面的代码片段显示一个函数 FindMaxValue，它接受两个整数值，并返回两个中的较大值。它有 public 访问修饰符，所以它可以使用类的实例从类的外部进行访问。

```
class NumberManipulator
{
   public int FindMaxValue(int num1, int num2)
   {
      /* 局部变量声明 */
      int result;

      if (num1 > num2)
         result = num1;
      else
         result = num2;

      return result;
   }
}
```

2. 方法的调用

调用对象的方法类似于访问字段。在对象名称之后，依次添加句点、方法名称和括号。参数在括号内列出，并用逗号隔开。因此，可以使用类的实例从另一个类中调用其他类的公有方法。例如，方法 FindMaxValue 属于 NumberManipulator 类，可以从另一个类 Test 中调用它。

视频讲解

【例 9-2】 方法的调用。

```
using System;

namespace CalculatorApplication
{
    class NumberManipulator
    {
        public int FindMax(int num1, int num2)
        {
            /* 局部变量声明 */
            int result;

            if (num1 > num2)
                result = num1;
            else
                result = num2;

            return result;
        }
    }
```

```
    class Test
    {
        static void Main(string[ ] args)
        {
            /* 局部变量定义 */
            int a = 100;
            int b = 200;
            int ret;
            NumberManipulator n = new NumberManipulator();
            //调用 FindMax 方法
            ret = n.FindMax(a, b);
            Console.WriteLine("最大值是: {0}", ret );
        }
    }
}
```

当上面的代码被编译和执行时，它会产生下列结果。

```
最大值是: 200
```

3. 从方法返回

一般来说有以下两种情况将导致方法返回。

(1) 当遇到方法的结束花括号。

(2) 执行到 return 语句。

有两种形式的 return 语句：一种用在 void 方法中(即无须有返回值的方法)，另一种用在有返回值的方法中。

【例 9-3】 通过方法的结束花括号返回。

视频讲解

```
using System;
using System.Collections.Generic;
using System.Linq;
using System.Text;
using System.Threading.Tasks;

namespace Method
{
    class MyClass
    {
        public void myMethod()
        {
            int i;
            for (i = 0; i < 10; i++)
            {
                if (i % 3 == 0)
                    continue;
                Console.WriteLine("{0}\t", i);
            }
        }
        static void Main()
        {
```

```
            MyClass mycls = new MyClass();
            mycls.myMethod();
        }
    }
}
```

程序的运行结果如下。

```
1
2
4
5
7
8
```

设问：读者自行思考。如果把程序中的“continue;”语句变换为“break;”语句，程序的运行结果会有什么变化？

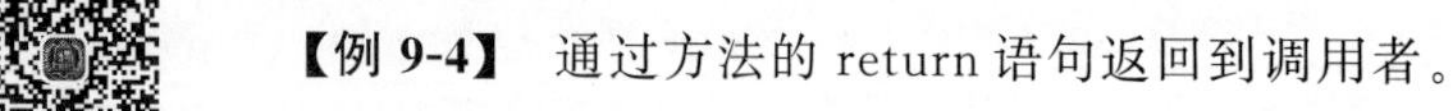

视频讲解

【例 9-4】 通过方法的 return 语句返回到调用者。

```
using System;
using System.Collections.Generic;
using System.Linq;
using System.Text;
using System.Threading.Tasks;

namespace Method
{
    class MyClass
    {
        public void myMethod()
        {
            int i = 8;
            if (i >= 5)
            {
                i = i * 2;
                Console.WriteLine(i);
                return;
            }
            else
            {
                i = i * 3;
                Console.WriteLine(i);
                return;
            }
        }
        static void Main()
        {
            MyClass mycls = new MyClass();
            mycls.myMethod();
        }
    }
}
```

使用下述形式的 return 语句从方法返回一个值给调用者。

```
return value;
```

【例 9-5】 通过方法的 return 语句返回值。

```
using System;
using System.Collections.Generic;
using System.Linq;
using System.Text;
using System.Threading.Tasks;

namespace Method
{
    class MyClass
    {
        public int myMethod()
        {
            int i = 8;
            if (i >= 5)
            {
                i = i * 2;
                return i;
            }
            else
            {
                i = i * 3;
                return i;
            }
        }
        static void Main()
        {
            MyClass mycls = new MyClass();
            Console.WriteLine(mycls.myMethod());
        }
    }
}
```

设问： 对比例 9-4 和例 9-5，分析、掌握 return 语句的使用场合和使用方法的异同。

9.3.5　方法的参数传递

调用方法时，可以给方法传递一个或多个值。传给方法的值称为实参(argument)，在方法内部，接收实参值的变量称为形参(parameter)，形参在紧跟着方法名的括号中声明。形参的声明语法与变量的声明语法一样。形参只在方法内部有效，除了将接收实参的值外，它与一般的变量没什么区别。

C# 方法的参数类型主要有：值参数、引用参数、输出参数和参数数组。在表 9-2 中，对于四种参数类型进行了说明。

表 9-2 C#方法的参数类型说明

方 式	说 明
值参数	此种方式复制参数的实际值给函数的形式参数,实参和形参使用的是两个不同内存中的值。在这种情况下,当形参的值发生改变时,不会影响实参的值
引用参数	此种方式复制参数的内存位置的引用给形式参数。这意味着,当形参的值发生改变时,同时也改变实参的值
输出参数	此种方式可以返回多个值
参数数组	此种方式中,实参为数组。复制参数的实际值给函数的形式参数,实参和形参使用的是两个不同内存中的值。在这种情况下,当形参的值发生改变时,不会影响实参的值

9.4 项目实践

9.4.1 定义学生成绩类 clsStudentScore

在学生成绩类 clsStudentScore 中,通过一维数组 arrStudentScore 实现若干门课程成绩的存储,在此基础上实现相应的字段和办法。

视频讲解

【例 9-6】 学生成绩类 clsStudentScore 的实现。

```
using System;
using System.Collections.Generic;
using System.Linq;
using System.Text;
using System.Threading.Tasks;

namespace arrStudentScore
{
    class clsStudentScore
    {
        //strStudentName 用于学生的姓名
        string strStudentName;
        //一维数组 arrEveryScore 用于存储学生每门课程的成绩
        int[] arrEveryScore;
        //nTotalScore 用于存储学生

        //用于初始化每名学生的成绩信息
        public void InitEveryScroe(string _strStudentName, int[] _arrEveryScore)
        {
            this.strStudentName = _strStudentName;
            this.arrEveryScore = _arrEveryScore;
        }

        //用于输出每名学生每门课程的成绩信息
        public void PrintEveryScore()
        {
            Console.WriteLine(this.strStudentName + "同学成绩如下: ");
```

```
            for (int i = 1; i < arrEveryScore.Length + 1; i++)
            {
                Console.Write("课程{0}",i + "成绩为: " + this.arrEveryScore[i - 1].ToString() + "; ");
                Console.WriteLine();
            }

        }

        //用于输出每名学生成绩的总和
        public void PrintEveryTotalScore()
        {
            int nEveryTotalScore = 0;

            for (int i = 0; i < arrEveryScore.Length; i++)
            {
                nEveryTotalScore += arrEveryScore[i];
            }
            Console.WriteLine(this.strStudentName + "同学成绩的总和为: " + nEveryTotalScore.ToString());
        }

        //用于输出每名学生的平均成绩信息
        public void PrintEveryAverageScore()
        {
            int nEveryTotalScore = 0;
            float flAverageScore = 0;


            for (int i = 0; i < arrEveryScore.Length ; i++)
            {
                nEveryTotalScore += arrEveryScore[i];
            }
            flAverageScore = nEveryTotalScore / arrEveryScore.Length;
            Console.WriteLine(this.strStudentName + "同学平均成绩为: " + flAverageScore.ToString());
        }

        //用于输出所有学生的成绩总和信息
        public int GetTotalScore()
        {
            int nTotalScore = 0;
            for (int i = 0; i < arrEveryScore.Length; i++)
            {
                nTotalScore += arrEveryScore[i];
            }
            return nTotalScore;
        }

    }
}
```

9.4.2　定义测试类 clsScoreTest

定义测试类 clsScoreTest，在该类中实例化若干个学生成绩类 arrStudentScore 的实例，实例

视频讲解

化时通过一维数组实现方法的参数传递；在测试类 clsScoreTest 中，实现其他功能。

【例 9-7】 测试类 clsScoreTest 的实现。

```
using System;
using System.Collections.Generic;
using System.Linq;
using System.Text;
using System.Threading.Tasks;

namespace arrStudentScore
{
    class clsScoreTest
    {
        static void Main(string[] args)
        {
            //TotalStudentScore 用于统计所有学生成绩的总分之和
            int TotalStudentScore = 0;
            //nStudentCount 用于统计所有学生的人数
            int nStudentCount = 0;

            clsStudentScore stuScore1 = new clsStudentScore();
            //nStuScore1 用于保存方法的数组参数
            int[] nStuScore1 = new int[] { 90, 88, 98, 95 };
            //给 nStuScore1 的 InitEveryScroe()传递了两个参数
            //一个参数为姓名,一个参数为数组
            stuScore1.InitEveryScroe("张晓明", nStuScore1);
            //用 TotalStudentScore 实现分数的相加
            TotalStudentScore += stuScore1.GetTotalScore();
            //用 nStudentCount 实现学生人数的统计
            nStudentCount++;

            clsStudentScore stuScore2 = new clsStudentScore();
            int[] nStuScore2 = new int[] { 78, 89, 96, 90 };
            stuScore2.InitEveryScroe("王小小", nStuScore2);
            TotalStudentScore += stuScore2.GetTotalScore();
            nStudentCount++;

            clsStudentScore stuScore3 = new clsStudentScore();
            int[] nStuScore3 = new int[] { 99, 90, 96, 100 };
            stuScore3.InitEveryScroe("苏超凡", nStuScore3);
            TotalStudentScore += stuScore3.GetTotalScore();
            nStudentCount++;

            //用 PrintEveryTotalScore()输出学生每门课程成绩信息
            stuScore1.PrintEveryScore();
            //PrintEveryAverageScore()输出每名学生成绩的总分信息
            stuScore1.PrintEveryTotalScore();
            //PrintEveryAverageScore()输出每名学生成绩的平均分
            stuScore1.PrintEveryAverageScore();
            Console.WriteLine("-------------------------");
```

```
            stuScore2.PrintEveryScore();
            stuScore2.PrintEveryTotalScore();
            stuScore2.PrintEveryAverageScore();
            Console.WriteLine("------------------------");

            stuScore3.PrintEveryScore();
            stuScore3.PrintEveryTotalScore();
            stuScore3.PrintEveryAverageScore();
            Console.WriteLine("------------------------");

            Console.WriteLine("{0}名同学成绩的总分数之和为：{1}", nStudentCount, TotalStudentScore);
              Console.WriteLine("{0}名同学成绩总分数的平均值为：{1}", nStudentCount,
TotalStudentScore/nStudentCount);
        }
    }
}
```

例 9-6、例 9-7 的程序运行结果如图 9-1 所示。

图 9-1　学生成绩统计运行结果

9.5　小结

数组和方法是 C# 编程中的一个重要话题。本项目通过数组和方法来实现学生成绩统计的问题。项目中，通过学生成绩类 clsStudentScore 中的一维数组 arrStudentScore，实现初始化每名学生成绩信息和其他功能；此外，再定义一个测试类 clsScoreTest，来实现若干个一维数组 arrStudentScore 的初始化，并调用学生成绩类 clsStudentScore 的办法实现学生成绩统计中的其他功能。

9.6 练一练

(1) 编写一个程序,打印输出包含20个元素的double型一维数组dblArray中的最大值和最小值。

(2) 输入10个数到一维数组中,分别实现数据的输入、排序及输出。

(3) 设计一个程序,求一个5×5矩阵两对角线元素之和。

Windows应用程序设计基础——四则运算计算器

本章的项目通过一个 Windows 的应用程序实现四则运算。通过此项目的实践,读者将学习和掌握 Windows 应用程序的项目结构,了解和掌握 Windows 应用程序的一般开发过程;主要是搞清楚窗体、控件和事件三者是如何有机结合起来解决问题的。

10.1 项目案例功能介绍

C#是一种可视化的程序设计语言,Windows 窗体和控件是开发 C#应用程序的基础,窗体和控件在 C#程序设计中扮演着重要的角色。在 C#中,每个 Windows 窗体和控件都是对象,都是类的实例。窗体是可视化程序设计的基础界面,是其他对象的载体和容器。在窗体上,可以直接“可视化”创建应用程序,每个 Windows 窗体对应于应用程序运行的一个窗口。控件是添加到窗体对象上的对象,每个控件都有自己的属性、方法和事件,以完成特定的功能。Windows 应用程序设计还体现了另外一种思维,即对事件的处理。

典型的 Windows 应用程序通常包括窗体(Forms)、控件(Controls)和相应的事件(Events)。作为一个的 Windows 应用程序,首要目标是搞清楚 Windows 应用程序的结构和来龙去脉。通过 C#设计实现一个简单的计算器,要求能够实现基本的加、减、乘、除功能,并以这个“四则运算计算器”为例,来了解和掌握 Windows 应用程序的一般开发过程。

10.2 项目设计思路

在本项目中,项目设计思路包括以下步骤。

(1) 添加和命名计算器窗体,建立 Windows 应用程序的框架。

(2) 添加命名计算器控件,设置其属性。

(3) 为控件添加事件处理程序,实现功能。

(4) 测试与运行。

10.3 关键技术

10.3.1 添加和命名窗体,设置窗体的属性

在C#中,Windows应用程序的界面是以窗体(Form)为基础的,窗体是Windows应用程序的基本单位,是一小块屏幕区域,用来向用户展示信息和接收用户的输入。窗体可以是标准窗口、多文档界面(MDI)窗口、对话框的显示界面。C#应用程序运行时,一个窗体及在其上的其他对象就构成了一个窗口。窗体是基于.NET Framework的一个对象,通过定义其外观的属性、定义其行为的方法以及定义其与其他对象交互的事件,可以使窗体对象满足应用程序的要求。

C#中以类Form来封装窗体,一般来说,用户设计的窗体都是Form类的派生类,用户窗体中添加其他界面元素的操作实际上就是向派生类中添加私有成员。当新建一个Windows应用程序项目时,C#就会自动创建一个默认名为Form1的Windows窗体。

Windows窗体由以下4部分组成。

(1) 标题栏:显示该窗体的标题,标题的内容由该窗体的Text属性设置。

(2) 控制按钮:提供窗体最大化、最小化以及关闭窗体的控件。

(3) 边界:边界限定窗体的大小,可以有不同样式的边界。

(4) 窗口区:这是窗体的主要部分,应用程序的其他对象可放在上面。

Windows窗体的属性可以决定窗体的外观和行为,其中常用的属性有:名称(Name)属性、标题(Text)属性、控制菜单属性和设置窗体外观的属性。

1. 窗体的名称属性

Name用于设置窗体的名称,该属性值作为窗体的标志,用于在程序中引用窗体。该属性只能在属性窗口的Name中设置,在应用程序运行时,它是只读的。在初始新建一个Windows应用程序项目时,自动创建一个窗体,该窗体的名称被自动命名为Form1;添加第二个窗体时,其名称被自动命名为Form2,以此类推。通常而言,在设计Windows窗体时,可给其Name属性设置一个有实际含义的名字。例如,对于一个登录窗体,可以命名为“frmLogin”。

2. 窗体的标题属性

Text属性用于设置窗体标题栏显示的内容,它的值是一个字符串。通常,标题栏显示的内容应能概括地说明窗体的内容或作用。例如,对于一个登录窗体,其标题栏设置为“欢迎登录!”。

3. 窗体的控制菜单属性

在C#应用程序中的Windows窗体,一般都显示控制菜单,以方便用户的操作。为窗体添加或去除控制菜单的方法很简单,只需设置相应的属性值即可,其相关的属性如下。

(1) ControlBox属性:该属性用来设置窗体上是否有控制菜单。其默认值为True,窗体上显示控制菜单。若将该属性设置为False,则窗体上不显示控制菜单,如图10-1所示。

(2) MaximizeBox属性:用于设置窗体上的“最大化”按钮。其默认值为True,窗体上显示“最大化”按钮。若将该属性设置为False,则窗体上不显示“最大化”按钮。

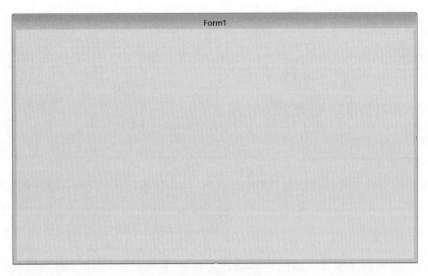

图 10-1　无控制菜单的窗体

(3) MinimizeBox 属性：用于设置窗体上的“最小化”按钮。其默认值为 True,窗体上显示“最小化”按钮。若将该属性设置为 False,则窗体上不显示“最小化”按钮。

4. 设置窗体外观的属性

设置窗体外观的常用属性如下。

(1) FormBorderStyle 属性：用于控制窗体边界的类型。该属性还会影响标题栏及其上按钮的显示。它有 7 个可选值,可选值说明如表 10-1 所示。

表 10-1　FormBorderStyle 属性的可选值

可　选　项	说　　明
None	窗体无边框,可以改变大小
Fixed3D	使用 3D 边框效果。不允许改变窗体大小,可以包含控件菜单、“最大化”按钮和“最小化”按钮
FixedDialog	用于对话框。不允许改变窗体大小,可以包含控件菜单、“最大化”按钮和“最小化”按钮
FixedSingle	窗体为单线边框。不允许改变窗体大小,可以包含控件菜单、“最大化”按钮和“最小化”按钮
Sizable	该值为属性的默认值,窗体为双线边框。可以重新设置窗体的大小,可以包含控件菜单、“最大化”按钮和“最小化”按钮
FixedToolWindow	用于工具窗口。不可重新设置窗体大小,只带有标题栏和“关闭”按钮
SizableToolWindow	用于工具窗口。可以重新设置窗体大小,只带有标题栏和“关闭”按钮

(2) Size 属性：用来设置窗体的大小。可直接输入窗体的宽度和高度,也可以在属性窗口中双击 Size 属性,将其展开,分别设置 Width(宽度)和 Height(高度)值。

(3) Location 属性：设置窗体在屏幕上的位置,即设置窗体左上角的坐标值。可以直接输入坐标 X,Y 值；也可以在属性窗口中双击 Location 属性将其展开,分别设置 X 和 Y 值。

(4) BackColor 属性：用于设置窗体的背景颜色,可以从弹出的调色板中选择。

(5) BackgroundImage 属性：用于设置窗体的背景图像。

(6) Opacity 属性：该属性用来设置窗体的透明度，其值为 100%时，窗体完全不透明；其值为 0%时，窗体完全透明。

5. 设置窗体可见性的属性

窗体的可见性由 Visible 属性来控制。

10.3.2 窗体的常见方法

下面具体描述窗体的常见方法。

1. 窗体的显示方法

如果要在一个窗体中通过按钮打开另一个窗体，就必须通过调用 Show()方法显示窗体，语法如下。

```
public void Show();
```

视频讲解

【例 10-1】 在 Form1 窗体中添加一个 Button 按钮，在按钮的 Click 事件中调用 Show()，打开 Form2 窗体。代码如下。

```
private void button1_Click(object sender, EventArgs e)
{
    Form2 frm2 = new Form2();                    //实例化 Form2
    frm2.Show();                                 //调用 Show 方法显示 Form2 窗体
}
```

2. 窗体的隐藏方法

通过调用 Hide()方法隐藏窗体，语法如下。

```
public void Hide();
```

视频讲解

【例 10-2】 通过登录窗体登录系统，输入用户名和密码后，单击“登录”按钮，隐藏登录窗体，显示主窗体。关键代码如下。

```
this.Hide();                                     //调用 Hide 方法隐藏当前窗体
frmMain frm = new frmMain ();                    //实例化 frmMain
frm.Show();                                      //调用 Show 方法显示 frmMain 窗体
```

10.3.3 窗体的常见事件

Windows 是事件驱动的操作系统，对 Form 类的任何交互都是基于事件来实现的。Form 类提供了大量的事件用于响应对窗体执行的各种操作。窗体设计人员往往关心窗体的加载和关闭，通常在加载时进行界面和数据的初始化。在关闭前进行资源的释放等清理操作，也可以取消关闭操作。下面详细介绍窗体的 Click、Load 和 FormClosing 事件。

1. Click(单击)事件

当单击窗体时，将会触发窗体的 Click 事件。语法如下。

```
public event EventHandler Click
```

【例 10-3】 在窗体的 Click 事件中编写代码，实现当单击窗体时，弹出提示框。代码如下。

视频讲解

```
private void Form1_Click(object sender, EventArgs e)
{
    MessageBox.Show("已经单击了窗体!");          //弹出提示框
}
```

程序的运行结果如图 10-2 所示。

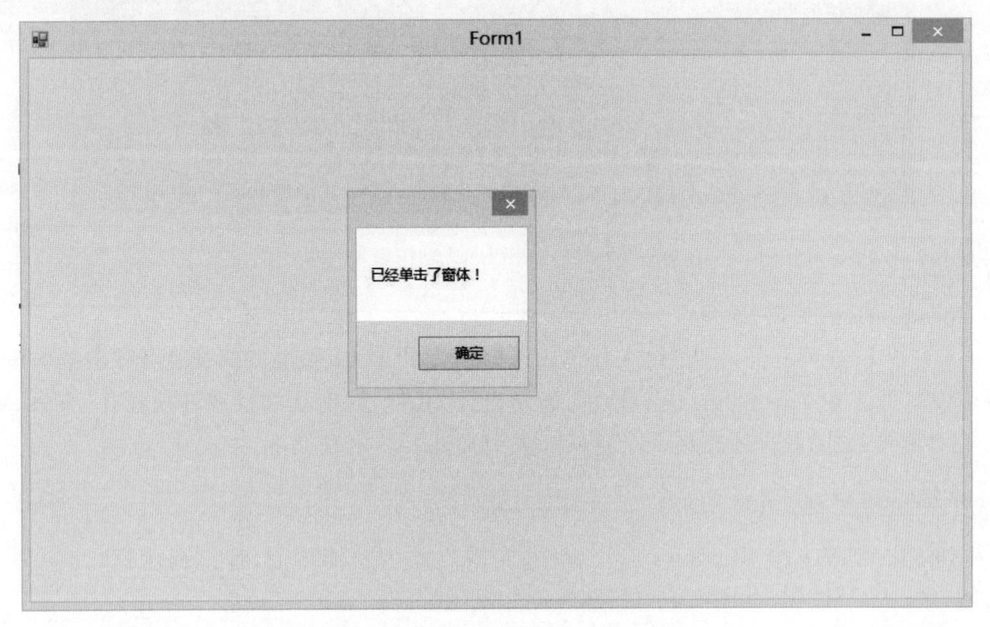

图 10-2　单击窗体触发 Click 事件

2. Load(加载)事件

当第一次直接或间接调用 Form.Show 方法来显示窗体时，窗体就会进行且只进行一次加载，并且在必需的加载操作完成后会引发 Load 事件。通常，在 Load 事件响应函数中执行一些初始化操作。语法如下。

```
public event EventHandler Load
```

【例 10-4】 在下述程序中，实现在窗体的 Load 事件中对窗体的大小、标题、颜色等属性进行设置。

视频讲解

```
private void Form1_Load(object sender, EventArgs e)
{
        this.Width = 1000;
        this.Height = 500;
        this.ForeColor = Color.Cyan;
        this.BackColor = Color.Red;
        this.Text = "Welcome you!";
}
```

程序的运行结果如图 10-3 所示。

图 10-3　窗体 Load 事件结果

3. FormClosing(关闭)事件

Form 类的 FormClosing 事件是在窗体关闭时引发的事件,直接或间接调用 Form. Close()方法都会引发事件。在 FormClosing 事件中,通常进行关闭前的确认和资源释放操作,例如,确认是否真的关闭窗体、关闭数据库连接、注销事件、关闭文件等。语法如下。

```
public event FormClosingEventHandler FormClosing
```

视频讲解

【例 10-5】 创建一个 Windows 应用程序,实现当关闭窗体之前,弹出提示框,询问是否关闭当前窗体,单击“是”按钮,关闭窗体,代码如下。

```
private void Form1_FormClosing(object sender, FormClosingEventArgs e)
{
     DialogResult dr = MessageBox.Show("是否关闭窗体", "提示",
          MessageBoxButtons.YesNo, MessageBoxIcon.Warning);
     if (dr == DialogResult.Yes)                    //使用 if 语句判定是否单击"是"按钮
     {
            e.Cancel = false;                       //如果单击"是"按钮则关闭窗体
     }
      else
      {
            e.Cancel = true;                        //否则,不执行操作
      }
}
```

程序的运行结果如图 10-4 所示。

注意: DialogResult 指定标识符以指示对话框的返回值。返回值的枚举值: None、Ok、Cancel、Abort、Retry。

10.3.4　控件的属性和方法

控件是包含在窗体上的对象,是构成用户界面的基本元素,也是 C#可视化编程的重要工具。

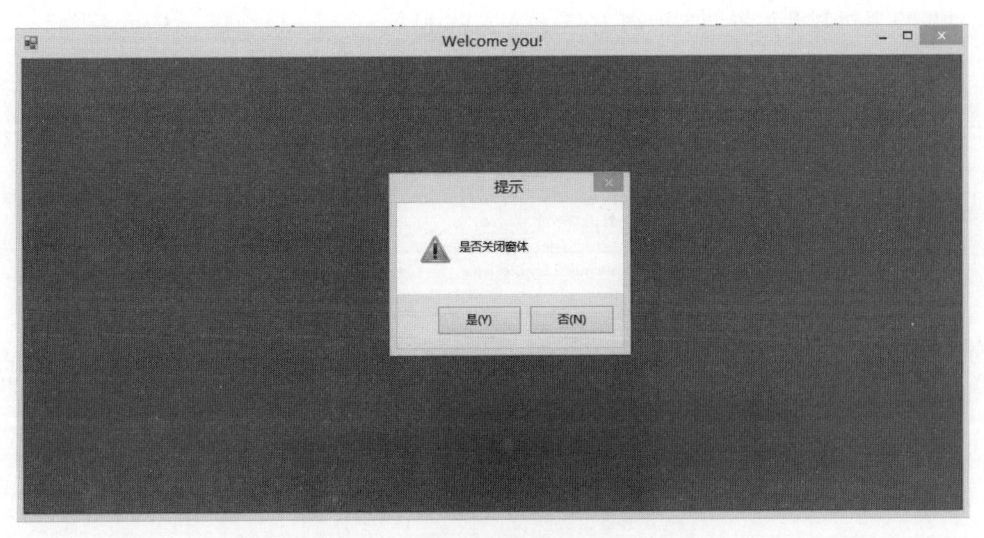

图 10-4　窗体 FormClosing 事件结果

对于一个程序开发人员而言，必须掌握每类控件的功能、用途，并掌握其常用的属性、事件和方法。在 VS 2017 中，工具箱中包含建立应用程序的各种控件。通常，工具箱分为 Windows 窗体、公共控件、容器、菜单和工具栏、数据、组件、打印、对话框等部分，常用的 Windows 窗体控件放在"Windows 窗体"选项卡下。在介绍控件之前，首先在此探讨一下各个控件共有的属性、事件和方法。在 C# 中，所有的窗体控件，如标签控件、文本框控件、按钮控件等全部都继承于 System.Windows.Forms.Control。

作为各种窗体控件的基类，Control 类实现了所有窗体交互控件的基本功能：处理用户键盘输入、处理消息驱动、限制控件大小等。Control 类的属性、方法和事件是所有窗体控件所公有的，而且其中很多是在编程中经常会遇到的。例如，Anchor 方法用来描述控件的布局特点；BackColor 用来描述控件的背景色等。下面具体介绍 Control 类的各项成员。

1. Control 类的属性

Control 类的属性描述了一个窗体控件的所有公共属性，可以在属性(Properties)窗口中查看或修改窗体控件的属性。常用的属性如下。

1）Name 属性

每一个控件都有一个 Name(名字)属性，在应用程序中，可通过此属性来引用这个控件。C# 会给每个新添加的控件指定一个默认名，一般它由控件类型和序号组成，如 button1、button2、textBox1、textBox2 等。在应用程序设计中，可根据需要将控件的默认名字改成更有实际代表意义的名字。控件命名必须符合标识符的命名规则，在此强调以下两点。

（1）必须以字母开头，其后可以是字母、数字和下画线，不允许使用其他字符或空格。

（2）在 C# 中，大写与小写字母作用相同，但正确使用大小写字母，能使名字更容易识别，如 cmdLogin 比 cmdlogin 更容易识别。

2）Text 属性

在 C# 中，每一个控件对象都有 Text 属性。它是与控件对象实例关联的一段文本，用户可以查看或进行输入。Text 属性在很多控件中都有重要的意义和作用。例如，在标签控件中显示的文字、在文本框中用户输入的文字、组合框和窗体中的标题等都是用控件的 Text 进行设定的。对于

Text 属性的设置过程及设置结果如图 10-5 和图 10-6 所示。

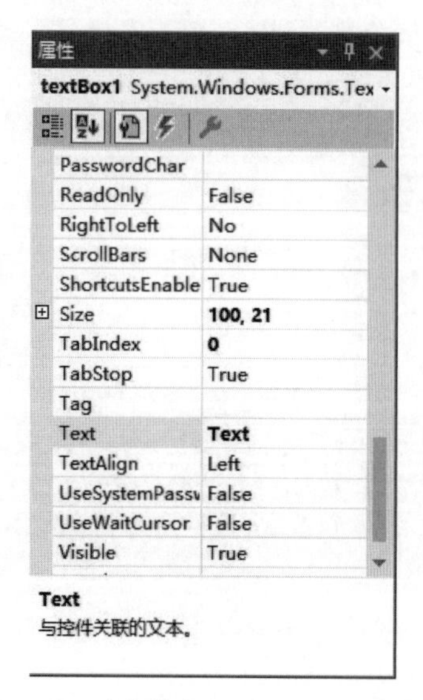

图 10-5　对窗体的 Text 属性进行设置

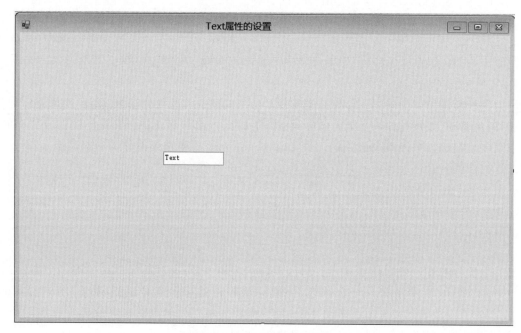

图 10-6　完成 Text 属性的结果

在程序中可以直接访问 Text 属性,取得或设置 Text 的值,这样就可以实现在程序运行时修改标题的名称,或是取得用户输入的文字等功能。

2. Control 类的方法

可以调用 Control 类的方法来获得控件的一些信息,或者设置控件的属性值及行为状态。

例如,Focus 方法可设置此控件获得的焦点; Refresh 方法可重画控件; Select 方法可激活控件; Show 方法可显示控件等。

10.3.5　事件的运用

在 C# 中，当用户进行某一项操作时，会引发某个事件的发生，此时就会调用事件处理程序代码，实现对程序的控制。事件驱动实现是基于窗体的消息传递和消息循环机制的。在 C# 中，所有的机制都被封装在控件之中，极大方便了编写事件的驱动程序。如果希望能够更加深入地操作，或定义自己的事件，就需要联合使用委托(Delegate)和事件(Event)，可以灵活地添加、修改事件的响应，并自定义事件的处理方法。

例如，Control 类的可响应的事件有：单击时发生的 Click 事件；双击时发生的 DoubleClick 事件；取得焦点时发生的 GetFocus 事件；鼠标移动时发生的 MouseMove 事件等。

10.4　项目实践

视频讲解

10.4.1　添加计算器窗体，建立 Windows 应用程序的框架

Windows 窗体是 Windows 应用程序的框架。建立 Windows 应用程序的第一步就是建立这个框架。具体操作步骤如下。

(1) 运行 VS. NET，在“起始页”上单击“新建项目”按钮，打开“新建项目”对话框，如图 10-7 所示。在“项目类型”列表框中指定项目的类型为 Viusal C#，在“模板”列表框中选择“Windows 窗体应用”模板，在“名称”文本框中输入“Calculator”，在“位置”下拉列表中选定保存项目的位置。

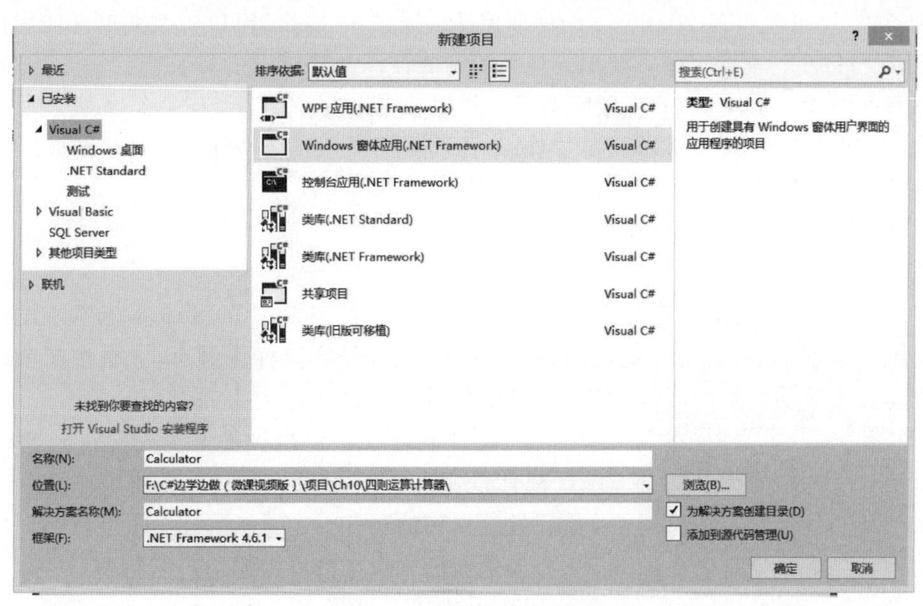

图 10-7　“新建项目”对话框

(2) 单击“确定”按钮后就进入 VS. NET 的主界面，如图 10-8 所示。

从图 10-8 可以看出，当选择“Windows 窗体应用”作为应用程序的模板后，系统会自动为用户生成一个空白窗体，一般命名为 Form1。该窗体就是应用程序运行时显示给用户的操作界面，下一步就是向窗体中添加各种控件。

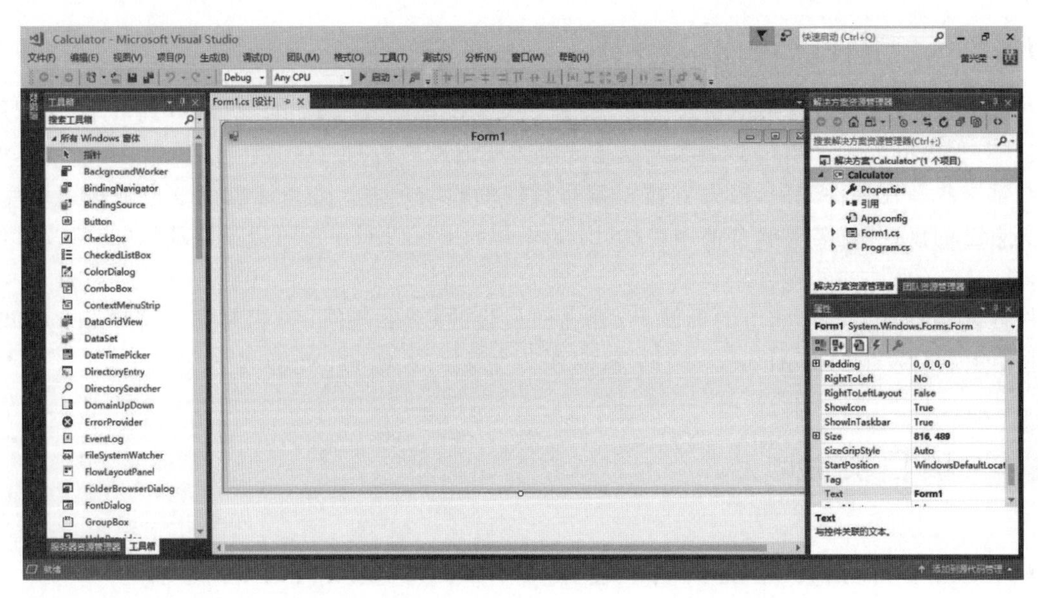

图 10-8　Microsoft Visual Studio .NET 主界面

10.4.2　添加计算器控件,设置其属性

控件表示用户和程序之间的图形化连接。控件可以提供或处理数据、接受用户输入、对事件做出响应或执行连接用户和应用程序的其他功能。窗体中的控件有很多,“工具箱”中的“Windows 窗体”里包含所有 Windows 的标准控件。通过在“属性”窗口中改变控件的属性可以改变控件的外观和特性。本项目中需要用到如下所列的控件。

(1) 按钮:16 个。其中的 10 个数字按钮分别用于表示 0～9;4 个运算符按钮表示“+”“-”“*”“\”;1 个“计算”按钮用于实施计算操作;1 个“清空”按钮用于清除上次计算结果。

(2) 标签:1 个。用于标示计算结果所在的文本框。

(3) 文本框:1 个。用于显示计算结果。

具体添加控件步骤如下。

首先向窗体中添加按钮(Button)。具体操作为:在工具箱中单击 Button,然后移动鼠标指针到窗体中的预定位置,按住鼠标左键拖动,画出一个方框,释放鼠标左键后,一个按钮就被添加到刚才方框的位置了。调整好大小和位置后单击选中该按钮,在“属性”窗口中可以看到该控件名为 Button1,将该按钮的 Text 属性设置为“1”。继续在窗体中添加其余 15 个按钮,并分别设置好它们的属性。

图 10-9　计算器界面

按照同样的方法在窗体中添加一个标签(Label),设置其 Text 属性为“结果”,再添加一个文本框(TextBox),并设置其 Text 属性为空。最后,一个简单的计算器的界面就完成了,如图 10-9 所示。

界面设计已经完成了,接下来的事情就是为各个控件添加相应的事件代码了。

10.4.3 为控件添加事件处理程序,实现功能

在C#中,基于Windows应用程序设计方法是事件驱动的。事件驱动不是由程序的顺序来控制的,而是由事件的发生来控制的。事件驱动程序设计是围绕着消息的产生与处理而展开的,消息就是关于发生的事件的信息。Windows程序员的工作就是对所开发的应用程序所要发出或者接收的消息进行排序和管理。

在“窗体设计器”中看到的是窗体及其中的控件,而要为控件添加事件处理程序就必须先切换到代码编辑器状态。下面分析一下计算器中各个控件到底应该添加什么样的代码。对于计算器来说,当单击某个数字键后,结果显示区内应显示该键上的数字。因此,可以双击按钮“1”,切换到代码编辑器,此时光标就停留在该按钮所对应的代码处,输入下列代码。

```
private void btn1_Click(object sender, EventArgs e)
{
    Button btn = (Button)sender;
    textBox1.Text += btn.Text;
}
```

注意:在代码中,定义一个变量Button变量btn,把sender这个对象强制转换成Button类型赋给btn。在按钮事件中,sender就是用户单击的那个按钮对象。

继续给其他数字按钮添加同样的代码。然后给4个运算符按钮添加下列代码。

```
private void btnAdd_Click(object sender, EventArgs e)
{
    Button btn = (Button)sender;
    textBox1.Text = textBox1.Text + " " + btn.Text + " ";        //空格用于分隔数字各运算符
}

private void btnSub_Click(object sender, EventArgs e)
{
    Button btn = (Button)sender;
    textBox1.Text = textBox1.Text + " " + btn.Text + " "; //空格用于分隔数字各运算符
}

private void btnMul_Click(object sender, EventArgs e)
{
   Button btn = (Button)sender;
   textBox1.Text = textBox1.Text + " " + btn.Text + " ";  //空格用于分隔数字各运算符
}

private void btnDiv_Click(object sender, EventArgs e)
{
   Button btn = (Button)sender;
   textBox1.Text = textBox1.Text + " " + btn.Text + " ";  //空格用于分隔数字各运算符
}
```

注意:在上面的代码中,对于空格(" ")的使用,为何在此处要使用空格?它的作用是什么?

接下来给“清空”按钮添加如下代码。

```
private void btnClear_Click(object sender, EventArgs e)
{
    textBox1.Text = "";
}
```

最后给“计算”按钮添加下列代码。

```
private void btnCalculate_Click(object sender, EventArgs e)
{
    Single r;                                              //r 用于保存计算结果
    string t = textBox1.Text;                              //t 用于保存文本框中的算术表达式
①  int space = t.IndexOf(' ');                            //space 用于搜索空格位置
    string s1 = t.Substring(0, space);                     //s1 用于保存第一个运算数
②  char op = Convert.ToChar(t.Substring(space + 1, 1));   //op 用于保存运算符
    string s2 = t.Substring(space + 3);                    //s2 用于保存第二个运算数
    Single arg1 = Convert.ToSingle(s1);                    //将运算数从 string 转换为 Single
    Single arg2 = Convert.ToSingle(s2);
    switch (op)
    {
        case '+':
            r = arg1 + arg2;
            break;
        case '-':
            r = arg1 - arg2;
            break;
        case '*':
            r = arg1 * arg2;
            break;
        case '/':
            if (arg2 == 0)
            {
③               throw new ApplicationException();
            }
            else
            {
                r = arg1 / arg2;
                break;
            }
            break;
        default:
            throw new ApplicationException();
    }
    //将计算结果显示在文本框中
    textBox1.Text = r.ToString();
}
```

注意：在上面程序中，有三行标有数字序号的代码，序号为①的代码用于搜索空格位置；序号为②的代码进行强制类型转换；序号为③的代码用于抛出一个异常。

10.4.4 测试和运行

现在，所有的工作都完成了。在“调试”菜单中选择“启动”命令或者“开始执行(不调试)”命令

运行该应用程序，计算器可以工作了。计算器运行结果如图10-10所示。

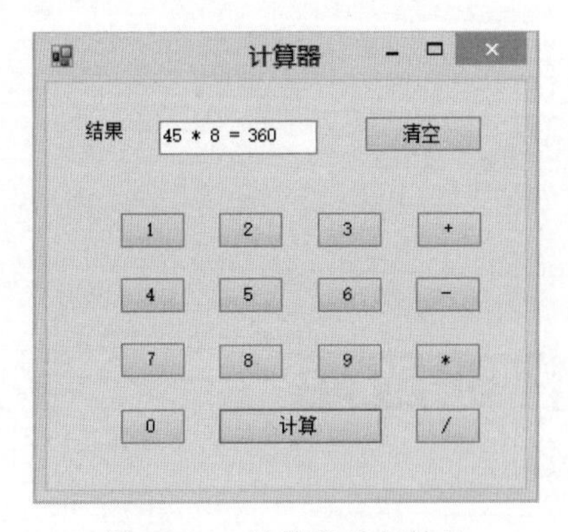

图 10-10　计算器运行结果

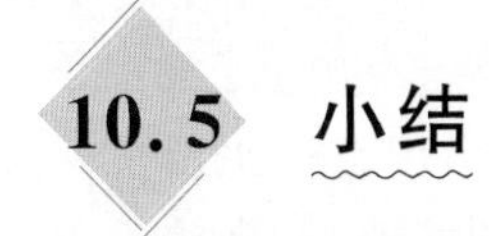

10.5 小结

通过此项目的学习和实践，理解和掌握Windows应用程序的结构和一般开发过程。在Windows应用程序中，窗体、控件和事件三个要素缺一不可。窗体是应用程序的框架，而细节问题是控件和事件的处理。

10.6 练一练

(1) 在窗体上建立一个标签，一个文本框，一个按钮。标签的Text属性设置为“欢迎你，C#!”，编写一个程序，实现当单击此按钮后，将标签上的信息显示在文本框中。

(2) 实现一个简单计算器的程序。此程序的设计界面如图10-11所示，执行结果如图10-12所示。

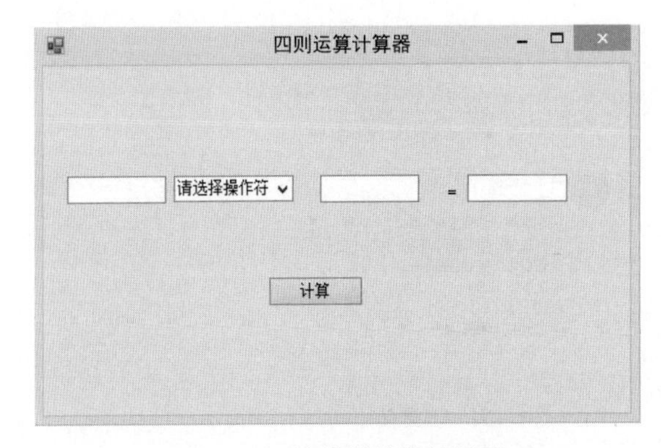

图 10-11　计算器的设计界面

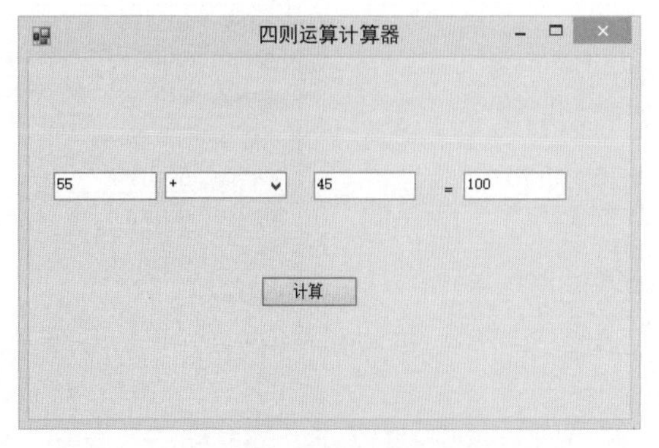

图 10-12　计算器的执行结果

第11章

常用控件的应用——学生注册

在 Windows 应用程序中，必须理解和掌握控件的属性、事件和方法，才能运用它们来解决问题。本章项目是基于 Windows 窗体项目，实现学生用户的注册。通过此项目的实践，读者将学习和掌握 Windows 应用程序里面的部分常用控件的属性、事件和方法。

11.1 项目案例功能介绍

在本项目中，将运用多个控件来实现学生用户的注册，尽可能为用户操作提供快捷和便利。项目中涉及的控件是在程序开发中经常使用到的，必须理解和掌握其属性、事件和方法。在此项目中，有的控件(面板控件、分组框控件)使界面更为简洁和美观，符合人们的使用习惯；有的控件可以起到提示的作用(标签控件)；而有的控件起到决定作用，通过起决定作用控件的属性、方法、事件来实现项目的相应功能。首先来预览一下项目结果，程序运行结果如图 11-1 所示。

图 11-1　程序运行结果

11.2 项目设计思路

在本项目中,项目设计思路包括以下步骤。

(1) 用户注册功能分析。

(2) 界面实现。

(3) 事件处理和编码。

(4) 测试与运行。

11.3 关键技术

Windows窗体作为一个容器,是由一个个控件构成的,因此熟悉控件是进行合理、有效的程序开发的重要前提。在本项目中,将针对Windows窗体应用程序中常见的控件进行详细介绍。读者可以先从自己比较熟悉的控件入手,逐渐掌握其余控件的使用。

11.3.1 按钮控件

按钮(Button)是用户与应用程序交互的最常用的工具,应用十分广泛。在程序执行时,它用于接收用户的操作信息,去执行预先规定的命令,触发相应的事件过程,以实现指定的功能。

1. 常用属性

1) Text属性

该属性用于设定按钮上显示的文本。它可包含许多字符,如果其内容超过命令按钮的宽度,则会自动换到下一行。该属性也可为按钮创建快捷方式,其方法是在作为快捷键的字母前加一个“&”字符,则在程序运行时,命令按钮上该字母带有下画线,该字母就成为快捷键。例如,某个按钮的Text属性设置为“&Display”,程序运行时,就会显示为“Display”。

2) FlatStyle属性

该属性指定了按钮的外观风格,它有四个可选值,分别是:Flat、Popup、System、Standard。该属性的默认值为Standard。

3) Image属性

用于设定在按钮上显示的图形。

4) ImageAlign属性

当图片显示在命令按钮上时,可以通过ImageAlign属性调节其在按钮上的位置。

5) Enablc属性

用于设定控件是否可用,若不可用,则用灰色表示。

6) Visible属性

用于设定控件是否可见,若不可见,则隐藏。

注意: 上述属性中,前四项为外观属性,而后两项为行为属性。

2. 响应的事件

如果按钮具有焦点，就可以使用鼠标左键、Enter 键或空格键触发该按钮的 Click 事件。通过设置窗体的 AcceptButtton 或 CancelButton 属性，无论该按钮是否有焦点，用户都可以通过按 Enter 或 Esc 键来触发按钮的 Click 事件。当使用 ShowDialog 方法显示窗体时，可以使用按钮的 DialogResult 属性指定 ShowDialog 的返回值。

视频讲解

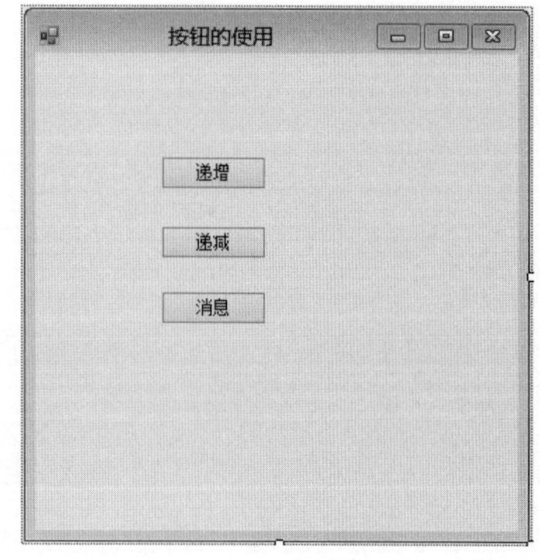

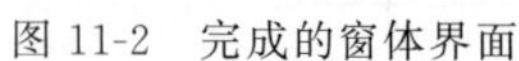

图 11-2　完成的窗体界面

【例 11-1】 按钮控件的运用。

(1) 为窗体 Form1 添加一个计数器 nCounter，并添加三个按钮控件，分别完成递增计数器、递减计数器、通过消息框提示计数器的值的功能，并添加一个 Label 控件来显示每次运算后的计数器值。完成的窗体界面如图 11-2 所示。

(2) 设置窗体和各控件的属性，如表 11-1 所示。

表 11-1　窗体和控件属性

对象	属性	属性值
窗体	Name Text	Form1 按钮的使用
按钮 1	Name Text	btnInc 递增
按钮 2	Name Text	btnDes 递减
按钮 3	Name Text	btnMsg 消息
标签	Name Text	lblResult

(3) 切换到代码窗口，创建事件过程。

```
private int nCounter;                                    //窗体级变量
//第一次加载时，进行计数器和 lblResult 的初始化
private void Form1_Load(object sender, EventArgs e)
{
    this.nCounter = 50;
    this.ShowCounter();
}
//进行递增操作，并提示新值
private void btnInc_Click(object sender, EventArgs e)
{
    this.nCounter++;
    this.ShowCounter();
}
```

```
//进行递减操作,并提示新值
private void btnDes_Click(object sender, EventArgs e)
{
    this.nCounter--;
    this.ShowCounter();
}

//通过 MessageBox 提示当前的值
private void btnMsg_Click(object sender, EventArgs e)
{
    string strMsg = "当前计数器 = " + this.nCounter.ToString("D8");
    MessageBox.Show(strMsg, "提示");
}

//显示计数器值到 Label 控件 lblResult
private void ShowCounter()
{
    string strMsg = this.nCounter.ToString("D8");
    this.lblResult.Text = strMsg;
}
```

程序运行结果如图 11-3 所示。

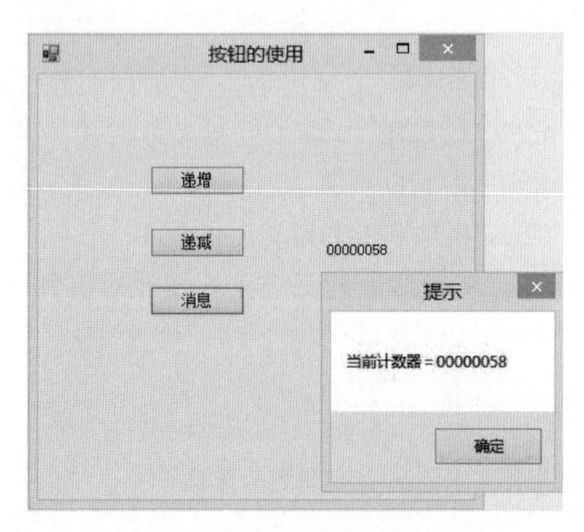

图 11-3　程序运行的结果

11.3.2　标签控件

标签(Label)主要用来显示文本。通常用标签来为其他控件显示说明信息、窗体的提示信息，或者用来显示处理结果等信息。但是，标签显示的文本不能被直接编辑。

标签参与窗体的 Tab 键顺序，但不接收焦点。如果将 UseMnemonic 属性设置为 True，并且在控件的 Text 中指定助记键字符(“&”符后面的第一个字符)，那么当用户按下 Alt+助记键时，焦点移动到 Tab 键顺序中的下一个控件。除了显示文本外，标签还可使用 Image 属性显示图像，或使用 ImageIndex 和 ImageList 属性组合显示图像。

1. 常用属性

1) Text 属性

该属性用于设定标签显示的文本,可通过 TextAlign 属性设置文本的对齐方式。

2) BorderStyle 属性

该属性用于设定标签的边框形式,共有三个设定值,分别是 None、FixedSingle、Fixed3D。该属性的默认值为 None。

3) BackColor 属性

用于设定标签的背景色。

4) ForeColor 属性

用于设定标签中文本的颜色。

5) Font 属性

用于设定标签中文本的字体、大小、粗体、斜体、删除线等。

6) Image 属性

用于设定标签的背景图片,可通过 ImageAlign 属性设置图片的对齐方式。

7) Enable 属性

用于设定控件是否可用,若不可用,则用灰色表示。

8) Visible 属性

用于设定控件是否可见,若不可见,则隐藏。

9) AutoSize 属性

用于设定控件是否根据文本自动调整,设置为 true 表示自动调整。

注意: 上述属性中,前六项为外观属性,而后三项为行为属性。

2. 响应的事件

标签控件常用的事件有:Click 事件和 DoubleClick 事件。

视频讲解

【例 11-2】 标签控件的运用。对窗体上的三个标签控件的参数进行设置,用来显示文本。

程序代码如下。

```
private void Form1_Load(object sender, EventArgs e)
{
    //label1 参数设置,默认字体为宋体 9 号、前景色为黑色
    this.label1.AutoSize = true;
    this.label1.BackColor = System.Drawing.Color.White;
    this.label1.Text = "宋体 9 号 - 白底 - 黑字";

    //label2 参数设置,默认字体为宋体 9 号、前景色为黑色
    this.label2.AutoSize = true;
    this.label2.BackColor = System.Drawing.Color.Black;
    this.label2.Font = new System.Drawing.Font("宋体",10.5F,
        System.Drawing.FontStyle.Regular,
        System.Drawing.GraphicsUnit.Point,((byte)(134)));
    this.label2.ForeColor = System.Drawing.Color.White;
    this.label2.Text = "宋体 10 号 - 黑底 - 白字";

    //label3 参数设置
```

```
        this.label3.AutoSize = true;
        this.label3.BackColor = System.Drawing.Color.Blue;
        this.label3.Font = new System.Drawing.Font("楷体_GB2312", 14.25F,
            System.Drawing.FontStyle.Regular,
            System.Drawing.GraphicsUnit.Point, ((byte)(134)));
         this.label3.ForeColor = System.Drawing.Color.Red;
         this.label3.Text = "楷体 14 号 - 蓝底 - 红字";
    }
```

程序运行结果如图 11-4 所示。

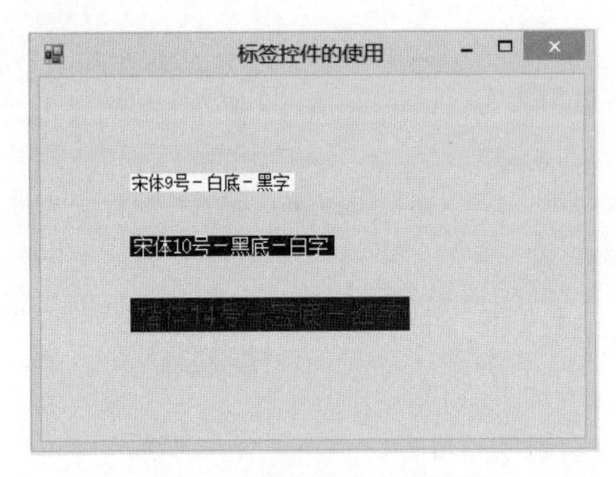

图 11-4　标签控件应用示例

11.3.3　文本框控件

在 C# 中,文本框(TextBox)是最常用和最简单的文本显示和输入控件。文本框有两种用途,一是可以用来输出或显示文本信息;二是可以接收从键盘输入的信息。应用程序运行时,如果单击文本框,则光标在文本框中闪烁,此时可以向文本框输入信息。

1. 常用属性

1) Text 属性

该属性用于设定文本框显示的文本,可通过 TextAlign 属性设置文本的对齐方式。

2) BackColor 属性

用于设定文本框的背景色。

3) ForeColor 属性

用于设定文本框中文本的颜色。

4) Font 属性

用于设定文本框中文本的字体、大小、粗体、斜体、删除线等。

5) PasswordChar 属性

文本框控件以密码输入方式使用,输入字母用该属性指定字符屏蔽。

6) Enable 属性

用于设定文本框控件是否可用,若不可用,则用灰色表示。

7) Visible 属性

用于设定文本框控件是否可见,若不可见,则隐藏。

8）ReadOnly 属性

用于设定文本框控件是否只读。

9）MultiLine 属性

用于设定文本框控件是否包含多行文本。

注意：上述属性中，前五项为外观属性，而后四项为行为属性。

2. 常用的方法

1）Clear 方法

该方法用于清除文本框中已有的文本。

2）AppendText 方法

该方法用于文本框最后追加文本。

3. 常用的事件

在文本框控件所能响应的事件中，TextChanged、Enter 和 Leave 是常用的事件。

1）TextChanged 事件

当文本框的文本内容发生变化时，触发该事件。当向文本框输入信息时，每输入一个字符，就会引发一次 TextChanged 事件。

2）Enter 事件

当文本框获得焦点时，就会引发的事件。

3）Leave 事件

当文本框失去焦点时，就会引发的事件。

视频讲解

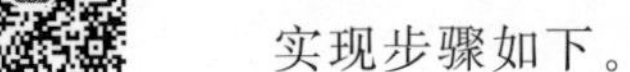
【例 11-3】 文本框控件的运用。

实现步骤如下。

（1）为窗体 Form1 添加两个 TextBox 控件：tbInput 和 tbHint，前者可编辑单行文本，用来获取用户输入；后者用于显示数据，应设置为只读多行文本，所以，tbHint 的 ReadOnly 属性设置为 True，MultiLine 属性设置为 True。同时，再添加一个 Label 控件 lblCopy，用来显示输入文本框中的数据。

（2）在此例中，通过程序代码设置相应控件的属性。主要程序代码如下。

```
private void Form1_Load(object sender, EventArgs e)
{
    //设置两个文本框的属性
    this.tbInput.ForeColor = Color.Blue;
    this.tbHint.BackColor = Color.White;
    this.tbHint.ForeColor = Color.Green;
    this.tbHint.ReadOnly = true;
}

private void tbInput_Enter(object sender, EventArgs e)
{
    //光标进入清除原有文本
    this.tbInput.Clear();
}
```

```
private void tbInput_Leave(object sender, EventArgs e)
{
        //焦点退出,将文本添加到 tbHint 新的一行
        this.tbHint.AppendText(this.tbInput.Text + Environment.NewLine);
}

private void tbInput_TextChanged(object sender, EventArgs e)
{
      //将当前 tbInput 中文本内容同步显示到 lblCopy 中
      this.lblCopy.Text = this.tbInput.Text;
}
```

注意：在 tbInput_Leave 事件中将编辑好的文本通过方法 TextBox.AppendText()追加到 tbHint 中；在 tbInput_TextChanged 事件中将 tbInput 中最新的文本同步显示到 lbCopy 控件上。

程序运行结果如图 11-5 所示。

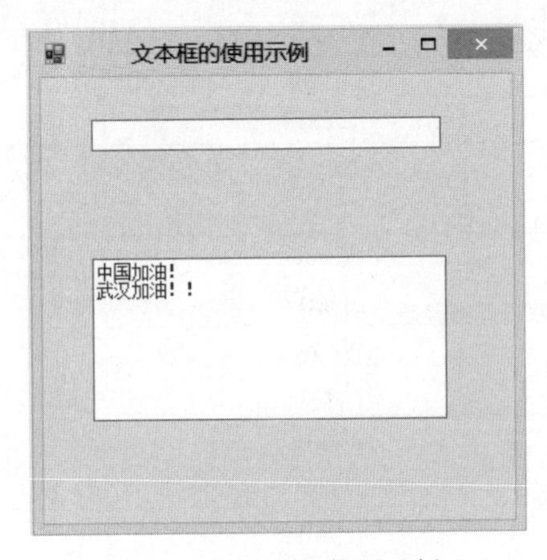

图 11-5　文本框使用示例

11.3.4　单选按钮控件

单选按钮(RadioButton)控件为用户提供由两个或多个互斥选项组成的选项集。当用户选中某单选项按钮时,同一组中的其他单选项按钮不能同时选定,该控件以圆圈内加点的方式表示选中。

单选按钮用来让用户在一组相关的选项中选择一项,因此单选按钮控件总是成组出现。直接添加到一个窗体中的所有单选按钮将形成一个组。若要添加不同的组,必须将它们放到面板或分组框中。将若干 RadionButton 控件放在一个 GroupBox 控件内组成一组时,当这一组中的某个单选按钮控件被选中时,该组中的其他单选控件将自动处于不选中状态。

1. 常用属性

1) Text 属性

该属性用于设置单选按钮旁边的说明文字,以说明单选按钮的用途。

2) Check 属性

表示单选按钮是否被选中,选中则 Checked 值为 True,否则为 False。

2. 响应的事件

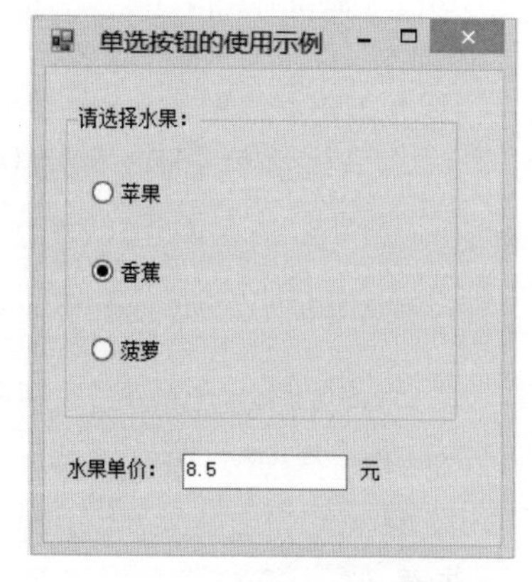

图 11-6　单选按钮示例

单选按钮响应的事件主要是 Click 事件和 CheckedChanged 事件。

当单击单选按钮时,触发 Click 事件,并且改变 Checked 属性值。Checked 属性值改变,同时将触发 CheckedChanged 事件。

视频讲解

【例 11-4】 单选按钮控件的运用。通过选择不同的单选按钮,实现在文本框中显示不同水果的价格。

实现步骤如下。

(1) 创建如图 11-6 所示的窗体。

(2) 设置窗体和各控件的属性,如表 11-2 所示。

表 11-2　窗体和控件属性

对象	属性	属性值
窗体	Name Text	Form1 单选按钮的使用示例
单选按钮 1	Name Text	rdoApple 苹果
单选按钮 2	Name Text	rdoBanana 香蕉
单选按钮 3	Name Text	rdoPineapple 菠萝
分组框	Name Text	groupBox1 请选择水果:
文本框	Name Text	txtPrice
标签 1	Name Text	label1 水果单价:
标签 2	Name Text	Label2 元

(3) 打开代码窗口,编写事件过程。

```
private void rdoApple_CheckedChanged(object sender, EventArgs e)
{
    txtPrice.Text = "10.0";
}

private void rdoBanana_CheckedChanged(object sender, EventArgs e)
{
    txtPrice.Text = "8.5";
}

private void rdoPineapple_CheckedChanged(object sender, EventArgs e)
{
```

```
        txtPrice.Text = "12.5";
    }
```

11.3.5　复选框控件

复选按钮(CheckBox)控件,与单选按钮一样,也给用户提供一组选项供其选择。但它与单选按钮有所不同,每个复选框都是一个单独的选项,用户既可以选择它,也可以不选择它,不存在互斥的问题,可以同时选择多项。

若单击复选框,则复选框中间出现一个对号,表示该项被选中。再次单击被选中的复选框,则取消对该复选框的选择。

1. 常用属性

1) Text 属性

该属性用于设置复选框旁边的说明文字,以说明复选框的用途。

2) Check 属性

表示复选框是否被选择。True 表示复选框被选择,False 表示复选框未被选择。

3) CheckState 属性

反映该复选框的状态,有三个可选值。

(1) Checked:表示复选框当前被选中。

(2) Unchecked:表示复选框当前未被选中。

(3) Indeterminate:表示复选框当前状态未定,此时该复选框呈灰色。

2. 响应的事件

复选框响应的事件主要是 Click 事件、CheckedChanged 事件和 CheckStateChanged 事件。

当单击复选框时,触发 Click 事件,并且改变 Checked 属性值和 CheckState 属性值。Checked 属性值的改变,同时将触发 CheckedChanged 事件;CheckState 属性值的改变,同时将触发 CheckStateChanged 事件。

【例 11-5】 复选框控件的运用。通过选择不同的复选框,实现输出选中的业余爱好。

实现步骤如下。

(1) 创建一个 Windows 窗体应用的程序,添加如图 11-7 所示的控件。

(2) 编写“确定”按钮 btnOk 和“退出”按钮 btnExit 的代码。其中,“确定”按钮功能为显示一个对话框,输出用户所填内容;“退出”按钮功能为结束程序。

(3) 程序的完整代码如下。

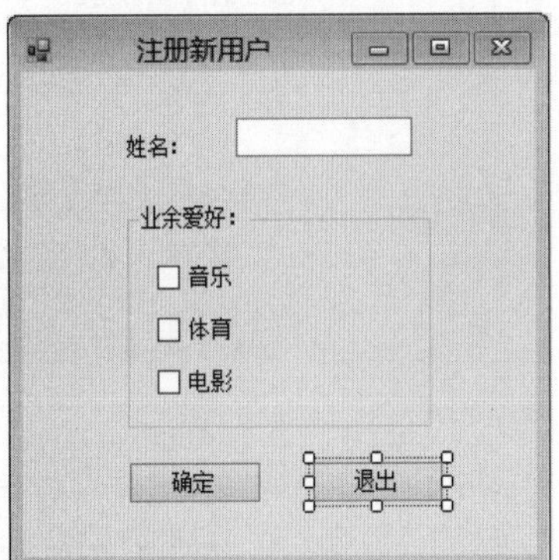

图 11-7　窗体设计

```
using System;
using System.Collections.Generic;
using System.ComponentModel;
using System.Data;
using System.Drawing;
using System.Linq;
using System.Text;
```

```
using System.Threading.Tasks;
using System.Windows.Forms;

namespace UseCheckBox
{
    public partial class Form1 : Form
    {
        public Form1()
        {
            InitializeComponent();
        }

        //利用Validating事件检查用户输入的信息是否有效
        //Validating事件是在验证控件时触发的事件
        private void txtName_Validating(object sender, CancelEventArgs e)
        {
            if (txtName.Text.Trim() == string.Empty)
            {
                MessageBox.Show("姓名为空,请重新输入!");
                txtName.Focus();
            }
        }

        private void btnExit_Click(object sender, EventArgs e)
        {
            this.Close();
        }

        private void btnOk_Click(object sender, EventArgs e)
        {
            string strUser = string.Empty;
            strUser = "姓名: " + txtName.Text + "\n";
            strUser = strUser + "业余爱好: " + (chkMovie.Checked ? "电影 " : "") +
                (chkMusic.Checked ? "音乐 " : "") + (chkSport.Checked ? "体育 " : "") + "\n";
            DialogResult result = MessageBox.Show(strUser, "信息确认",
                MessageBoxButtons.OKCancel, MessageBoxIcon.Information,
                MessageBoxDefaultButton.Button1);
            if (result == DialogResult.OK)
            {
                txtName.Clear();
                chkMovie.Checked = false;
                chkMusic.Checked = false;
                chkSport.Checked = false;
            }
        }

        private void btnExit_MouseEnter(object sender, EventArgs e)
        {
            txtName.CausesValidation = false;
        }
```

```
            private void btnExit_MouseLeave(object sender, EventArgs e)
            {
                txtName.CausesValidation = true;
            }
        }
    }
```

程序运行,输入相应的内容,如图 11-8 所示。单击“确定”按钮后,弹出的对话框如图 11-9 所示。

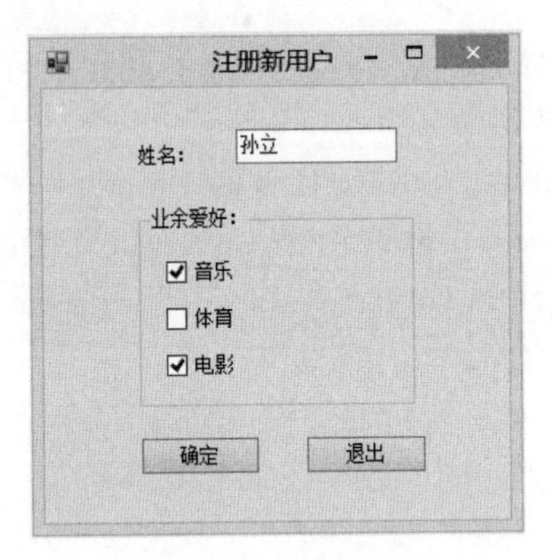

图 11-8　注册用户

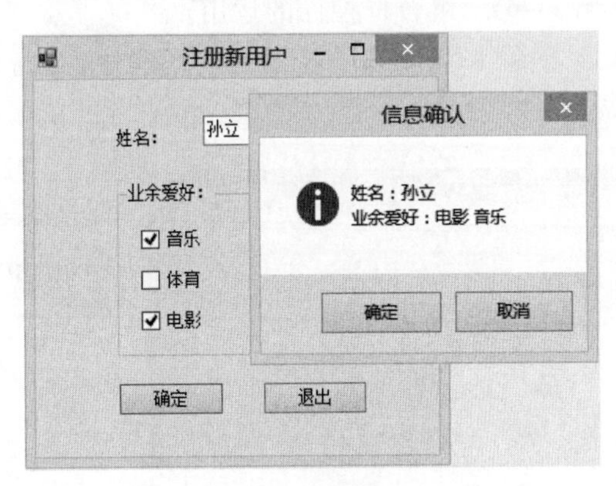

图 11-9　信息确认

单击“信息确认”对话框中的“确定”按钮,将会清除已输入的内容,包括复选框的选中状态。

说明:代码中用到了 MessageBox 的另一个构造方法,这种方法使得 MessageBox 的外观更加多样化,包括 MessageBox 的标题(Title)、图标(MessageBoxIcons)的按钮(MessageBoxButtons)。MessageBox 的构造函数共有 21 种,可以创造出多样的提示框。MessageBox 的使用应熟练掌握。

另外,程序中利用 txtName 控件的 Validating 事件进行输入信息是否为空的检验;还编写了 btnExit 的 Enter 和 Leave 事件,目的是在单击“退出”按钮时,不引发 TextBox 控件的 Validating 事件,防止多余的提示;在 Leave 事件中又恢复 TextBox 控件的 Validating 事件。读者可以先删除该段代码,以查看相应的效果。

11.3.6　组合框控件

组合框(ComboBox)控件是一个文本框和一个列表框的组合。在使用列表框时,只能在给定的列表项中选择,如果用户想要选择列表框中没有给出的选项,则用列表框不能实现。与列表框不同的是,在组合框中向用户提供了一个供选择的列表框,若用户选中列表框中某个列表项,该列表项的内容将自动装入文本框中。当列表框中没有所需的选项时,也允许在文本框中直接输入特定的信息(但组合框的 DropDownStyle 属性设置为 DropDownList 时除外)。

1. 常用属性

1) DropDownStyle 属性

该属性用于设置组合框的样式,有以下三种可选值。

(1) Simple:没有下拉列表框,所以不能选择,可以输入,和 TextBox 控件相似。

(2) DropDown:具有下拉列表框,可以选择,也可以直接输入选择项中不存在的文本。该值是默认值。

(3) DropDownList：具有下拉列表框，只能选择已有可选项中的值，不能输入其他的文本。

2) MaxDropDownItems 属性

该属性用于设置下拉列表框中最多显示列表项的个数。

2. 常用事件

组合框的常用事件不多，一般是使用 Click 事件，有时也使用 SelectedIndexChanged 事件和 SelectedItemChanged 事件。

视频讲解

【例 11-6】 组合框控件的运用。

(1) 创建一个 Windows 窗体应用程序，在窗体上添加如图 11-10 所示的控件。其中，将两个 ComboBox 控件分别命名为 cboCountry 和 cboCity，“确定”按钮命名为 btnOk。

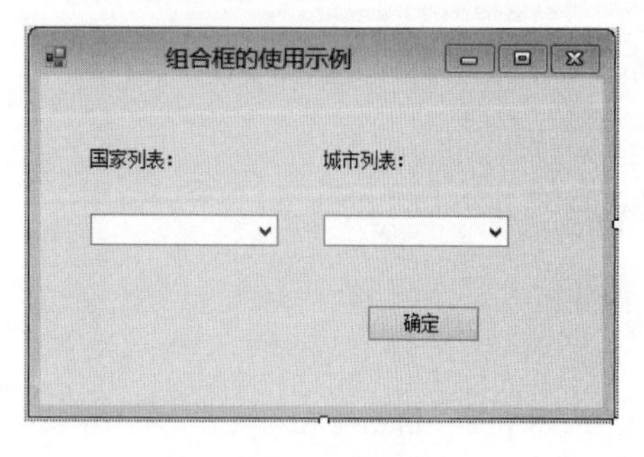

图 11-10 窗体设计

(2) cboCountry 和 cboCity 控件的 DropDownStyle 属性默值为 DropDown，修改两个 ComboBox 控件的 DropDownStyle 属性为 DropDownList。为 cboCountry 的 Items 添加如下内容。

- 中国
- 美国
- 英国

(3) 编写程序代码，实现如下功能：在 cboCountry 中选择相应的国家，在 cboCity 中显示该国家的部分城市。

(4) 程序完整代码如下。

```
using System;
using System.Collections.Generic;
using System.ComponentModel;
using System.Data;
using System.Drawing;
using System.Linq;
using System.Text;
using System.Threading.Tasks;
using System.Windows.Forms;

namespace UseComboBox
{
    public partial class Form1 : Form
    {
        public Form1()
        {
            InitializeComponent();
        }
        private void Form1_Load(object sender, EventArgs e)
        {
            cboCountry.SelectedIndex = 0;
        }
```

```
        private void cboCountry_SelectedIndexChanged(object sender, EventArgs e)
        {
            switch (cboCountry.SelectedIndex)
            {
                case 0:
                    cboCity.Items.Clear();
                    cboCity.Items.Add("北京");
                    cboCity.Items.Add("上海");
                    cboCity.Items.Add("天津");
                    cboCity.SelectedIndex = 0;
                    break;
                case 1:
                    cboCity.Items.Clear();
                    cboCity.Items.Add("华盛顿");
                    cboCity.Items.Add("纽约");
                    cboCity.Items.Add("芝加哥");
                    cboCity.SelectedIndex = 0;
                    break;
                case 2:
                    cboCity.Items.Clear();
                    cboCity.Items.Add("伦敦");
                    cboCity.Items.Add("曼彻斯特");
                    cboCity.Items.Add("考文垂");
                    cboCity.SelectedIndex = 0;
                    break;
                default:
                    cboCity.Items.Clear();
                    break;
            }
        }

        private void btnOk_Click(object sender, EventArgs e)
        {
            string strSelect = cboCountry.SelectedItem.ToString() +
                ": " + cboCity.SelectedItem.ToString();
            MessageBox.Show(strSelect, "国家城市列表", MessageBoxButtons.OK
                , MessageBoxIcon.Information);
        }
    }
}
```

运行程序，可以实现在任意选择国家组合框中的项，右侧的城市也随之改变，如图 11-11 所示。单击“确定”按钮，通过 MessageBox 提示框显示所选的内容，如图 11-12 所示。

说明：代码在 Form1 窗体的 Load 事件中对 cboCountry 控件的 SelectedIndex 属性赋值，使其默认选择一个选项，避免了运行程序时组合框中所选内容为空。

随后的代码处理了 cboCountry 控件的 SelectedIndexChanged 事件，根据不同的国家添加不同的城市名称。

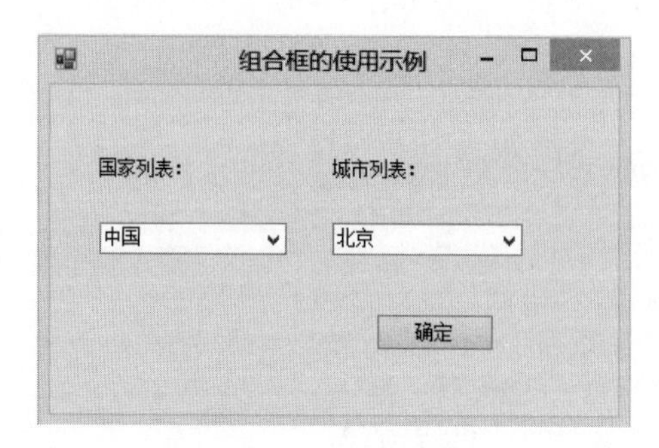

图 11-11　运行结果

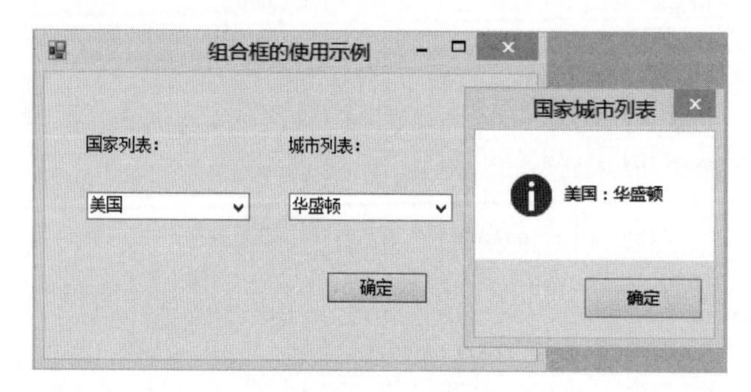

图 11-12　显示提示

11.3.7　面板控件和分组框控件

面板(Panel)控件和分组框(GroupBox)控件是一种容器控件,可以容纳其他控件,同时为控件分组,一般用于将窗体上的控件根据其功能进行分类,以便于进行管理。通常情况下,单选按钮控件经常与 Panel 控件或 GroupBox 控件一起使用。单选按钮的特点是当选中其中一个时,其余自动关闭,当需要在同一窗体中建立几组相互独立的单选按钮时,就需要用 Panel 控件或 GroupBox 控件将每一组单选按钮框起来,这样可以实现在一个框内对单选按钮的操作,就不会影响框外其他组的单选按钮了。另外,放在 Panel 控件或 GroupBox 控件内的所有对象将随着容器控件一起移动、显示、消失和屏蔽。这样,使用容器控件可将窗体的区域分隔为不同的功能区,可以提供视觉上的区分和分区激活或屏蔽的功能。

1. 使用方法

使用 Panel 控件或 GroupBox 控件将控件分组的方法如下。

(1) 在“工具箱”中选择 Panel 控件或 GroupBox 控件,将其添加到窗体上。

(2) 在“工具箱”中选择其他控件放在 Panel 控件或 GroupBox 控件上。

(3) 重复步骤(2),添加所需的其他控件。

2. Panel 控件常用属性

Panel 控件常用的属性主要有如下几种。

1) BorderStyle 属性

该属性用于设置边框的样式,有以下三种设定值。

(1) None：无边框。

(2) Fixed3D：立体边框。

(3) FixedSingle：简单边框。

默认值是 None，不显示边框。

2) AutoScroll 属性

该属性用于设置是否在框内加滚动条。设置为 True 时，则加滚动条；设置为 False 时，则不加滚动条。

3. GroupBox 控件的常用属性

GroupBox 控件最常用的是 Text 属性，该属性可用于在 GroupBox 控件的边框上设置显示的标题。Panel 控件与 GroupBox 控件功能类似，都用来作容器来组合控件，但两者之间有以下三个主要区别。

(1) Panel 控件可以设置 BorderStyle 属性，选择是否有边框。

(2) Panel 控件可把其 AutoScroll 属性设置为 True，进行滚动。

(3) Panel 控件没有 Text 属性，不能设置标题。

视频讲解

【例 11-7】　Panel 控件和 GroupBox 控件的运用。

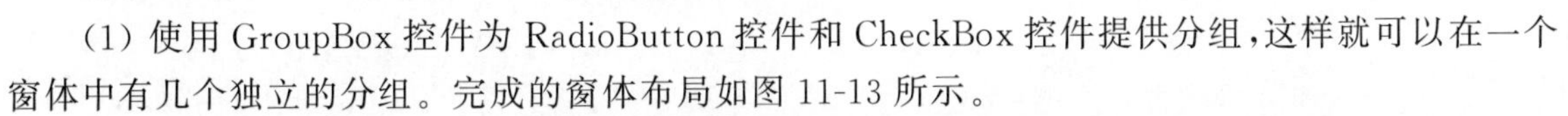

(1) 使用 GroupBox 控件为 RadioButton 控件和 CheckBox 控件提供分组，这样就可以在一个窗体中有几个独立的分组。完成的窗体布局如图 11-13 所示。

(2) 使用 Panel 控件可以使窗体的分类更详细，以便于用户理解。如可以在如图 11-13 所示的窗体中添加一个 Panel 控件，如图 11-14 所示。这样的分类使得程序界面更加美观。

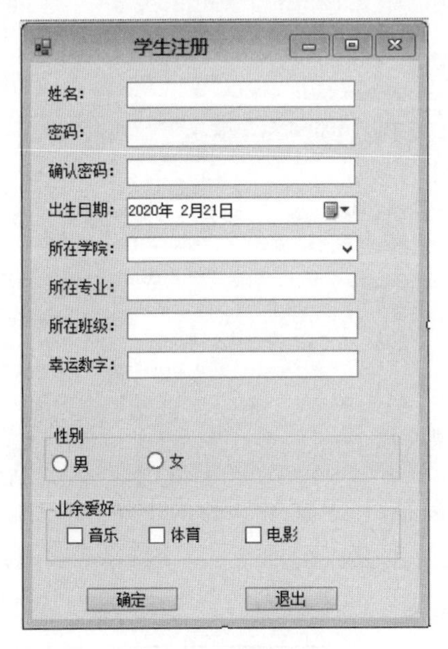

图 11-13　窗体布局

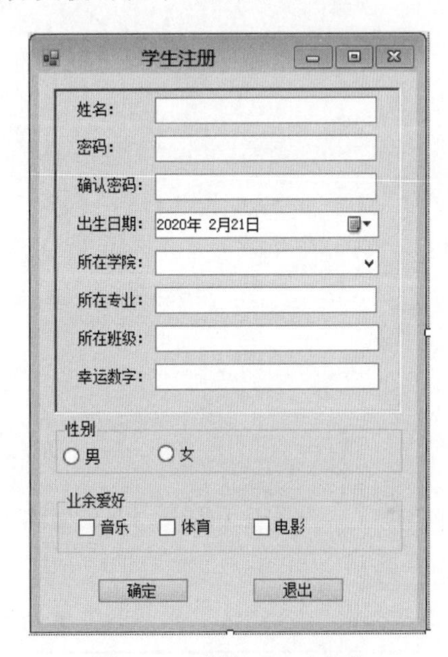

图 11-14　添加 Panel 控件

11.3.8　消息框控件

不同于 VB 中可以直接使用 MsgBox 来得到消息框的返回值，在 C# 中需要使用 DialogResult 类型的变量，从 MessageBox. Show()方法接受消息对话框的返回值。至于 MessageBox. Show()的返回值是 Yes、No、Ok 还是 Cancel，那需要自己在 Show()方法中对它可以显示的选择按钮进行

设置；同时，对 Show()方法的调用使用可选的 style 参数，可指定要在消息框中显示的最适合于所示消息框类型的图标类型。以下示例代码可以作为参考。

视频讲解

【例 11-8】 编写一个口令检验程序。要求按以下规定实现程序功能。

(1) 口令为 8 位字符“zhongguo”，口令输入时在屏幕上不显示输入的字符，而以“ * ”代替，见图 11-15。

(2) 当输入口令正确时，则显示如图 11-16 所示的消息框。

(3) 当输入口令不正确时，则显示如图 11-17 所示的消息框。这时，若单击“重试”按钮，则清除原输入内容，焦点定位在文本框，等待用户输入；若单击“取消”按钮，则终止程序运行。

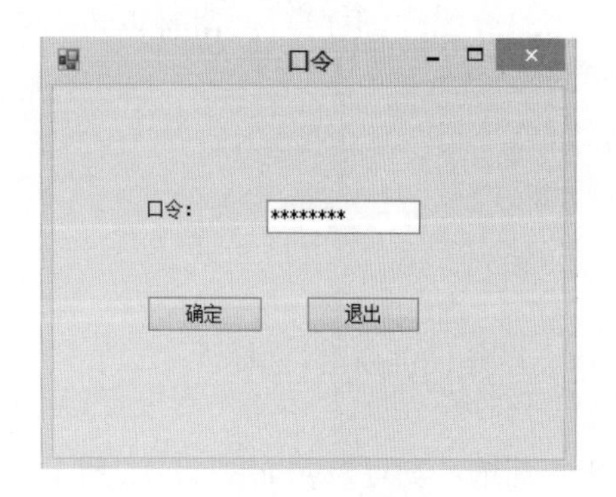

图 11-15 运行结果 1

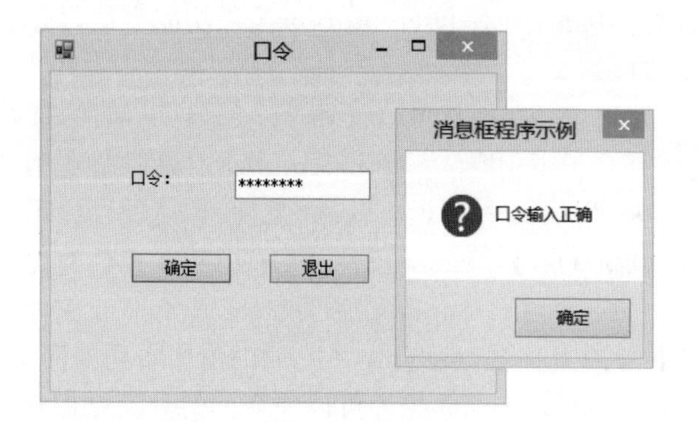

图 11-16 运行结果 2

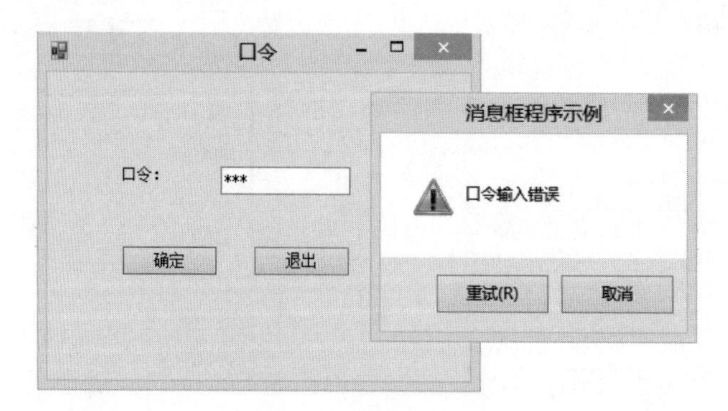

图 11-17 运行结果 3

根据界面显示及程序功能要求，在窗体上创建一个标签、一个文本框和两个命令按钮，它们的属性设置如表 11-3 所示。

表 11-3 控件属性设置

默认的控件名	设置的控件名(Name)	文本(Text)	其 他 属 性
Label1	lblPass	口令：	
TextBox1	txtPass	空白	MaxLength=8 PasswordChar=" * "
Button1	btnOk	确定	
Button2	btnExit	退出	

程序代码如下。

```
private void btnOk_Click(object sender, EventArgs e)
{
    DialogResult result;
    if (this.txtPass.Text == "zhongguo")
    {
        MessageBox.Show(this, "口令输入正确", "消息框程序示例",
            MessageBoxButtons.OK,MessageBoxIcon.Question);
    }
    else
    {
        result = MessageBox.Show(this, "口令输入错误", "消息框程序示例",
            MessageBoxButtons.RetryCancel,MessageBoxIcon.Warning);
        //用户单击"重试"按钮
        if (result == DialogResult.Retry)
        {
            this.txtPass.Text = "";
            this.txtPass.Focus();
        }
        //用户单击"取消"按钮
        else
        {
            Application.Exit();
        }
    }
}

//窗体的 Load 事件
private void Form1_Load(object sender, EventArgs e)
{
    //初始化操作,将口令文本框清空
    txtPass.Text = "";
}

//"退出"按钮的 Click 事件
private void btnExit_Click(object sender, EventArgs e)
{
    Application.Exit();
}
```

11.4 项目实践

视频讲解

11.4.1 学生用户注册功能分析

通常的情况下,学生用户注册的内容包括姓名、密码、出生日期、所在学院、所在专业、所在班级、性别以及爱好等。为了便捷、明了地实现注册,应尽量减少用户注册的时间。

为此，需要综合使用各种控件。例如，姓名、密码、所在专业、所在班级这类信息要使用文本框实现录入；出生日期信息可以使用DateTimePicker控件实现录入；所在学院信息可以使用组合框实现录入；性别信息可以使用单选框实现录入；爱好信息可以使用复选框实现录入。当然，为了便于用户理解和美观的需要，需要适当添加面板和分组框控件。

11.4.2 界面实现

具体步骤如下。

(1) 创建如图11-14所示的窗体。

(2) 设置窗体和各控件的属性，如表11-4所示。

表11-4 窗体和控件属性

对象类型	对象Name	主要属性设置	用途
	frmRegister	Text设置为“用户注册”	应用程序的框架
Panel	panel1	无	界面美观、简洁
GroupBox	groupBox1	Text设置为“性别”	将两个单选按钮组成一组
	groupBox2	Text设置为“爱好”	界面美观、简洁
TextBox	txtName	无	输入姓名
	txtPassword	无	输入密码
	PasswordChar	*	开启密码模式，输入的内容以设置的该属性的值来显示
	txtComfirmPassword	无	输入确认密码
	PasswordChar	*	开启密码模式，输入的内容以设置的该属性的值来显示
	txtAge	无	输入年龄
	txtMajor	无	输入专业
	txtClass	无	输入班级
	txtLuckyNumber	无	要求对输入的数字进行检验
DateTimePicker	dtpBirthday	无	输入出生日期
ComboBox	cmbCity	无	选择所在城市
RadioButton	rdoMale	Text设置为“男”	选择性别
	rdoFemale	Text设置为“女”	选择性别
CheckBox	chkMusic	Text设置为“音乐”	选择爱好
	chkSport	Text设置为“体育”	选择爱好
	chkMovie	Text设置为“电影”	选择爱好
Button	btnOk	Text设置为“确定”	确定
	btnExit	Text设置为“退出”	退出

11.4.3 事件处理和编码

在C#中，基于Windows应用程序设计方法是事件驱动的。下面来分析一下项目中所涉及的几个事件。

首先，通过窗体的Load事件来实现加载cmbCity中城市信息和性别单选按钮中默认项；其次，通过 txtAge 的 KeyPress 事件来校验所输入的年龄信息是否为数字；最后，通过 btnOk 的 Click 事件来提交注册信息。

(1) 通过窗体的 Load 事件来实现加载 cmbCollege 中学院信息。其代码如下。

```
private void frmStudentRegister_Load(object sender, EventArgs e)
    {
        //添加学院信息到控件中
        this.cmbCollege.Items.Add("信电工程学院");
        this.cmbCollege.Items.Add("智能制造学院");
        this.cmbCollege.Items.Add("建筑制造学院");
        this.cmbCollege.Items.Add("建筑管理学院");
        this.cmbCollege.Items.Add("经济管理学院");
        this.cmbCollege.Items.Add("建筑智能学院");

        //设置性别单选按钮默认项
        this.rdoMale.Checked = true;
    }
```

(2) 通过 txtLuckyNumber 的 KeyPress 事件来校验所输入的年龄信息是否为数字。其代码如下。

```
//幸运数字文本框只能输入数字
 private void txtLuckyNumber_KeyPress(object sender, KeyPressEventArgs e)
 {
    if ((e.KeyChar != 8 && !char.IsDigit(e.KeyChar)) && e.KeyChar != 13)
    {
        MessageBox.Show("年龄只能输入数字", "操作提示",
            MessageBoxButtons.OK, MessageBoxIcon.Information);
        e.Handled = true;                                    //表示已经处理过 KeyPress 事件
     }
  }
```

(3) 通过 btnOk 的 Click 事件来提交注册信息。其代码如下。

```
private void btnOk_Click(object sender, EventArgs e)
{
    //检查是否输入姓名信息
    if (txtName.Text.Trim() == "")
    {
        MessageBox.Show("请输入姓名", "操作提示",
            MessageBoxButtons.OK, MessageBoxIcon.Information);
        txtName.Focus();
        return;
    }
    //校验两次输入密码是否一致
    if (txtPassword.Text.Trim() == txtComfirmPassword.Text.Trim())
    {
        string strStudentUser = string.Empty;
        strStudentUser = "姓名: " + txtName.Text.Trim() + "\n";

        //取得现在时间,包含年月日时分秒等信息
```

```
DateTime dtNow = DateTime.Now;
//取得现在时间中的年份信息
int nNowYear = dtNow.Year;
//取得 DatetimePicker 控件中选中信息所包含的年份
int nBirthdayYear = dtpBirthday.Value.Year;
//取得注册学生的年龄
int nAge = nNowYear - nBirthdayYear;
strStudentUser = strStudentUser + "年龄: " + nAge.ToString() + "\n";

strStudentUser = strStudentUser + "所在学院: " + cmbCollege.Text + "\n";

strStudentUser = strStudentUser + "所在专业: " + txtMajor.Text + "\n";

strStudentUser = strStudentUser + "所在班级: " + txtClass.Text + "\n";

strStudentUser = strStudentUser + "幸运数字: " + txtLuckyNumber.Text + "\n";

string strTemp = "";
if (rdoMale.Checked)
{
    strTemp = "性别: " + rdoMale.Text + "\n";
}
if (rdoFemale.Checked)
{
    strTemp = "性别: " + rdoFemale.Text + "\n";
}

string strTemp1 = "";
strTemp1 = "业余爱好: " + (chkMovie.Checked ? "电影 " : "") +
    (chkMusic.Checked ? "音乐 " : "") +
    (chkSport.Checked ? "体育 " : "") + "\n";
strStudentUser = strStudentUser + strTemp + strTemp1;

①  DialogResult result = MessageBox.Show(strStudentUser, "信息确认",
    MessageBoxButtons.OKCancel, MessageBoxIcon.Information,
    MessageBoxDefaultButton.Button1);
if (result == DialogResult.OK)
{
    //清除注册的信息
    txtName.Clear();
    txtPassword.Clear();
    txtComfirmPassword.Clear();
    cmbCollege.Text = "";
    rdoMale.Checked = false;
    rdoFemale.Checked = false;
    chkMovie.Checked = false;
    chkMusic.Checked = false;
```

```
                chkSport.Checked = false;
            }
        }
        else
        {
            MessageBox.Show("两次输入的密码不一致", "操作提示",
                MessageBoxButtons.OK, MessageBoxIcon.Information);
            txtPassword.Text = "";
            txtComfirmPassword.Text = "";
        }
    }
```

注意：程序中有一行标有数字序号①的代码，此行中的 DialogResult 是用于获取或设置一个值，该值在单击按钮时返回到父窗体。其语法为：

```
public virtual DialogResult DialogResult { get; set; }
```

11.4.4　测试和运行

程序运行，输入相应的内容，如图 11-18 所示。单击“确定”按钮后，弹出的对话框如图 11-19 所示。

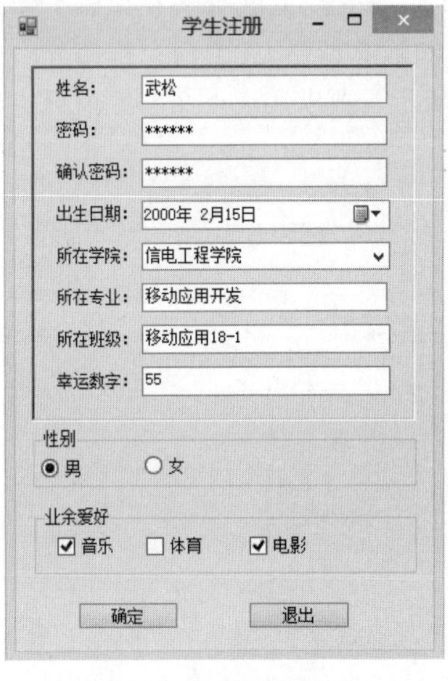

图 11-18　注册学生用户

图 11-19　信息确认

11.5　小结

通过此项目的学习和实践，了解和掌握 Windows 应用程序的部分常用控件，主要探讨控件的属性、方法和事件，通过控件的属性、方法、事件有机结合，编码可以实现需要的项目功能。

11.6 练一练

(1) 实现一个简单计算器的程序。此程序的设计界面如图 11-20 所示，执行结果如图 11-21 所示。

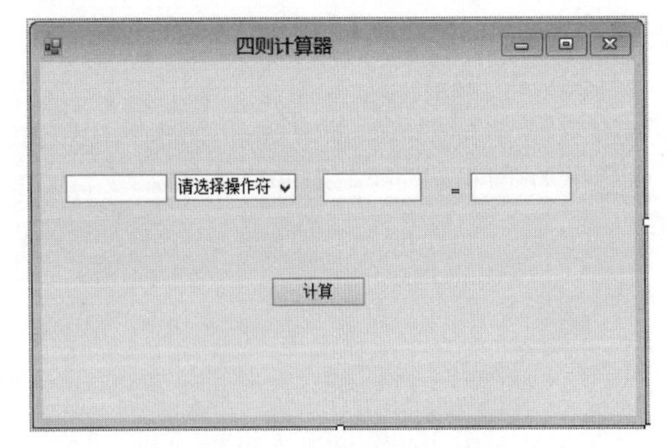

图 11-20　计算器的设计界面

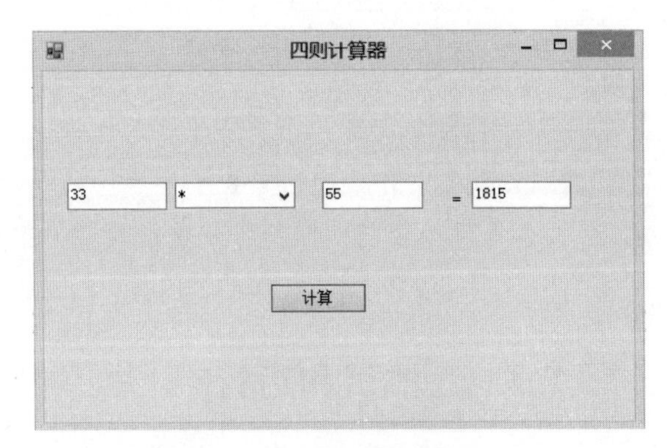

图 11-21　计算器的执行结果

(2) 编写一个程序：输入两个数，并可用命令按钮选择执行加、减、乘、除运算。在窗体上创建两个文本框用于输入数值，三个标签分别用于显示运算符、等号和运算结果，五个命令按钮分别执行加、减、乘、除运算和结束程序运行，程序设计界面如图 11-22 所示。要求实现在文本框中只能输入数字，否则报错。程序执行结果如图 11-23 所示。

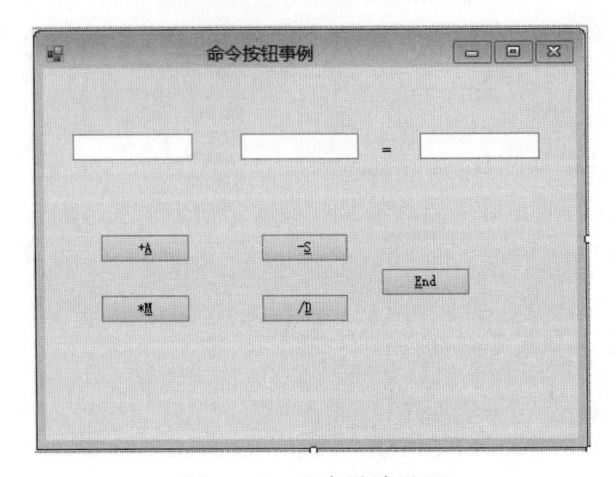

图 11-22　程序设计界面

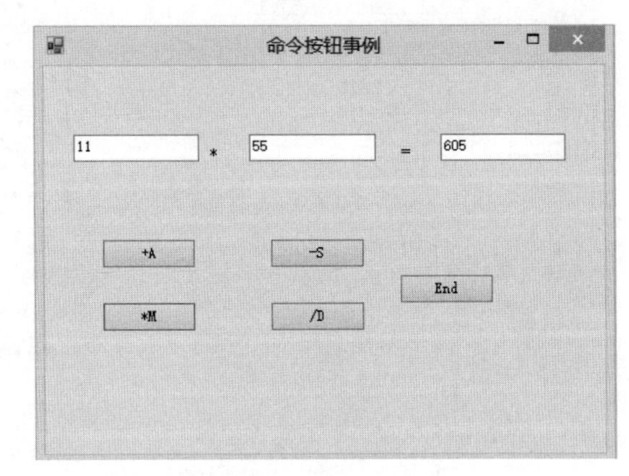

图 11-23　程序的执行结果

(3) 建立一个简单的购物计划，物品单价已列出，用户只需要在购买物品时，选择购买的物品，并单击“确定”按钮，即可显示购物总的价格。在本程序中，采用了如下一些设计技巧。

① 利用窗体初始化来完成初始界面中某些控件属性的设置，这样做比利用属性列表操作更为方便。

② 利用复选框的 Text 属性显示物品名称，利用 Label1～Label4 的 Text 属性，显示各物品价格，利用文本框的 Text 属性，显示所购物品价格。

③ 对于复选框，可以利用其 Checked 属性值或 CheckState 属性值的改变去处理一些问题，在本例中，勾选了的物品才计入累加。

程序的执行结果如图 11-24 所示。

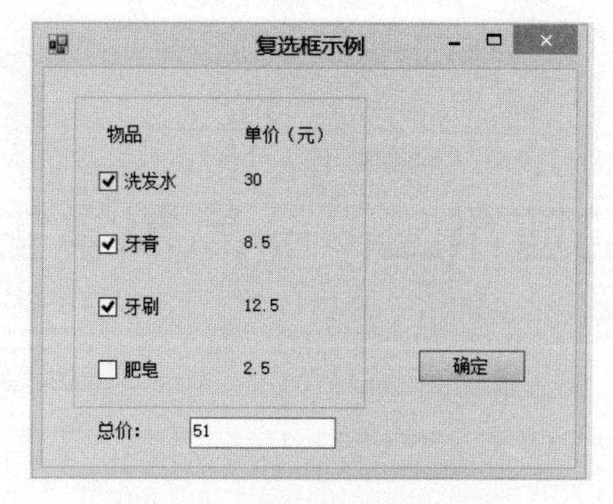

图 11-24　购物计划的执行结果

第12章

常用控件的应用二——简单学生信息管理

在 Windows 应用程序中，除了掌握简单控件的应用之外，还需要掌握一些较为复杂的 Windows 控件和自定义方法，如 ListView 控件、窗体间数据交换方法等。本章项目是基于 Windows 应用程序中复杂的控件和自定义方法，实现简单学生信息管理。通过此项目的实践，读者将学习和掌握 Windows 应用程序中部分复杂控件的应用和窗体间数据交换的方法。

12.1 项目案例功能介绍

在本项目中，将运用 ListView 控件来实现学生信息的管理，即添加、修改、删除学生数据；同时，为体现窗体间数据交换，所以设置三个窗体，分别为 frmStudentInformationManagement 窗体、frmAddInfo 窗体、frmUpdateInfo 窗体。在 frmStudentInformationManagement 窗体中，实现对于学生数据的管理；在 frmAddInfo 窗体中，实现学生数据的添加；在 frmUpdateInfo 窗体中，实现对于学生数据的修改。首先来预览一下项目结果，程序运行结果如图 12-1～图 12-3 所示。

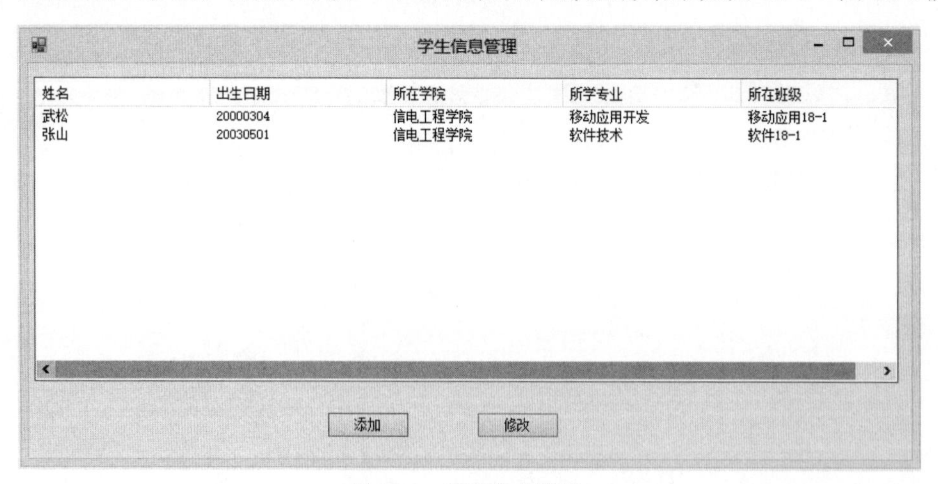

图 12-1 管理学生数据

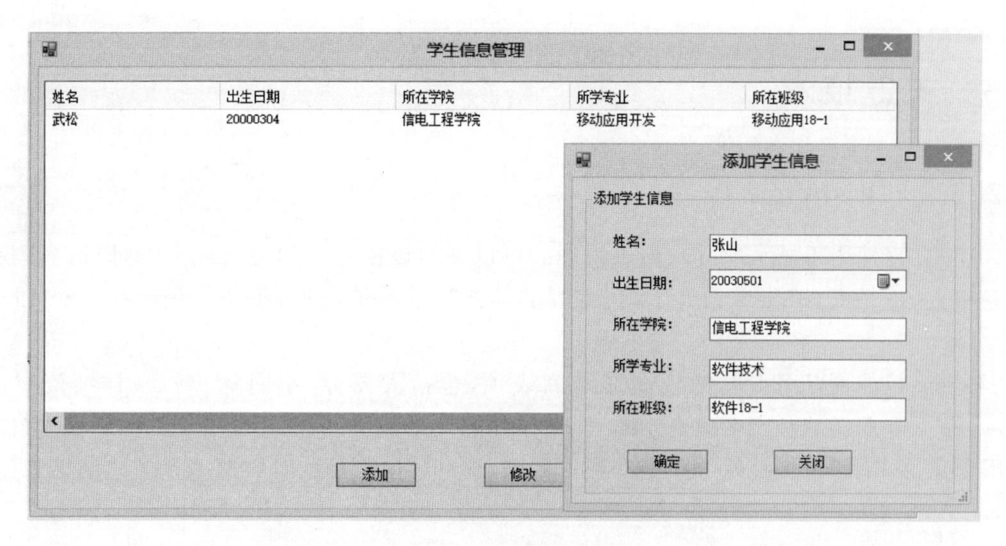

图 12-2 添加学生数据

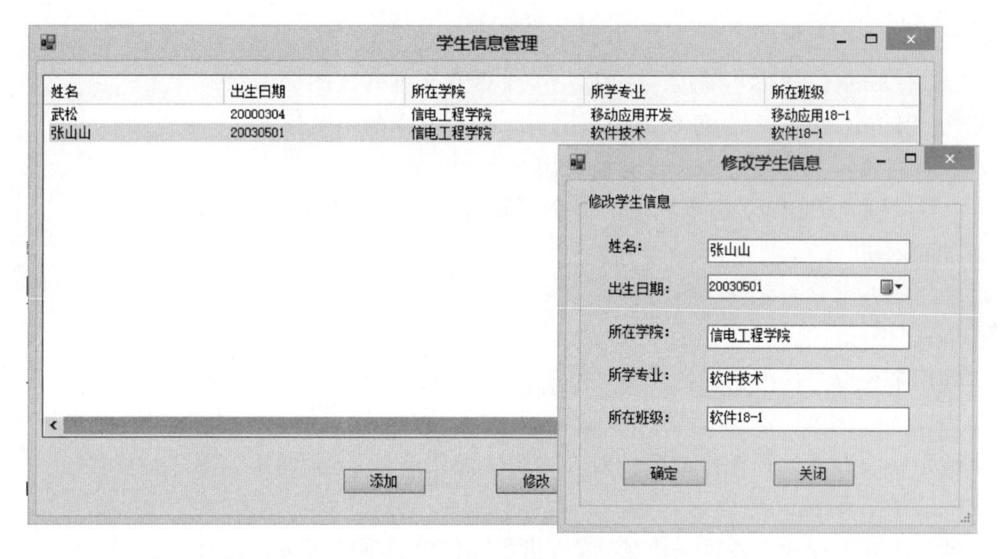

图 12-3 修改学生数据

12.2 项目设计思路

在本项目中,项目设计思路包括以下步骤。

(1) 学生信息管理的功能分析。

(2) 界面实现。

(3) 事件处理和编码,重点在于自定义方法实现窗体间数据交换。

(4) 测试与运行。

12.3 关键技术

12.3.1 ListView 控件

ListView 控件用于显示项目的列表视图。可以利用该控件的相关属性来安排行列、列头、标题、图标和文本。在 ListView 控件中,用列表的形式显示一组数据,每条数据都是一个 ListItem 类型的对象。

ListView 控件可以用不同的视图显示列表项,包括大图标、小图标、列表、详细资料 4 种。Windows 资源管理器的右窗格就是 ListView 控件的典型例子。该控件常与 TreeView 控件一起使用,用于显示 TreeView 控件节点下一层的数据,也可以用于显示对数据库查询的结果和数据库记录等。

1. ListView 控件常用属性

1) View 属性

该属性用来表示数据的显示模式,有以下 4 种选择。

(1) LargeIcons(大图标):每条数据都用一个带有文本的大图标表示。

(2) SmallIcons(小图标):每条数据都用一个带有文本的小图标表示。

(3) List(列表):提供 ListItems 对象视图。

(4) Details(详细列表):每条数据由多个字段组成,每个字段占一列。

2) MultiSelect 属性

该属性用来表示是否允许多行选择。

3) SelectedItems 属性

该属性用来获取控件中选定的项。

4) Alignment 属性

该属性用来获取或设置控件中项的对齐方式。默认值是 Top,即从顶部开始位置。

5) CheckBox 属性

该属性用来获取或设置控件一个值,该值指示控件中各项的旁边是否显示复选框。

6) CheckItems 属性

该属性用来获取控件中当前选中的项。

7) Items 属性

该属性用来获取控件中所有项的集合。

8) Sorting 属性

该属性用来获取或设置控件中的项的排列顺序。

9) LabelEdit 属性

该属性用来获取或设置控件的一个值,该值指示用户是否可以编辑控件中项的标签。

2. ListView 控件常用事件

1) AfterLabelEdit 事件

该事件在用户编辑当前选择的列表项之后发生。

2）BeforeLabelEdit 事件

该事件在用户编辑当前选择的列表项之前发生。

3）SelectedIndexChanged 事件

该事件当列表视图控件中选定的项的索引更改时发生。

4）Click 事件

该事件在用户用鼠标单击该控件时发生。

5）DoubleClick 事件

该事件在用户用鼠标双击该控件时发生。

12.3.2　在窗体间实现数据交换

通常，Windows 窗体之间会发生数据交互，主窗体需要将数据传递到弹出窗体，有时弹出窗体修改数据后需要把新数据返回主窗体。弹出窗体和父窗体之间的数据交互，通常采用以下 3 种方式之一。

（1）属性：弹出窗体通过读写属性将数据传递到父窗体，接收父窗体数据。

（2）方法：弹出窗体通过构造函数或方法将数据传递到父窗体，接收父窗体数据。

（3）事件：弹出窗体通过事件的方式通知父窗体有数据需要进行交互。

1. 通过在弹出窗体中添加相应的读写属性实现窗体之间的数据交互

具体步骤通过例 12-1 进行介绍。

视频讲解

【例 12-1】 在一个项目中创建两个窗体：frmLogin 用于实现登录，frmWelcome 用于显示欢迎信息。显然，这两个窗体之间要有数据的交互。在此通过 frmWelcome 中的读写属性来实现。

（1）设计窗体。在 frmLogin 窗体中，主要添加两个文本框和两个按钮，两个文本框是 txtStuNo 和 txtName，两个按钮是 btnLogin 和 btnExit。在 frmWelcome 窗体中，主要添加一个标签 lblWelcome。

（2）在 frmWelcome 中添加“姓名”的读写属性。具体代码如下。

```
private string _strName;
//姓名属性
public string strName
{
    get
    {
        return this._strName;
    }
    set
    {
         this._strName = value;
    }
}
```

（3）在 frmLogin 中的“登录”按钮的 Click 事件中，添加如下代码。

```
private void btnLogin_Click(object sender, EventArgs e)
{
     frmWelcome frmwelcome = new frmWelcome();
```

```
        frmwelcome.strName = this.txtName.Text.ToString();     //实现窗体间的数据传递
        frmwelcome.Show();
    }
```

(4) 在 frmWelcome 中的窗体 Load 事件中,添加如下代码。

```
private void frmWelcome_Load(object sender, EventArgs e)
{
    this.lblWelcome.Text = "欢迎你" + this.strName + "同学!";
}
```

程序运行结果如图 12-4 和图 12-5 所示。

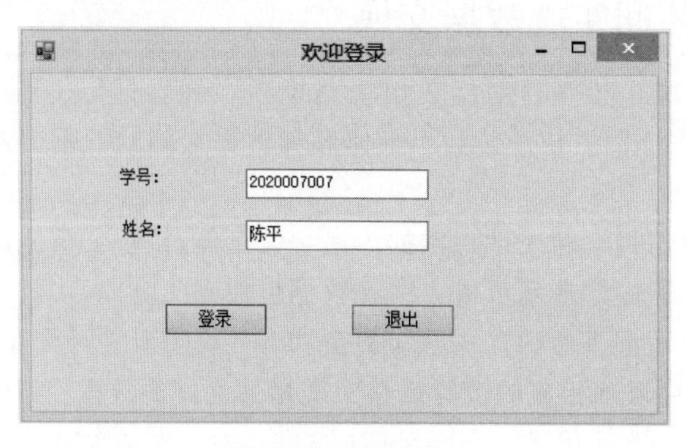

图 12-4　登录界面

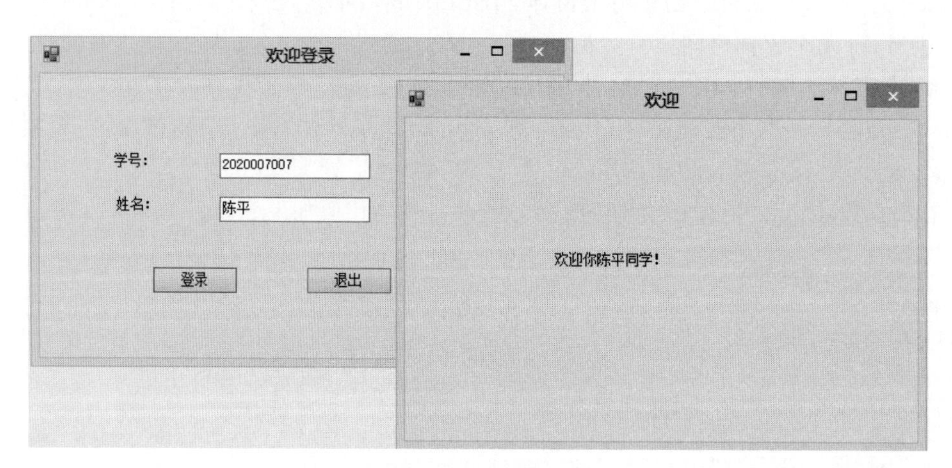

图 12-5　欢迎界面

提示:在本例的基础上,进一步深化其功能。例如,如何实现在 frmWelcome 上显示学号,请读者自行完成。

2. 通过窗体构造函数实现窗体之间的数据交互

通过在弹出窗体中重载弹出窗体的构造函数来实现窗体之间的数据交互。具体步骤通过例 12-2 进行介绍。

视频讲解

【例 12-2】 在一个项目中创建两个窗体:frmLogin 用于实现登录,frmWelcome 用于显示欢迎信息。显然,这两个窗体之间要有数据的交互。在此通过 frmWelcome 中的重载构造函数来实现。

(1) 设计窗体，此过程较简单，略过。

(2) 在 frmWelcome 中重载窗体的构造函数。具体代码如下。

```
public frmWelcome(string strName)
{
    InitializeComponent();
    this.lblWelcome.Text = "欢迎你," + strName + "同学!";
}
```

(3) 在 frmLogin 中的“登录”按钮的 Click 事件中，添加如下代码。

```
private void btnLogin_Click(object sender, EventArgs e)
{
    string strStuName = this.txtName.Text;
    //通过窗体的构造函数实现窗体间的数据传递
    frmWelcome frmwelcome = new frmWelcome(strStuName);
    frmwelcome.Show();
}
```

程序运行结果如图 12-6 和图 12-7 所示。

图 12-6　登录界面

图 12-7　欢迎界面

视频讲解

12.4 项目实践

12.4.1 学生信息管理的功能分析

一般地，简单的学生信息管理内容包括姓名、出生日期、所在学院、所学专业、所在班级等。

为了体现窗体之间的数据交换，在此项目中设置三个窗体，分别为 frmStudentInformationManagement 窗体、frmAddInfo 窗体、frmUpdateInfo 窗体。实现添加、修改、删除学生数据的功能。在 frmStudentInformationManagement 窗体中，实现对于学生数据的管理；在 frmAddInfo 窗体中，实现学生数据的添加；在 frmUpdateInfo 窗体中，实现对于学生数据的修改。同时，为了便捷、明了地实现数据管理，需要综合使用各种控件。例如，姓名、所在学院、所在专业、所在班级等信息通过文本框实现录入；出生日期信息通过使用 DateTimePicker 控件实现录入。

12.4.2 界面实现

具体步骤如下。

(1) 创建如图 12-8 所示的窗体 frmStudentInformationManagement。

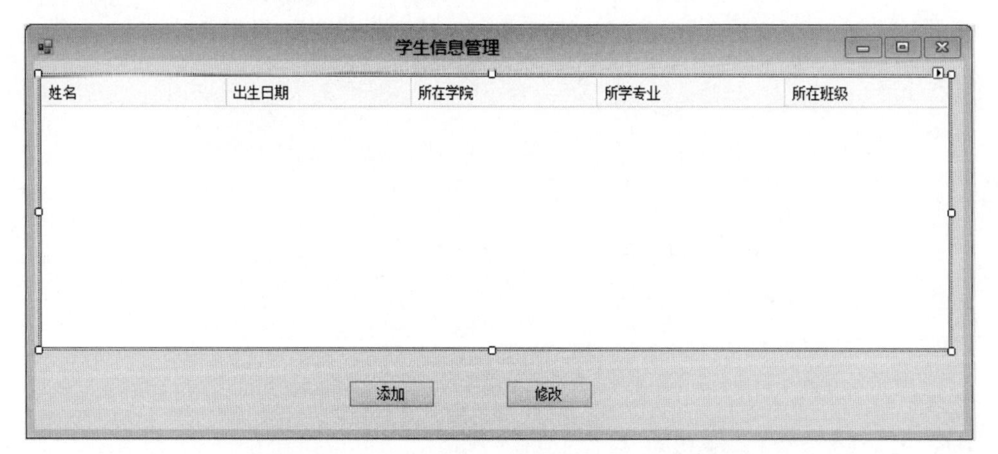

图 12-8 frmStudentInformationManagement 窗体

(2) 设置 frmStudentInformationManagement 窗体的各个控件的属性，如表 12-1 所示。

表 12-1 frmStudentInformationManagement 窗体的控件属性设置

对象类型	对象 Name	主要属性设置	用途
	frmStudentInformationManagement	Text 设置为"欢迎"	应用程序的主窗体
ListView	lvStudentInfor	Columns	通过 ColumnsHeader 集合编辑器，实现列标题的设置
		FullRowSelect	设置为"True"，设置是否行选择模式（默认为 False），提示：只有在 Details 视图中该属性才有意义
		View	设置为"Details"

续表

对象类型	对象 Name	主要属性设置	用　途
Button	btnAdd	Text 设置为“添加”	单击该按钮后，实现在其他窗体中对于学生数据的添加
	btnUpdate	Text 设置为“修改”	单击该按钮后，实现在其他窗体中对于学生数据的修改

(3) 创建如图 12-9 所示的窗体 frmAddInfo，用于实现对学生数据的添加。

在 frmAddInfo 窗体中，需注意对于 btnAdd 按钮的 DialogResult 属性的设置，设置此属性为“OK”。

(4) 创建如图 12-10 所示的窗体 frmUpdateInfo，用于实现对学生数据的修改。

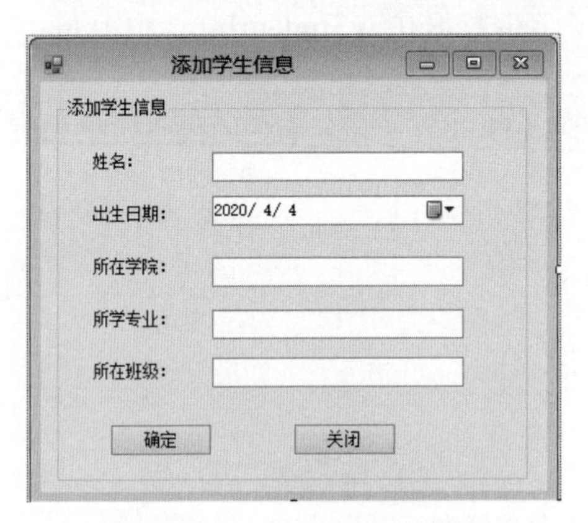

图 12-9　frmAddInfo 窗体

图 12-10　frmUpdateInfo 窗体

在 frmUpdateInfo 窗体中，需注意对于 btnAdd 按钮的 DialogResult 属性的设置，设置此属性为“OK”。

12.4.3　事件处理和编码实现

1. frmStudentInformationManagement 窗体的事件处理和编码实现

(1) frmStudentInformationManagement 窗体的 btnAdd_Click 事件的代码实现如下。

```
private void btnAdd_Click(object sender, EventArgs e)
{
        frmAddInfo frmAdd = new frmAddInfo();
        //显示添加学生信息窗体
        frmAdd.ShowDialog();
        //接下来运行的是 frmAddInfo 的代码，等到此窗体关闭的时候返回来
        //如果单击“确定”按钮(此“确定”按钮的 DialogResult 属性设置为 OK)
       //则实现对学生信息的添加操作
       if (frmAdd.DialogResult == DialogResult.OK)
       {
            if (frmAdd.strName == "" || frmAdd.strBirthday == "" ||
              frmAdd.strCollege == "" || frmAdd.strMajor == "" || frmAdd.strClass == "")
              {
```

```
                    MessageBox.Show("请输入完整的学生信息");
                    return;
                }
                else
                {
                    int itemNumber = this.lvStudentInfor.Items.Count;

                    string[] subItem = { frmAdd.strName,frmAdd.strBirthday,frmAdd.strCollege,
                                         frmAdd.strMajor,frmAdd.strClass };
                    this.lvStudentInfor.Items.Insert(itemNumber, new ListViewItem(subItem));
                }
            }
        }
```

在此段代码中，通过字符串数组 subItem 实现了学生数据在 lvStudentInfor 中 Items 项的添加数据的功能。

(2) frmStudentInformationManagement 窗体的 btnUpdate_Click 事件的代码实现如下。

```
private void btnUpdate_Click(object sender, EventArgs e)
{
    if (this.lvStudentInfor.SelectedItems.Count == 0)
    {
        MessageBox.Show("请选择需选择的学生信息");
        return;
    }
    string str;
    //通过获取 lvStudentInfor 中选定项,实现对选定数据的修改
    str = this.lvStudentInfor.SelectedItems[0].Text;
    if (str != "")
    {
        string strName = this.lvStudentInfor.SelectedItems[0].Text;
        string strBirthday = this.lvStudentInfor.SelectedItems[0].SubItems[1].Text;
        string strCollege = this.lvStudentInfor.SelectedItems[0].SubItems[2].Text;
        string strMajor = this.lvStudentInfor.SelectedItems[0].SubItems[3].Text;
        string strClass = this.lvStudentInfor.SelectedItems[0].SubItems[4].Text;

        frmUpdateInfo frmUpdate = new frmUpdateInfo(strName, strBirthday, strCollege,
                strMajor, strClass);
        //显示添加学生信息窗体
        frmUpdate.ShowDialog();
        //接下来运行的是 frmAddInfo 的代码,等到此窗体关闭的时候返回来
        //如果单击"确定"按钮(此"确定"按钮的 DialogResult 属性设置为 OK)
        //则实现对学生信息的添加操作
        if (frmUpdate.DialogResult == DialogResult.OK)
        {
            if (frmUpdate.strName == "" || frmUpdate.strBirthday == "" ||
                frmUpdate.strCollege == "" || frmUpdate.strMajor == "" || frmUpdate.strClass == "")
            {
                MessageBox.Show("请输入完整的学生信息");
                return;
```

```
                }
                else
                {
                    this.lvStudentInfor.SelectedItems[0].Remove();

                    int itemNumber = this.lvStudentInfor.Items.Count;
                    string[] subItem = { frmUpdate.strName,frmUpdate.strBirthday,frmUpdate.strCollege,
                    frmUpdate.strMajor,frmUpdate.strClass };
                    this.lvStudentInfor.Items.Insert(itemNumber, new ListViewItem(subItem));
                }
            }
        }
}
```

2. frmAddInfo 窗体的事件处理和编码实现

frmAddInfo 窗体的实现代码如下。

```
using System;
using System.Windows.Forms;

namespace StudentInforamtionManagement
{
    public partial class frmAddInfo : Form
    {
        public frmAddInfo()
        {
            InitializeComponent();
        }

        //姓名字段
        private string _strName;
        //姓名属性
        public string strName
        {
            get
            {
                return _strName;
            }
            set
            {
                this._strName = value;
            }
        }

        //出生日期字段
        private string _strBirthday;
        //出生日期属性
        public string strBirthday
        {
            get
            {
```

```
            return _strBirthday;
        }
        set
        {
            this._strBirthday = value;
        }
    }

    //所在学院字段
    private string _strCollege;
    //所在学院属性
    public string strCollege
    {
        get
        {
            return _strCollege;
        }
        set
        {
            this._strCollege = value;
        }
    }

    //所学专业字段
    private string _strMajor;
    //所学专业属性
    public string strMajor
    {
        get
        {
            return _strMajor;
        }
        set
        {
            this._strMajor = value;
        }
    }

    //所在班级字段
    private string _strClass;
    //所在班级属性
    public string strClass
    {
        get
        {
            return _strClass;
        }
        set
        {
            this._strClass = value;
        }
```

```
        }

        private void btnAdd_Click(object sender, EventArgs e)
        {
            if (this.txtName.Text == "" || this.txtCollege.Text == "" ||
                this.txtMajor.Text == "" || this.txtClass.Text == "")
            {

                MessageBox.Show("请输入完整的学生信息!");
            }
            else
            {
                this.strName = this.txtName.Text;
                this.strBirthday = this.dtpBrithday.Text;  //.Value.ToShortDateString();
                this.strCollege = this.txtCollege.Text;
                this.strMajor = this.txtMajor.Text;
                this._strClass = this.txtClass.Text;

            }
        }

        private void frmAddInfo_Load(object sender, EventArgs e)
        {
            //有两个属性需要设置:
            //1.选择 DatetimePicker 的 Format 属性为"Custom"
            //2.在 DateTimePicker 的 CustomeFormat 属性中填写: yyyyMMdd

            this.dtpBrithday.Format = DateTimePickerFormat.Custom;
            this.dtpBrithday.CustomFormat = "yyyyMMdd";

        }

        private void btnExit_Click(object sender, EventArgs e)
        {
            this.Close();
        }
    }
}
```

在上述代码中,需要注意以下两点。

(1) 通过设置 Public 访问权限的属性 strName、strBirthday、strCollege、strMajor、strClass 实现对于 5 个学生数据项的访问,达到在窗体间实现数据交换。

(2) 对于 DateTimePicker 的属性设置,需要注意: DatetimePicker 的 Format 属性为"Custom"; CustomeFormat 属性中填写: yyyyMMdd,从而实现 4 位年数 2 位月数 2 位天数的目标。

3. frmUpdateInfo 窗体的事件处理和编码实现

```
using System;
```

```
using System.Windows.Forms;

namespace StudentInforamtionManagement
{
    public partial class frmUpdateInfo : Form
    {
        public frmUpdateInfo()
        {
            InitializeComponent();
        }

        //姓名字段
        private string _strName;
        //姓名属性
        public string strName
        {
            get
            {
                return _strName;
            }
            set
            {
                this._strName = value;
            }
        }

        //出生日期字段
        private string _strBirthday;
        //出生日期属性
        public string strBirthday
        {
            get
            {
                return _strBirthday;
            }
            set
            {
                this._strBirthday = value;
            }
        }

        //所在学院字段
        private string _strCollege;
        //所在学院属性
        public string strCollege
        {
            get
            {
                return _strCollege;
            }
            set
```

```
            {
                this._strCollege = value;
            }
        }

        //所学专业字段
        private string _strMajor;
        //所学专业属性
        public string strMajor
        {
            get
            {
                return _strMajor;
            }
            set
            {
                this._strMajor = value;
            }
        }

        //所在班级字段
        private string _strClass;
        //所在班级属性
        public string strClass
        {
            get
            {
                return _strClass;
            }
            set
            {
                this._strClass = value;
            }
        }

        public frmUpdateInfo(string strName1, string strBirthday1, string strCollege1,
            string strMajor1, string strClass1)
        {
            InitializeComponent();
            this.txtName.Text = strName1;
            DateTime dt = DateTime.ParseExact(strBirthday1, "yyyyMMdd", Thread.CurrentThread.
CurrentCulture);
            this.dtpBrithday.Value = dt;
            this.txtCollege.Text = strCollege1;
            this.txtMajor.Text = strMajor1;
            this.txtClass.Text = strClass1;
        }
        private void frmUpdateInfo_Load(object sender, EventArgs e)
        {
            //有两个属性需要设置:
            //1.选择 DatetimePicker 的 Format 属性为"Custom"
```

```
            //2.在 DateTimePicker 的 CustomeFormat 属性中填写：yyyyMMdd
            this.dtpBrithday.Format = DateTimePickerFormat.Custom;
            this.dtpBrithday.CustomFormat = "yyyyMMdd";
        }

        private void btnUpdate_Click(object sender, EventArgs e)
        {
            if (this.txtName.Text == "" || this.txtCollege.Text == "" ||
                this.txtMajor.Text == "" || this.txtClass.Text == "")
            {

                MessageBox.Show("请输入完整的学生信息!");
            }
            else
            {
                this.strName = this.txtName.Text;
                this.strBirthday = this.dtpBrithday.Text;
                this.strCollege = this.txtCollege.Text;
                this.strMajor = this.txtMajor.Text;
                this._strClass = this.txtClass.Text;

            }
        }

        private void btnExit_Click(object sender, EventArgs e)
        {
            this.Close();
        }
    }
}
```

12.5 小结

通过此项目的学习和实践，了解和掌握 Windows 应用程序的 ListView、DateTimePicker 等控件和自定义方法实现，主要探讨 ListView、DateTimePicker 等控件的属性、方法和事件和窗体间数据交换实现方法，通过窗体及控件的属性、方法、事件和自定义数据交换方法的有机结合，编码可以实现需要的项目功能。

12.6 练一练

自行设计和编码实现本章中项目。

第13章

模态对话框的应用——学生爱好调查

Windows 窗体和控件是开发 C#可视化应用程序的基础；但要进一步深入 C#可视化编程，必须掌握 Windows 窗体管理的方法和技术。通常可以将 Windows 窗体应用程序分为三类：基于单文档界面(SDI)应用程序、多文档界面(MDI)应用程序和基于对话框的应用程序。

SDI 应用程序中所有窗体都是平等的，窗体之间不存在层次关系；MDI 应用程序包含一个父窗体(也称为容器窗体)以及一个或多个子窗体；父窗体和子窗体之间存在层次关系。对话框是 Windows 应用程序中重要的用户界面元素之一，是与用户交互的重要手段；在程序运行过程中，对话框可用于捕捉用户的输入信息或数据；Windows 主要有三种对话框：模态对话框、非模态对话框和通用对话框。

13.1 项目案例功能介绍

在本项目中，通过使用模态对话框实现学生爱好调查的功能。通过此项目的学习和实践，读者将掌握模态对话框的运用，进一步掌握窗体之间的数据交互方法。要求：通过单击主窗体上的"调查"按钮，弹出一个"学生爱好调查"的模态对话框，然后在模态对话框上选择相应的选项，把调查的结果反馈到主窗体上，如图 13-1 所示。

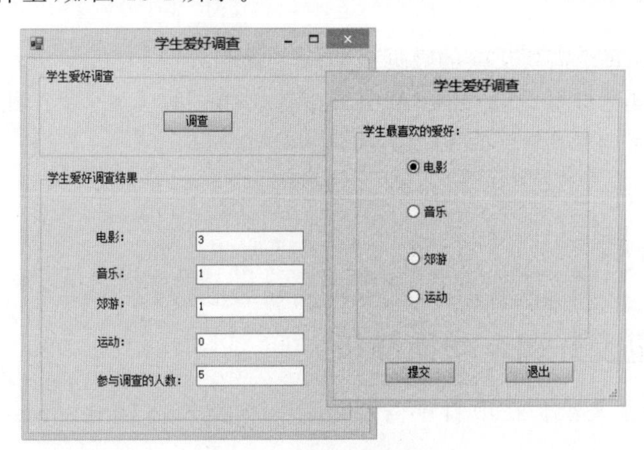

图 13-1 学生爱好调查

13.2 项目设计思路

在本项目中，项目设计思路包括以下步骤。

(1) 学生爱好调查功能分析。

(2) 设计父窗体、模态对话框。

(3) 实现对话框自身功能。

(4) 实现对话框的数据访问。

(5) 显示对话框。

(6) 测试与运行。

13.3 关键技术

13.3.1 模态对话框

所谓“模态对话框”，就是指当一个对话框弹出的时候，用户必须在对话框中做出相应的操作，在退出对话框之前，对话框所在的应用程序不能继续执行；此时，鼠标不能够单击对话框以外的区域。

一般情况下，模态对话框会有“确定”(OK)和“取消”(Cancel)按钮。单击“确定”按钮，系统认定用户在对话框中的选择或输入有效，对话框退出；单击“取消”按钮，对话框中的选择或输入无效，对话框退出，程序恢复原有状态。

模态对话框的应用范围较广，平常所见到的大多数对话框都是模态对话框。模态对话框通常不会总是出现在屏幕上，往往是在用户进行了某些操作以后才出现的。经常见到的模态对话框例子，是 Microsoft Word 中进行字数统计的对话框。

13.3.2 父窗体与对话框的数据访问

模态对话框主要用来获取用户输入的数据，有时也需要显示这些数据的当前值。因此对话框和父窗体的“数据交换”通常是双向的。在 C# 的 Windows 应用程序中，根据不同的需要，实现父窗体与对话框交换数据的方法通常有以下两种。

(1) 定义一个类，其中包括需要与对话框进行交换的数据；并且，在对话框类中声明类型为这个类的属性。

(2) 在对话框中为每个需要交换的数据声明一个属性。

为了体现程序的规范性和严谨性，在本项目中选用第一种方法，第二种方法请学生课后自行完成。

视频讲解

13.4 项目实践

13.4.1 学生爱好调查功能分析

此项目的功能并不复杂。在项目中需要设计一个父窗体(frmSurvey)和一个模态对话框

(frmModalDialog)。关键问题是如何实现父窗体和模态对话框的数据交换。

13.4.2　设计父窗体、模态对话框

具体步骤如下。

(1) 设计 frmSurvey 窗体。

创建一个新项目,命名为 HobbySurvey。在项目中,把默认添加的窗体命名为 frmSurvey。在窗体上添加两个 GroupBox 控件、一个 Button 控件(btnSurvey)、五个 Label 控件和五个 TextBox(txtFilm、txtMusic、txtOuting、txtFunction、txtTotalNum),并适当调整控件和窗体的位置和大小。设计完成的 frmSurvey 窗体如图 13-2 所示。

图 13-2　frmSurvey 窗体布局

(2) 设计 frmModalDialog 模态对话框。

在项目中添加一个新窗体,该窗体命名为 frmModalDialog,这个窗体就是将用到的模态对话框。在此,首先设置对话框的属性如表 13-1 所示。

表 13-1　对话框属性设置

属性名称	属　性　值	作　　用
MinimizeBox	False	去掉"最小化"按钮
MaximizeBox	False	去掉"最大化"按钮
ControlBox	False	去掉"关闭"按钮
FormBoderStyle	FixedDialog	不能用鼠标改变模态对话框的大小
ShowInTaskBar	False	模态对话框不在任务栏上被显示

然后,在模态对话框上添加控件,需要添加两个 Buttton、一个 GroupBox 和四个 RadioButton 控件。控件设置如表 13-2 所示。

表 13-2　窗体和控件属性

对象类型	对象 Name	主要属性设置	用　　途
GroupBox	groupBox1	Text 设置为"学生最喜欢的爱好:"	提示
RadioButton	rdtFilm	Text 设置为"电影"	选择电影
	rdtMusic	Text 设置为"音乐"	选择音乐
	rdtOuting	Text 设置为"郊游"	选择郊游
	rdtFunction	Text 设置为"运动"	选择运动
Button	btnOk	Text 设置为"提交"	提交
	btnExit	Text 设置为"退出"	退出

最终，完成属性设置和添加控件后的 frmModalDialog 模态对话框如图 13-3 所示。

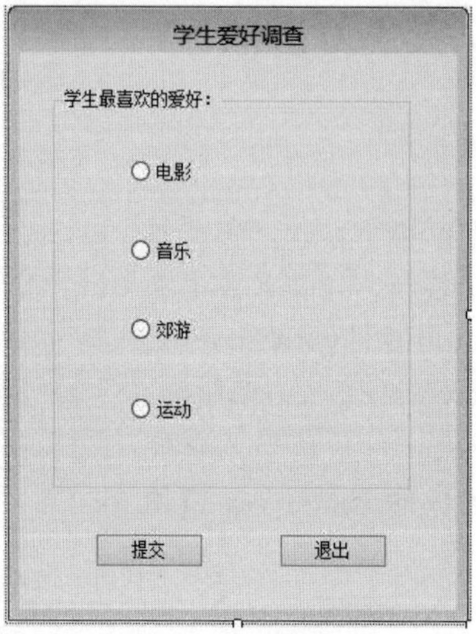

图 13-3　完成属性设置和添加控件的对话框

13.4.3　实现对话框自身功能

对于对话框而言，它的操作和选择可以保存在这个对话框类的某些字段里，通过属性关联字段的方式来访问。

在此需要添加四个字段，一个用于存放"电影"的信息，一个用于存放"音乐"的信息，一个用于存放"郊游"的信息，一个用于存放"运动"的信息。另外，只添加了字段还不够，还需要添加事件处理方法来设置字段。步骤如下。

(1) 添加存放标题和颜色设置信息的字段。

在 frmModalDialog.cs 文件中，添加如下代码。

```
//喜欢电影的字段
private int nFilm = 0;
//喜欢音乐的字段
private int nMusic = 0;
//喜欢郊游的字段
private int nOuting = 0;
//喜欢运动的字段
private int nFunction = 0;
```

(2) 当用户选择爱好时，设置四个爱好相关联的值，因此添加以下事件的代码。

```
private void rdtFilm_CheckedChanged(object sender, EventArgs e)
{
    if (this.rdtFilm.Checked == true)
    {
        this.nFilm = 1;
    }
    else
    {
```

```
            this.nFilm = 0;
        }
    }
    private void rdtMusic_CheckedChanged(object sender, EventArgs e)
    {
        if (this.rdtMusic.Checked == true)
        {
            this.nMusic = 1;
        }
        else
        {
            this.nMusic = 0;
        }
    }

    private void rdtOuting_CheckedChanged(object sender, EventArgs e)
    {
        if (this.rdtOuting.Checked == true)
        {
            this.nOuting = 1;
        }
        else
        {
            this.nOuting = 0;
        }
    }


    private void rdtFunction_CheckedChanged(object sender, EventArgs e)
    {
        if (this.rdtFunction.Checked == true)
        {
            this.nFunction = 1;
        }
        else
        {
            this.nFunction = 0;
        }
    }
```

(3) 设置对话框关闭的方式。“提交”按钮的 DialogResult 属性设置成 OK；“取消”按钮设置成 Cancel。

13.4.4　实现对话框的数据访问功能

在本项目中，模态对话框和父窗体的“数据交换”是双向的。在程序中，采用定义一个类来实现父窗体和对话框交换数据。在该类中包括需要和对话框交换的数据，并且，在对话框类中声明类型为这个类的属性。实现步骤如下。

(1) 添加一个新类，可以单击“项目”→“添加类”命令。新添加的类的名称为 DataExchange，其对应生成的文件为 DataExchange. cs。

(2) 在 DataExchange 类中,添加四个 int 类型字段,分别对应于四个爱好。

(3) 在 DataExchange 类中,为添加的四个字段添加相应的属性。

DataExchange. cs 的完整代码如下。

```
public class DataExchange
{
    //对应喜欢电影
    private int nFilm = 0;
    public int dataFilm
    {
        get
        {
            return this.nFilm;
        }
        set
        {
            this.nFilm = value;
        }
    }
    //对应喜欢音乐
    private int nMusic = 0;
    public int dataMusic
    {
        get
        {
            return this.nMusic;
        }
        set
        {
            this.nMusic = value;
        }
    }
    //对应喜欢郊游
    private int nOuting = 0;
    public int dataOuting
    {
        get
        {
            return this.nOuting;
        }
        set
        {
            this.nOuting = value;
        }
    }
    //对应喜欢运动
    private int nFunction = 0;
    public int dataFunction
    {
```

```
        get
        {
            return this.nFunction;
        }
        set
        {
            this.nFunction = value;
        }
    }
}
```

(4) 在模态对话框类(frmModalDialog.cs)中,为 DataExchange 类添加了属性,通过此属性实现对话框与父窗体之间的通信。这个属性的名称可以命名为 ExchangeData,类型为 DataExchange,代码如下。

```
public DataExchange ExchangeData
{
    get
    {
        DataExchange de = new DataExchange();
        de.dataFilm = this.nFilm;
        de.dataMusic = this.nMusic;
        de.dataOuting = this.nOuting;
        de.dataFunction = this.nFunction;
        return de;
    }
    set
    {
        DataExchange de = new DataExchange();
        de.dataFilm = this.nFilm;
        de.dataMusic = this.nMusic;
        de.dataOuting = this.nOuting;
        de.dataFunction = this.nFunction;
    }
}
```

13.4.5　显示对话框

到此,对话框的相应任务已经完成了。下面需要把这个模态对话框显示出来。在此,可以用一个调查按钮的单击事件来完成市场调查功能。步骤如下。

(1) 在 frmSurvey.cs 中,添加五个静态的 int 类型字段,用于实现统计四种认可度和统计总数。其代码如下。

```
static int nTemp1;
static int nTemp2;
static int nTemp3;
static int nTemp4;
static int nTotal;
```

(2) 编写"调查"按钮的 Click 事件的处理方法,其代码如下。

```
private void btnSurvey_Click(object sender, EventArgs e)
{
    //生成模态对话框对象
    frmModalDialog modalDialog = new frmModalDialog();
    //显示模态对话框
    modalDialog.ShowDialog();
    //下面运行 ModalDialog.cs 的代码,等到对话框关闭时返回
    //如果单击对话框的"提交"按钮,则进行统计
    if (modalDialog.DialogResult == DialogResult.OK)
    {
        //统计参与调查的总人数
        nTotal = nTotal + 1;
        this.txtTotalNum.Text = Convert.ToString(nTotal);
        //统计喜欢电影的人数
        if (modalDialog.ExchangeData.dataFilm > 0)
        {
            nTemp1 = nTemp1 + 1;
        }
        this.txtFilm.Text = Convert.ToString(nTemp1);
        //统计喜欢音乐的人数
        if (modalDialog.ExchangeData.dataMusic > 0)
        {
            nTemp2 = nTemp2 + 1;
        }
        this.txtMusic.Text = Convert.ToString(nTemp2);
        //统计喜欢郊游的人数
        if (modalDialog.ExchangeData.dataOuting > 0)
        {
            nTemp3 = nTemp3 + 1;
        }
        this.txtOuting.Text = Convert.ToString(nTemp3);
        //统计喜欢运动的人数
        if (modalDialog.ExchangeData.dataFunction > 0)
        {
            nTemp4 = nTemp4 + 1;
        }
        this.txtFunction.Text = Convert.ToString(nTemp4);
    }
}
```

13.4.6 测试与运行

程序运行结果如图 13-1 所示。

13.5 小结

通过此项目的学习和实践，用模态对话框实现学生爱好调查的功能，读者主要理解和掌握模态对话框的运用，进一步掌握窗体之间的数据交互方法。

13.6 练一练

创建一个使用模态对话框的项目，实现对于某个品牌的认可度的调查。要求：通过单击主窗体上的“调查”按钮，弹出一个“品牌认可度调查”的模态对话框，然后在模态对话框上选择相应的选项，把调查的结果显示到主窗体上。

第14章 数据库操作技术——学生管理信息系统

本章的项目是通过ADO.NET和数据库技术的综合运用，实现一个简单的学生管理信息系统。该项目的数据库后台采用SQL Server 2008，而前台采用C#进行编程。通过此项目的学习和实践，读者将理解和掌握如何通过ADO.NET技术进行数据库操作，并对于管理信息系统(Management Information System，MIS)的开发流程有一个粗略的认识和理解。

14.1 项目案例功能介绍

项目是对于ADO.NET、C#和SQL Server 2008的综合运用，实现一个简单的学生管理信息系统，实现学生管理记录的添加(相同记录不能添加)、修改、删除。

14.2 项目设计思路

对于一个MIS系统的开发，通常其流程为：需求分析、系统设计、数据库设计、界面实现及编程实现等。鉴于我们要实现的项目功能比较简单，有些步骤并不体现出来。在此项目中，大致的步骤分为：

(1) 数据库设计。

(2) 建立项目。

(3) 界面设计和编程实现。

程序运行的结果如图14-1～图14-3所示。

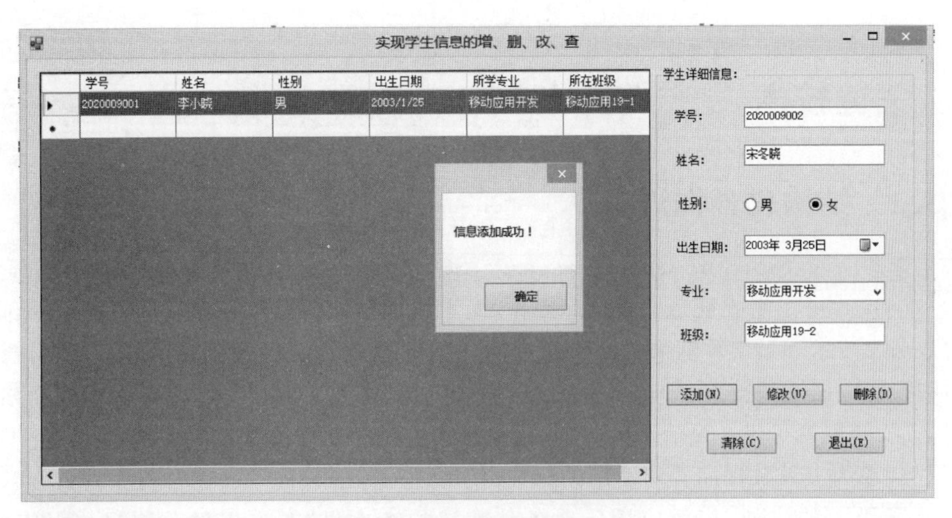

图 14-1　添加记录

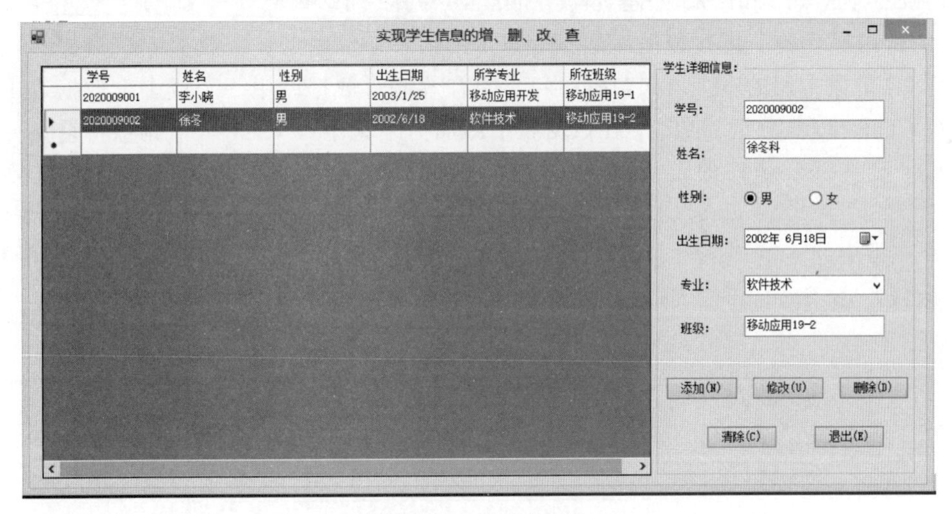

图 14-2　修改记录

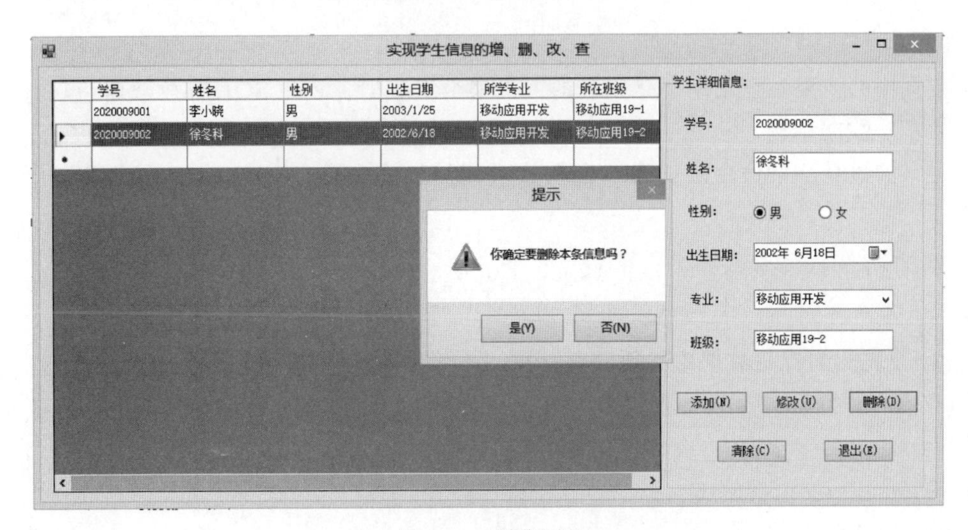

图 14-3　删除记录

14.3 关键技术

14.3.1 结构化查询语言

结构化查询语言(Structure Query Language,SQL)是一种专门为关系数据库设计的通用型数据存取语言。SQL可以完成复杂的数据库操作,而不用考虑如何操作物理数据库的底层细节。它用专门的数据库技术和数学算法来提高对数据库访问的速度,因此,通常使用SQL比自己编写过程来访问和操作数据要快得多。同时,SQL是一种非过程语言,易学易用,语句由近似自然语言的英语单词组成,使用者可以通过简洁的SQL指令来建立、查询、修改或控制关系数据库。

SQL已经成为关系数据库普遍使用的标准,使用这种标准数据库语言对程序设计和数据库的维护都带来了极大的方便,广泛应用于对各种数据的查询,同时也提供了创建数据库的方法。Microsoft Access、Microsoft SQL Server、Oracle、MySQL、DB2等都支持SQL。

SQL的常用操作有:建立数据库数据表(CREATE TABLE);从数据库中筛选一个记录集(SELECT),这是最常用的一个语句,功能强大,能有效地对数据库中一个或多个数据表中的数据进行访问,并兼有排序、分组等功能;在数据表中添加一个记录(INSERT);删除符合条件的记录(DELETE);更改符合条件的记录(UPDATE);数据库安全控制;数据库完整性及数据保护控制。

下面介绍常用的SQL命令。为了后面说明方便,假设有一个名为db_StudentInfo的数据库,其中有一个名为tb_Student的表,这个数据表的结构及其内容如表14-1所示。

表14-1 tb_Student表的结构及其内容

SNo	SName	Sex	Birthday	Major	Class
2020009001	李小晓	男	2003-01-25	移动应用开发	移动应用19-1
2020009002	徐冬科	男	2002-06-18	软件技术	软件19-1
…	…	…	…	…	…

1. 创建表

关系数据库的主要特点之一就是用表的方式来组织数据。表是SQL存放数据、查找数据以及更新数据的基本数据结构。

数据定义的最基本的命令是创建一个新关系(新表)的命令。CREATE TABLE命令的语法如下。

```
CREATE TABLE table_name(name_of_attr_1 type_of_attr_1
                        [,name_of_attr_2 type_of_attr_2[, … ]]);
```

注意,创建表的前提是数据库必须已经存在。

【例14-1】 创建tb_Student表。

```
CREATE TABLE [dbo].[tb_Student](
[SNo] [nvarchar](50) NOT NULL,
[SName] [nvarchar](50) NULL,
```

```
[Sex] [nchar](10) NULL,
[Birthday] [date] NULL,
[Major] [nvarchar](50) NULL,
[Class] [nvarchar](50) NULL
)
```

下面就 SQL 中的一些数据类型进行说明。

- INTEGER：有符号全长二进制整数(31 位精度)。
- SMALLINT：有符号半长二进制整数(15 位精度)。
- DECIMAL(p[,q])：有符号的封装了的十进制小数，最多有 p 位数，并假设有 q 位在小数点的右边。如果省略 q，则认为是 0。
- FLOAT：有符号双字节浮点数。
- CHAR(n)：长度为 n 的定长字符串。
- VARCHAR(n)：最大长度为 n 的变长字符串。
- DATE：日历日期，包括年(四位)，月和日。

2. 删除表

要删除表(包括该表存储的所有记录)，使用 DROP TABLE 命令。

```
DROP TABLE   table_name;
```

【例 14-2】 删除 tb_Student 表。

```
DROP TABLE   tb_Student;
```

3. 插入数据

一旦数据表创建完成，就可以用命令 INSERT INTO 向表中插入数据，其语法是：

```
INSERT INTO table_name(name_of_attr_1[, name_of_attr_2[, …]])
                        VALUES(val_attr_1[, val_attr_2[,..]]);
```

【例 14-3】 向 tb_Student 表中插入一个 SNo 为 2020009003，SName 为李娜，Sex 为女，Birthday 为 2002-04-18，Major 为“移动应用开发”，Class 为“移动应用 19-2”的新记录。

```
INSERT INTO tb_Student(SNo, SName, Sex, Birthday, Major, Class) VALUES(2020009003, '李娜', '女', '2002 -
04 - 18', '移动应用开发', '移动应用 19 - 2');
```

或者：

```
INSERT INTO tb_Student VALUES(2020009003, '李娜', '女', '2002 - 04 - 18', '移动应用开发', '移动应用 19 - 2');
```

【例 14-4】 向 tb_Student 表中插入一个 SNo 为 2020009004，SName 为张同，Sex 为男的新记录。

```
INSERT INTO tb_Student(SNo,SName,Sex)VALUES(2020009004,'张同','男');
```

说明：新插入的记录项中，Birthday 属性值为 NULL，Major 属性值为 NULL，Class 属性值为 NULL。

4. 删除数据

要从一个表中删除一条记录，使用 DELETE FROM 命令，其语法是：

```
DELETE FROM table_name WHERE condition;
```

【例 14-5】 要删除 tb_Student 表中 SName 为“李娜”的记录，使用下面的语句。

```
DELETE FROM  tb_Student  WHERE  SName = '李娜';
```

【例 14-6】 要删除 tb_Student 表中 SName 为“张同”，Major 为“软件技术”的记录，使用下面的语句。

```
DELETE FROM tb_Student WHERE SName = '张同' and Major = '软件技术';
```

5. 更新数据

要修改数据表中的一个或者多个属性的值，使用 UPDATE 命令，其语法是：

```
UPDATE table_name SET name_of_attr_1 = value_1[, … [,name_of_attr_k = value_k]] WHERE condition;
```

【例 14-7】 将 tb_Student 表中全部学生的班级信息修改为“移动应用 19-2”，使用下面的语句。

```
UPDATE tb_Student  SET  Class = '移动应用 19 - 2';
```

【例 14-8】 将 tb_Student 表中张同的性别设定为“女”，专业修改为“计算机科学”，使用下面的语句。

```
UPDATE  tb_Student  SET  Sex = '女', Major = '计算机科学'  WHERE  (SName = '张同')
```

6. 数据查询

SQL 里面最为常用的命令是 SELECT 语句，用于检索数据，其语法是：

```
SELECT[ALL|DISTINCT|DISTINCTROW|TOP]
{ * |talbe. * |[table.]field1[AS alias1][,[table.]field2[AS alias2][, … ]]}
FROM tableexpression[, … ][IN externaldatabase]
[WHERE condition]
[GROUP BY expression [, … ]]
[HAVING expression [, … ]]
[ORDER BY expression [ASC | DESC | USING operator] [, … ]]
[WITH OWNERACCESS OPTION]
```

SQL 语句由若干个子句构成。其中，SELECT 子句用于指定检索数据表中的列，FROM 子句用于指定从哪一个表或视图中检索数据。

WHERE 子句中的条件可以是一个包含等号或不等号的条件表达式，也可以是一个含有 IN、NOT IN、BETWEEN、LIKE、IS NOT NULL 等比较运算符的条件式，还可以是由单一的条件表达式通过逻辑运算符组合成的复合条件。

WHERE 子句用于指定查询条件。在此需要注意以下问题。

(1) 比较运算符。

=(等于)，>(大于)，<(小于)，>=(大于或等于)，<=(小于或等于)，<>(不等于)，!>(不大于)，!<(不小于)。

(2) 范围(BETWEEN 和 NOT BETWEEN)。

BETWEEN …AND…运算符指定了要搜索的一个闭区间。

(3) 列表(IN，NOT IN)。

IN 运算符用来匹配列表中的任何一个值。IN 子句可以代替用 OR 子句连接的一连串的条件。

例如，要查询姓名为“张同”“赵小雅”和“李民”的学生详细信息：

```
select * from tb_student where SName in('张同','赵小雅','李民');
```

（4）模糊查询。

指使用SELECT语句与指定条件匹配的数据。使用模糊查询要在SELECT语句中使用关键字LIKE，其中，在SQL Server 2008中常用的通配符共有4个，分别为“%”“_”“[]”和“[^]”。通配符含义如下。

“%”：表示可以包含零个或多个任意字符。

“_”：表示任意一个字符。

“[ ]”：代表指定范围或者集合中的任意一个字符。例如，[a-m]表示a～m的所有字符，[2-8]表示2～8的所有数字。

“[^]”：代表不属于指定范围或者集合中的任意一个字符。例如，[^a]表示不包括“a”的所有字符，[^8]表示不包括数字8的所有数字。

ORDER BY子句使得SQL在显示查询结果时将各返回行按顺序排列，返回列的排列顺序由ORDER BY子句指定的表达式的值确定。

【例14-9】 将tb_Student表中的信息进行如下查询。

（1）查询专业为“移动应用开发”的学生姓名。

```
SELECT     SName  AS  姓名
FROM      tb_Student
WHERE     (Major = '移动应用开发')
```

（2）查询姓名以“李”开头的所有学生。

```
SELECT  SName as 姓名
FROM  tb_Student
WHERE  (SName LIKE '李%');
```

（3）查询姓名含“李”字的所有学生。

```
SELECT  SNo, SName, Sex, Birthday, Major, Class
FROM   tb_Student
WHERE  (SName LIKE '%李%')
```

提示：请读者自行完成以下查询。

① 查询所有学生包含“李”字的姓名。

② 用一条SELECT语句，实现查询所有学生姓名为“李世民”和“李民”的记录。

（4）将所有学生按学号顺序升序排列。

```
SELECT *
FROM  tb_Student
ORDER  BY  SNO  ASC;
```

14.3.2　.NET数据库应用的体系结构

数据库操作是应用开发中非常重要的部分。在数据库应用系统中，系统前端的用户界面（如窗体、Web 浏览器、控制台等)和后台的数据库之间,. NET 使用 ADO. NET 将二者联系起来,用户和系统一次典型的交互过程如图 14-4 所示。

从图 14-4 中可以看出,用户和系统的交互过程是:用户首先通过用户界面向系统发出数据操作的请求,用户界面接收请求后传送到 ADO. NET;然后 ADO. NET 分析用户请求,并通过数据库访问接口与数据源交互,向数据源发送 SQL 指令,并从数据源获取数据;最后,ADO. NET 将数据访问结果传回用户界面,显示给用户。

. NET 使用 ADO. NET 可以完成对 Microsoft SQL Server 等数据库,以及 OLE DB 和 XML 公开数据源的访问。下面的章节将详细讨论使用 ADO. NET 进行数据操作的技术。简单来说,ADO. NET 就是一系列提供数据访问服务的类。

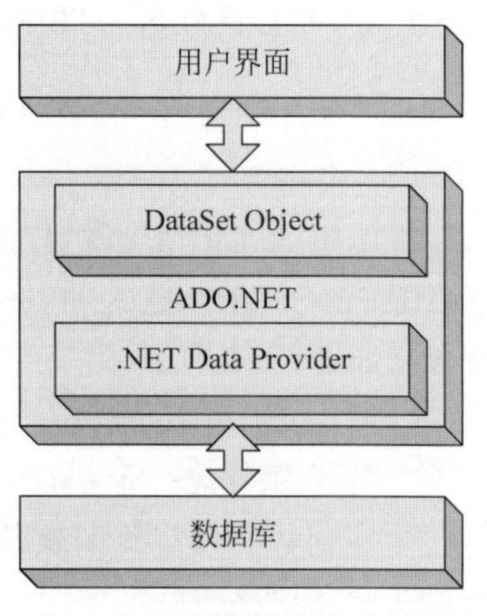

图 14-4 . NET 数据库应用的体系结构

14. 3. 3 System. Data 命名空间

ADO. NET 结构的类包含在 System. Data 命名空间中,如图 14-5 所示。根据功能划分,System. Data 空间又包含多个空间,各个子空间的功能简要介绍如表 14-2 所示。

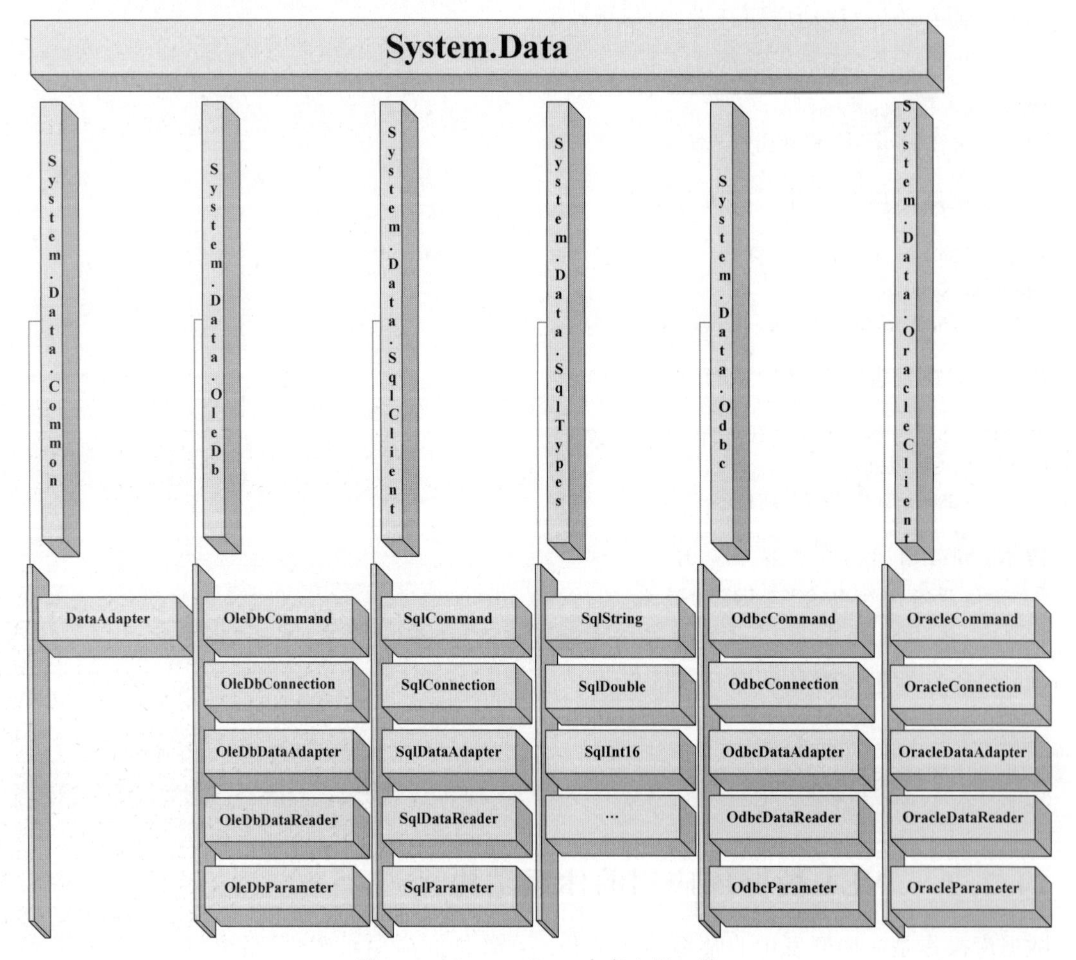

图 14-5 System. Data 命名空间一览

其中，空间 OleDb、SqlClient、Odbc 以及 OracleClient 具有非常相似的结果，在此主要以 SqlClient 对 MS SQL Server 2008 的操作为例，详细介绍如何使用其中的各个类，来完成对数据的连接、读取、修改等操作。

表 14-2　System. Data 子命名空间

空　间	说　明
System. Data. Common	包含 ADO. NET 共享的类
System. Data. OleDb	包含访问 OLE DB 共享的类
System. Data. SqlClient	包含访问 SQL Server 数据库的类
System. Data. SqlTypes	包含在 SQL Server 内部用于本机数据类型的类，这些类对其他数据类型提供了一种更加安全、快捷的选择
System. Data. Odbc	包含访问 ODBC 数据源的类
System. Data. OracleClient	包含访问 Oracle 数据库的类

14.3.4　数据库访问步骤

ADO. NET 提供两种模式访问数据库：有连接与无连接。在有连接模式下访问数据库，在取得数据库连接之后，保持数据库连接，通过向数据库服务器发送 SQL 命令等方式实时更新到数据库。在有连接模式下的数据库访问通常包括以下步骤。

(1) 通过数据库连接类(Connection)连接到数据库，如 SQL Server 服务器、Access 数据库文件等。

(2) 通过数据库命令类(Command)在数据库上执行 SQL 语句，可以是任何 SQL 语句，包括更新(Update)、插入(Insert Into)、删除(Delete)、查询(Select)等。

(3) 如果是查询语句，还可以通过数据读取器类(DataReader)进行只读向前读取数据记录。

(4) 数据库操作完成后通过连接类(Connection)关闭数据库连接。

在有连接模式下进行数据库访问，尽量不要长时间操作，因为这样会导致数据库服务器被长期占用，影响其他客户端连接到数据库服务器。所以，在使用之前打开数据库连接，使用之后马上关闭数据库连接。

在需要对数据进行长时间处理时，通常采用无连接模式进行数据访问。在无连接模式下，需要处理的数据库服务器中的数据在本地有一个副本，通常保存在 DataSet 或 DataTable 中，ADO. NET 通过数据适配器(DataAdapter)将本地数据和数据库服务器关联起来。在从数据库服务器得到数据之后，数据适配器断开与服务器的连接。对数据的修改都通过修改本地 DataSet 完成，然后再通过数据适配器更新到服务器。在 ADO. NET 中，无连接模式的数据库访问通常需要以下步骤。

(1) 通过数据库连接类(Connection)连接到数据库。

(2) 创建基于该数据库连接的数据适配器，并指定更新数据库的语句，包括更新(Update)、插入(InsertInto)、删除(Delete)、查询(Select)4 个命令。DataAdapter 通过这 4 个命令从数据库获取数据，也将本地的数据更改更新到数据库服务器。

(3) 通过数据适配器从数据库服务器获取数据到本地的 DataSet 或 DataTable 中。

(4) 使用或更改本地的 DataSet 或 DataTable 中的数据。

(5) 通过 DataAdapter 将本地数据的更改更新到数据库服务器,并关闭数据库连接。

基于无连接的数据库访问,具有执行效率高、数据库连接占用时间短、修改记录易更改和回滚等优点,但是也在一定程度上导致了数据更新的不及时。

14.3.5 利用数据源配置向导连接数据库

若要访问数据库,必须连接到数据库。本节将首先以连接 SQL Server 数据库为例进行数据库连接技术的介绍。使用 ADO.NET 对数据库进行操作的方法有两种:一是在设计模式下利用向导进行操作;另一种方法是自己编写代码。Visual Studio .NET 是一款非常优秀的可视化程序开发工具,利用它可以方便地建立数据源的连接。创建连接的过程,其实就是利用工具完成连接字符串的连接。

视频讲解

【例 14-10】 利用向导连接 SQL Server 2008 中的数据库 db_StudentInfo,要求使用 Windows 集成验证方式登录,并创建此连接。

操作步骤如下。

(1) 创建一个新的项目,命名为 ADO_SqlConnectionByWizard。在开发环境中,菜单栏中选择"工具"→"连接到数据库"命令,如图 14-6 所示,即可打开"添加连接"对话框,如图 14-7 所示。

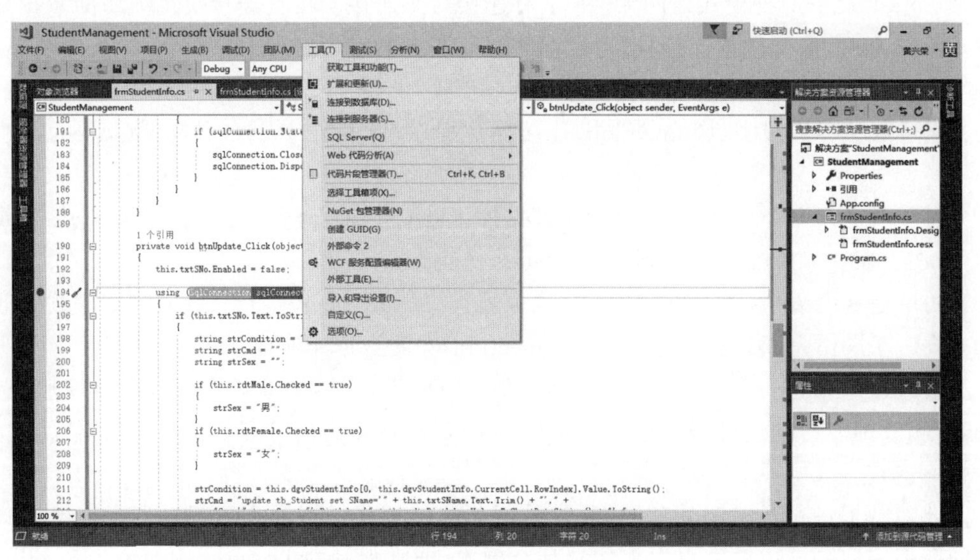

图 14-6 "连接到数据库"命令

(2) 在"添加连接"对话框中,在"服务器名"下拉列表框中进行选择,选中可选的服务器名"WIN-GMFEFU9VMO5",或在"服务器名"下拉列表框中填入正确的服务器名称"WIN-GMFEFU9VMO5\SQLEXPRESS"。此时使用"Windows 身份验证",然后在"选择或输入数据库名称"下拉列表框中进行选择,选中 db_StudentInfo,如图 14-8 所示。然后单击"测试连接"按钮,可以看到"测试连接"的结果,如图 14-9 所示,此时出现的结果是"测试连接成功",表明已经成功连接数据库。

(3) 在图 14-9 中,单击"确定"按钮,关闭"测试连接成功"对话框,返回"添加连接"对话框。

(4) 在"添加连接"对话框中,单击"高级"按钮,出现"高级属性"对话框,如图 14-10 所示。可以看到在图 14-10 中最下面的文本框中所示的文字为连接字符串,该连接字符串如图 14-11 所示。该连接字符串的含义在后面进行介绍。通常的情况下,开发人员需要复制该字符串,以备后用。

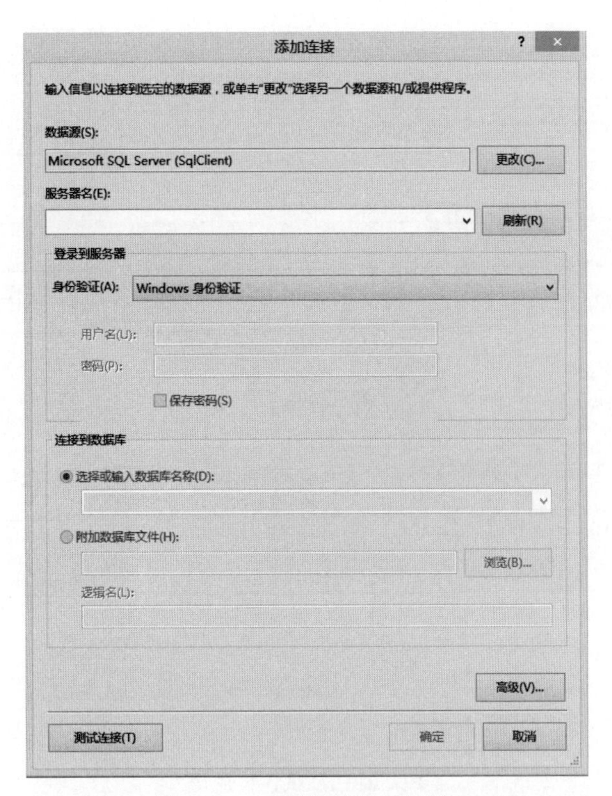

图 14-7　"添加连接"对话框

图 14-8　进行"添加连接"配置

图 14-9 测试连接成功

图 14-10 "高级属性"对话框

图 14-11 查看"连接字符串"

14.3.6　利用 ADO.NET 编程连接数据库

在.NET 中,用 ADO.NET 对数据库访问做了很多的优化。下面是 ADO.NET 对 SQL Server 进行访问的主要类,如表 14-3 所示。

表 14-3　ADO.NET 对 SQL Server 进行访问的主要类

类　名	说　明
SqlConnection	用于建立和 SQL Server 服务器连接的类,表示打开的数据库连接
DataSet	包含一组数据表,以及这些数据表之间的关系
DataRow	表示数据表对象中的一行记录
DataColumn	数据列包含列的定义,例如数据类型或名称
DataRelation	用于表示数据集中的两个数据表之间的连接关系,通常使用主表的主键和从表的外键定义主从表之间的关系
SqlCommand	用于执行 SQL 语句或数据库存储过程的调用
SqlDataAdapter	用于填充数据集合或更新数据库,也可以用于存储 SQL 语句
SqlDataReader	只读并且只向前的数据读取器,拥有最高的读取速度
SqlParameter	为存储过程指定参数
SqlTransaction	表示在一个数据连接中执行的数据库事务处理

在此,先介绍 SqlConnection 类的常用属性和方法,如表 14-4 所示。

表 14-4　SqlConnection 类的常用属性和方法

属性和方法	说　明
ConnectionString 属性	设置用于打开 SQL Server 数据库的字符串
ConnectionTimeout 属性	在尝试建立连接时终止尝试并生成错误之前所等待的时间
State()方法	获取数据库连接的当前状态
Open()方法	打开与数据库的连接
Close()方法	关闭与数据库的连接

接着,简要介绍 SqlConnection 类的 ConnectionString 属性。ConnectionString 属性指定了连接数据库的各项参数,本实例中的连接字符串代码如下。

```
Data Source = WIN - GMFEFU9VMO5\SQLEXPRESS; Initial Catalog = db_StudentInfo; Integrated Security =
True;
```

或

```
Sever = WIN - GMFEFU9VMO5\SQLEXPRESS;User id = sq;Pwd = 123456;Database = db_StudentInfo;
```

可以看出,连接字符串的基本格式包括一系列由分号分隔的关键字/值对,并用等号(=)连接各个关键字及其值(keyword=value)。

注意:这里的关键字不区分大小写。

常用的关键字意义包括以下几点。

(1) Data Source/Server:要连接 SQL Server 实例的名称或网络地址,(local)代表 SQL Server 在本地计算机上。如果要连接远程计算机只需把(local)换成远程计算机的 IP 地址或计算机名称即可。例如 server=192.168.1.98。

(2) User id：SQL Server 登录的用户名，上面连接字符串的示例中使用的是 SQL Server 管理员账户 sa 进行登录。

(3) Pwd/Password：登录用户名的密码。

(4) Database 或 Initial Catalog：指选定本地计算机或远程计算机时要连接的 SQL Server 数据库的名称。

(5) Integrated Security/Persist Security Info：当为 False 时，将在连接中指定用户 ID 和密码。当为 True 时，将使用当前的 Windows 账户凭据进行身份验证。默认为 False。

视频讲解

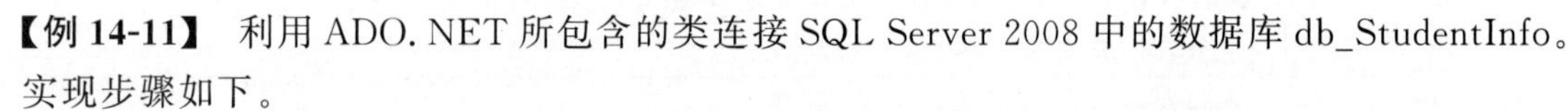

【例 14-11】 利用 ADO.NET 所包含的类连接 SQL Server 2008 中的数据库 db_StudentInfo。实现步骤如下。

(1) 新建一个项目，将其命名为 Ado.netToDataBase，默认主窗体为 Form1。

(2) 在 Form1 窗体中添加一个 Button 控件和一个 DataGridView 控件，用于连接数据库和显示 SQL Server 数据库中的数据。

(3) 导入命名空间。

```
using System.Data.SqlClient;
```

(4) 编写相应的代码。

代码如下。

```
/// <summary>
/// 用 ADO.NET 连接 SQL Server 数据库示例
/// </summary>
/// <param name = "sender"></param>
/// <param name = "e"></param>
private void btnLinkToDatabase_Click(object sender, EventArgs e)
{
        SqlConnection con = new SqlConnection();
         try
         {
             string strConn = "Data Source = WIN - GMFEFU9VMO5\\SQLEXPRESS;Initial Catalog = db_StudentInfo;
Integrated Security = True;";
             con = new SqlConnection(strConn);
             string strSql = "select SNo,SName,Sex,Birthday,Major,Class from tb_Student";
             SqlDataAdapter ada = new SqlDataAdapter(strSql, con);
             DataSet ds = new DataSet();
             ada.Fill(ds);
             this.dataGridView1.DataSource = ds.Tables[0].DefaultView;
         }
         catch
         {
             return;
         }
         finally
         {
             con.Close();
```

```
            con.Dispose();
        }
    }
```

项目运行结果如图 14-12 所示。

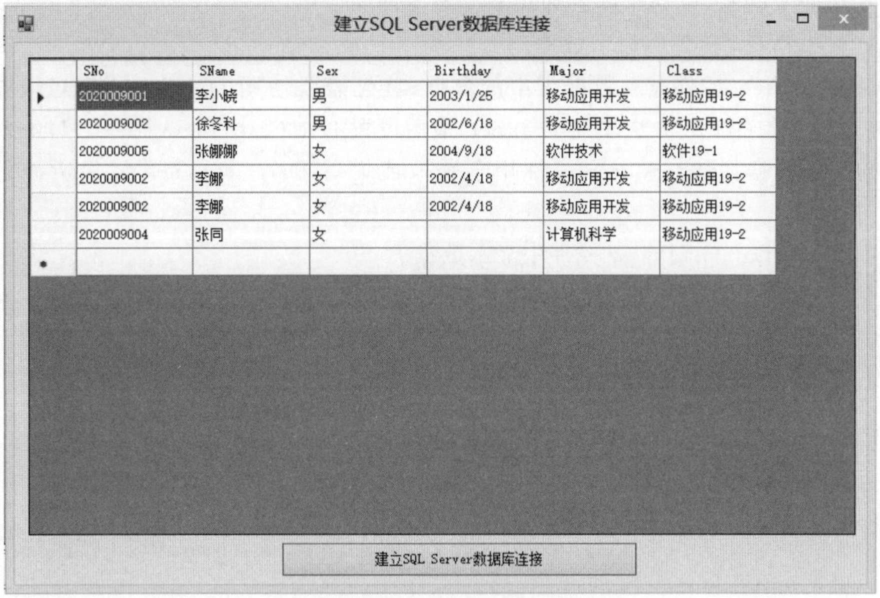

建立SQL Server数据库连接

	SNo	SName	Sex	Birthday	Major	Class
▶	2020009001	李小晓	男	2003/1/25	移动应用开发	移动应用19-2
	2020009002	徐冬科	男	2002/6/18	移动应用开发	移动应用19-2
	2020009005	张娜娜	女	2004/9/18	软件技术	软件19-1
	2020009002	李娜	女	2002/4/18	移动应用开发	移动应用19-2
	2020009002	李娜	女	2002/4/18	移动应用开发	移动应用19-2
	2020009004	张同	女		计算机科学	移动应用19-2
*						

建立SQL Server数据库连接

图 14-12　项目运行结果

14.3.7　数据绑定技术

在前面的介绍中，许多控件中的数据都是手动赋予的；在实际的开发中，却常常需要把数据库中的数据自动绑定到控件上。例如，列表框控件(ListBox)，其选项集合 Items 就常常来自数据库中预定义的数据，这称为数据的绑定。

数据绑定是指系统在运行时自动将数据赋予控件的技术。根据绑定数据的数量，.NET 数据绑定技术包括以下两种方式。

(1) 绑定数据到单值控件：将一个数据绑定到控件。

单值控件可以一次显示一个数据值，包括 TextBox、Label 等控件。实际上，所有的控件都允许把数据赋予其某个属性，以完成单值绑定。例如，在程序运行时，利用 ADO.NET 从数据库中获取了某条数据，然后将其赋予 TextBox 的 Text 属性或 ListBox 的 BackColor 属性等，就完成了单值绑定。单值绑定非常简单，本节主要介绍多值数据绑定控件。

(2) 绑定数据到多值控件：将一组数据绑定到控件。

多值控件可以同时显示一个或多个数据记录。在此，又将多值控件划分为列表控件和复合绑定控件，列表控件包括 ListBox、CheckBoxList、ComboBox 等控件，复合绑定控件包括 DataGridView、ListView 等控件。

另外，根据绑定数据的时间，.NET 的数据绑定技术主要包括以下两种方式。

(1) 在设计时绑定：在设计系统时指定绑定控件的数据源。

(2) 在运行时绑定：用编程的方式，在系统运行时指定绑定控件的数据源。

14.3.8 DataGridView 控件的运用

在.NET 类库中,DataGridView 和 ListView 控件提供一种强大而灵活的以表格形式显示数据的方式。

下面将探讨两个问题,以利于读者加深掌握该控件的使用。

1. 在 DataGridView 控件中显示数据

通过 DataGridView 控件显示数据表中的数据,首先需要使用 DataAdapter 对象查询指定的数据,然后通过该对象的 Fill 方法填充 DataSet,最后设置 DataGrirdView 控件的 DataSource 属性为 DataSet 的表格数据。DataSource 属性用于获取或设置 DataGridView 控件所显示数据的数据源。

视频讲解

【例 14-12】 在 DataGridView 控件中显示数据。

在前面例 14-11 中,对于在 DataGridView 控件中显示数据,已经给出相应的代码,该例的运行结果如图 14-12 所示。

现在,对于该例中的此行代码:

```
string strSql = "select SNo,SName,Sex,Birthday,Major,Class from tb_Student";
```

修改如下:

```
string strSql = "select SNo AS 学号, SName AS 姓名, Sex AS 性别, Birthday AS 出生日期, Major AS 所学专业, Class AS 所在班级 from tb_Student";
```

然后,再运行程序,程序执行结果如图 14-13 所示。读者会发现 DataGridView 控件中所显示的结果不同,该 DataGridView 控件的列名(Columns)已经发生变化。

建立SQL Server数据库连接

学号	姓名	性别	出生日期	所学专业	所在班级
2020009001	李小晓	男	2003/1/25	移动应用开发	移动应用19-2
2020009002	徐冬科	男	2002/6/18	移动应用开发	移动应用19-2
2020009005	张娜娜	女	2004/9/18	软件技术	软件19-1
2020009002	李娜	女	2002/4/18	移动应用开发	移动应用19-2
2020009002	李娜	女	2002/4/18	移动应用开发	移动应用19-2
2020009004	张同	女		计算机科学	移动应用19-2

建立SQL Server数据库连接

图 14-13 运行结果

2. 获取 DataGridView 控件中当前单元格

若要与 DataGridView 进行交互,通常要求通过编程方式发现哪个单元格处于活动状态。如

果需要更改当前单元格，可通过 DataGridView 控件的 CurrentCell 属性来获取当前单元格信息。

视频讲解

【例 14-13】 创建一个 Windows 应用程序，向窗体中添加一个 DataGridView 控件、一个 Button 控件和一个 Label 控件，主要用于显示数据、获取指定单元格信息以及显示单元格信息。当单击 Button 控件之后，会通过 DataGridView 的 CurrentCell 属性来获取当前单元格信息。

代码如下。

```
using System;
using System.Collections.Generic;
using System.ComponentModel;
using System.Data;
using System.Drawing;
using System.Linq;
using System.Text;
using System.Threading.Tasks;
using System.Windows.Forms;
using System.Data.SqlClient;

namespace DataGridView
{
    public partial class Form1 : Form
    {
        public Form1()
        {
            InitializeComponent();
        }

        private void Form1_Load(object sender, EventArgs e)
        {
            //连接数据库
            SqlConnection myCon = new SqlConnection();
            myCon.ConnectionString = "Data Source = WIN - GMFEFU9VMO5\\SQLEXPRESS;Initial Catalog =
db_StudentInfo;Integrated Security = True;";
            myCon.Open();

            //使用 SqlCommand 提交查询命令
            SqlCommand selectCMD = new SqlCommand("SELECT top 10 SNo as 学号, SName as 姓名, Sex as
性别 FROM tb_Student", myCon);

            //获取数据适配器
            SqlDataAdapter custDA = new SqlDataAdapter();
            custDA.SelectCommand = selectCMD;

            //填充 DataSet
            DataSet custDS = new DataSet();
            custDA.Fill(custDS, "StudentInfo");

            //显示其中的 DataTable 对象中的数据
            this.dataGridView1.DataSource = custDS.Tables[0];

            //断开连接
            myCon.Close();
```

```
        }

        private void btnQuery_Click(object sender, EventArgs e)
        {
            //使用 CurrentCell.RowIndex 和 CurrentCell.ColumnIndex
            //获取数据的行和列坐标
            string strMsg = String.Format("第{0}行,第{1}列",
                dataGridView1.CurrentCell.RowIndex, dataGridView1.
                CurrentCell.ColumnIndex);
            this.lblDisplayInfo.Text = "选择的单元格为：" + strMsg;
        }
    }
}
```

程序的运行结果如图 14-14 所示。

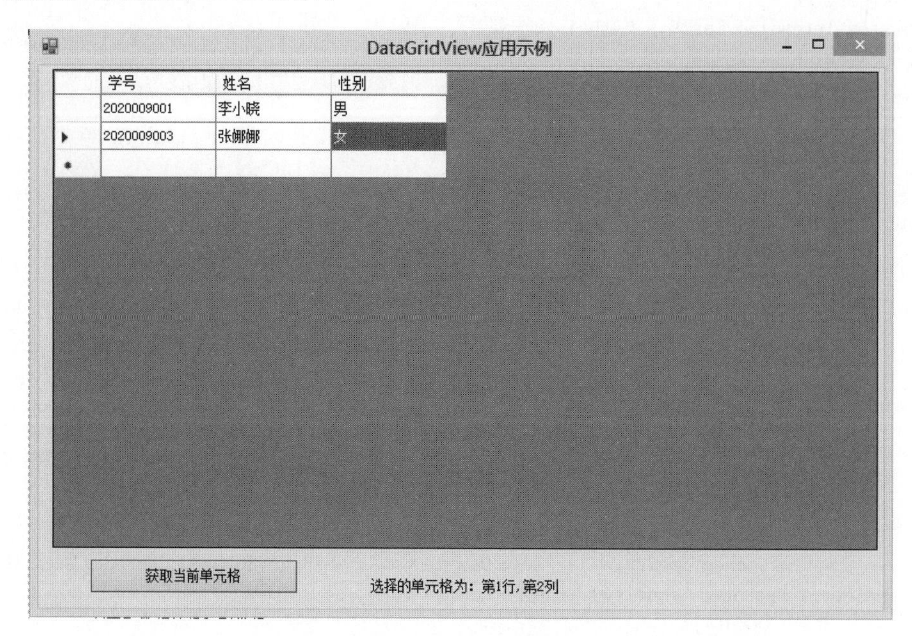

图 14-14　获取单元格的信息

视频讲解

14.4　项目实践

14.4.1　系统功能分析

此项目的功能并不复杂，只需要实现记录的添加、修改和删除。因此，可以只需要设计一个数据表(tb_Student)和一个窗体(frmStudentInfo)即可。关键问题是如何通过 C# 去操作 ADO.NET 对象去实现系统功能。

14.4.2　设计数据库

在 SQL Server 2008 中建立数据库 db_StudentInfo，在该数据库中建立数据表 tb_Student，该

表设计如图 14-15 所示。

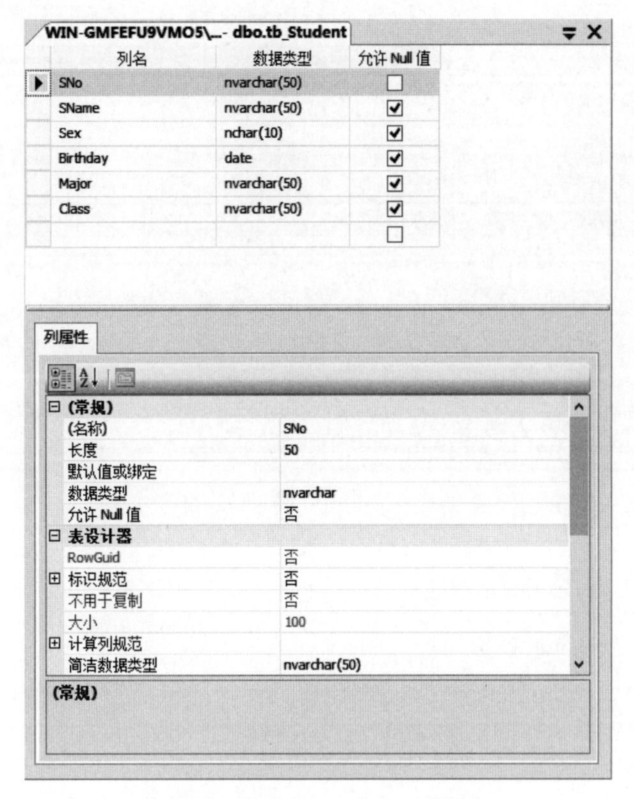

图 14-15　数据表 tb_Student 的设计

14.4.3　建立项目

新建一个 Windows 应用工程项目，将其命名为 StudentManagement。

14.4.4　界面设计

在项目中，把默认添加的窗体命名为 frmStudentInfo。在窗体上添加 1 个 DataGridView 控件(dgvStudentInfo)、1 个 GroupBox 控件、6 个 Label 控件、3 个 TextBox(txtSNo、txtSName、txtClass)、2 个 RadioButton(rdtMale、rdtFemale)、1 个 DateTimePicker(dtpBirthday)、1 个 ComboBox(cboMajor)和 5 个 Button 控件(btnAdd、btnUpdate、btnDelete、btnClear、btnExit)，并适当调整控件和窗体的位置和大小。

对于 dgvStudentInfo 控件的属性进行如下设置，如表 14-5 所示。设计完成的 frmStudentInfo 窗体如图 14-16 所示。

表 14-5　dgvStudentInfo 控件属性设置

属性名称	属性值	作　用
ReadOnly	True	用户不可以编辑 DataGridView 的单元格
SelectionMode	FullRowSelect	用户以整行形式选择 DataGridView 的单元格

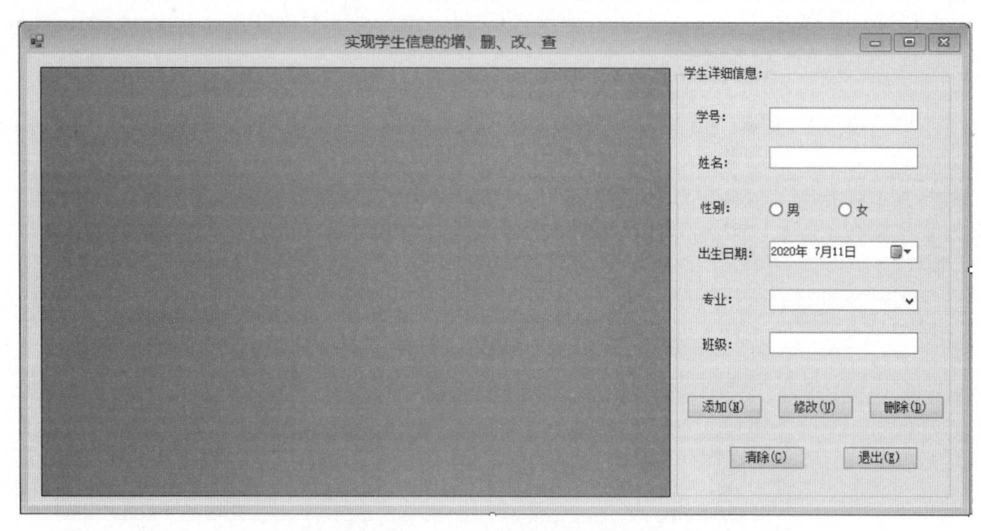

图 14-16　　frmStudentInfo 窗体

14.4.5　编程实现系统功能

在项目中,有以下几个问题需要注意。

(1) 为了提高代码重用性,需要编写一些公有的方法和字段,如公有字段包括：用于记录在 DataGridView 控件中指定单元格信息的字段、连接数据库的字段；公有方法包括：在 DataGridView 控件上显示记录的方法等。

(2) 为了判定输入信息的正确性,需要对输入信息进行判定,包括两方面,一是判断输入字符串是否为数字；二是判断在数据库中是否已有相同的记录。

具体步骤如下。

(1) 添加公有字段。

在 frmStudentInfo.cs 文件中,添加如下代码。

```
//用于连接数据库的字符串
public static string strConn = "Data Source = WIN - GMFEFU9VMO5\\SQLEXPRESS;" +
            "Initial Catalog = db_StudentInfo;Integrated Security = True";

//用于记录在 DataGridView 控件中指定单元格信息的字段
public static string str = "";
```

(2) 实现在 ComboBox 控件中加载专业名称,其代码如下。

```
/// <summary>
/// 在 ComboBox 控件中加载专业名称
/// </summary>
private void AddDataToComboBox()
{
        this.cboMajor.Items.Add("软件技术");
        this.cboMajor.Items.Add("移动应用开发");
        this.cboMajor.Items.Add("会计");
        this.cboMajor.Items.Add("物流管理");
}
```

（3）添加在 DataGridView 控件上显示记录的方法 ShowInfo()，其代码如下。

```
/// <summary>
/// 在 DataGridView 控件上显示数据
/// </summary>
private void ShowInfo()
{
    using (SqlConnection sqlConnection = new SqlConnection(strConn))
    {
        DataTable dataTable = new DataTable();
        SqlDataAdapter sqlDataAdapter = new SqlDataAdapter("select SNo as 学号, SName as 姓名,
Sex as 性别," +
            "Birthday as 出生日期, Major as 所学专业, Class as 所在班级 " +
            "from tb_Student order by SNo", sqlConnection);
        sqlDataAdapter.Fill(dataTable);
        this.dgvStudentInfo.DataSource = dataTable.DefaultView;
        sqlConnection.Close();
        sqlConnection.Dispose();
    }
}
```

（4）编写代码，实现主窗体的加载事件。其代码如下。

```
//主窗体的加载事件
private void frmSutdentInfo_Load(object sender, EventArgs e)
{
    ShowInfo();
    AddDataToComboBox();
    //设置性别选项为男性
    this.rdtMale.Checked = true;
}
```

（5）编写代码，实现添加记录。其代码如下。

```
/// <summary>
/// 添加记录
/// </summary>
/// <param name = "sender"></param>
/// <param name = "e"></param>
private void btnAdd_Click(object sender, EventArgs e)
{
    if (this.txtSNo.Text == "")
    {
        MessageBox.Show("所添加学号信息不完整!");
        return;
    }
    if (this.txtSName.Text == "")
    {
        MessageBox.Show("所添加姓名信息不完整!");
        return;
    }
    if (this.dtpBirthday.Value.ToShortDateString() == DateTime.Now.ToShortDateString())
```

```
{
    MessageBox.Show("所添加出生日期信息不准确!");
    return;
}
if (this.cboMajor.Text == "")
{
    MessageBox.Show("所添加专业信息不完整!");
    return;
}
if (this.txtClass.Text == "")
{
    MessageBox.Show("所添加班级信息不完整!");
    return;
}
①if (IsSameRecord() == true)
{
    return;
}
string strSex = "";
if (this.rdtMale.Checked == true)
{
    strSex = "男";
}
if (this.rdtFemale.Checked == true)
{
    strSex = "女";
}
using (SqlConnection sqlConnection = new SqlConnection(strConn))
{
    if (sqlConnection.State == ConnectionState.Closed)
    {
        sqlConnection.Open();
    };
    try
    {
        StringBuilder strSql = new StringBuilder();
        strSql.Append("insert into tb_Student(SNo,SName,Sex,Birthday,Major,Class)");
        strSql.Append(" values('" + this.txtSNo.Text.Trim().ToString() + "','" +
            this.txtSName.Text.Trim().ToString() + "',");
        strSql.Append("'" + strSex + "','" + this.dtpBirthday.Value.ToShortDateString() + "',");
        strSql.Append("'" + this.cboMajor.SelectedItem.ToString() + "','" + this.
txtClass.Text.Trim().ToString() + "')");

        using (SqlCommand cmd = new SqlCommand(strSql.ToString(), sqlConnection))
        {
            cmd.ExecuteNonQuery();
            MessageBox.Show("信息添加成功!");
        }
        strSql.Remove(0, strSql.Length);
    }
    catch (Exception ex)
```

```
            {
                MessageBox.Show("错误：" + ex.Message, "错误提示", MessageBoxButtons.OKCancel,
MessageBoxIcon.Error);
            }
            finally
            {
                if (sqlConnection.State == ConnectionState.Open)
                {
                    sqlConnection.Close();
                    sqlConnection.Dispose();
                }
            }
②          ShowInfo();
        }
}
```

注意：在程序中，有两行带有标号的代码，分别调用两个公有的方法，IsSameRecord()和ShowInfo()。其中，IsSameRecord()用于判定输入的信息是否已有相同记录。

IsSameRecord()方法的代码如下。

```
private bool IsSameRecord()
{
    using (SqlConnection sqlConnection = new SqlConnection(strConn))
    {
        if (sqlConnection.State == ConnectionState.Closed)
        {
            sqlConnection.Open();
        };
        string strCondition = "";
        string strCmd = "";
        strCondition = this.txtSNo.Text.Trim();
        strCmd = "select * from tb_Student where SNo = '" + strCondition + "'";

        try
        {
            using (SqlCommand cmd = new SqlCommand(strCmd, sqlConnection))
            {
                SqlDataAdapter sqlDataAdapter = new SqlDataAdapter();
                sqlDataAdapter.SelectCommand = cmd;
                DataSet dataSet = new DataSet();
                sqlDataAdapter.Fill(dataSet, "Info");
                if (dataSet.Tables["Info"].Rows.Count > 0)
                {
                    MessageBox.Show("已存在相同的学生信息!");
                    return true;
                }
                else
                {
                    return false;
                }
```

```
                }
            }
            finally
            {
                if (sqlConnection.State == ConnectionState.Open)
                {
                    sqlConnection.Close();
                    sqlConnection.Dispose();
                }
            }
        }
}
```

(6) 编写代码,实现修改记录。其代码如下。

```
private void btnUpdate_Click(object sender, EventArgs e)
{
        this.txtSNo.Enabled = false;

        using (SqlConnection sqlConnection = new SqlConnection(strConn))
        {
            if (this.txtSNo.Text.ToString() != "")
            {
                string strCondition = "";
                string strCmd = "";
                string strSex = "";

                if (this.rdtMale.Checked == true)
                {
                    strSex = "男";
                }
                if (this.rdtFemale.Checked == true)
                {
                    strSex = "女";
                }

                strCondition = this.dgvStudentInfo[0, this.dgvStudentInfo.CurrentCell.RowIndex].
Value.ToString();
            strCmd = "update tb_Student set SName = '" + this.txtSName.Text.Trim() + "'," +
                    "Sex = '" + strSex + "',Birthday = '" + this.dtpBirthday.Value.ToShortDateString()
+ "'," +
                    "Major = '" + this.cboMajor.SelectedItem.ToString() + "',Class = '" + this.
txtClass.Text.Trim().ToString() + "'";
                    strCmd += " where SNo = '" + strCondition + "'";

            try
            {
                if (sqlConnection.State == ConnectionState.Closed)
                {
                    sqlConnection.Open();
                };
```

```
                    using (SqlCommand cmd = new SqlCommand(strCmd, sqlConnection))
                    {
                        cmd.ExecuteNonQuery();
                        MessageBox.Show("信息修改成功!");
                    }
                }
                catch (Exception ex)
                {
                    MessageBox.Show("错误: " + ex.Message, "错误提示", MessageBoxButtons.OKCancel,
MessageBoxIcon.Error);
                }
                finally
                {
                    if (sqlConnection.State == ConnectionState.Open)
                    {
                        sqlConnection.Close();
                        sqlConnection.Dispose();
                    }
                }
                ShowInfo();
            }
            else
            {
                MessageBox.Show("请选择学号!", "错误提示", MessageBoxButtons.OK, MessageBoxIcon.
Information);
            }
        }
        this.txtSNo.Enabled = true;
}
```

(7) 编写代码,实现删除记录。其代码如下。

```
private void btnDelete_Click(object sender, EventArgs e)
{
    if(MessageBox.Show("你确定要删除本条信息吗?","提示",MessageBoxButtons.YesNo,
            MessageBoxIcon.Warning) == DialogResult.Yes)
    {
①       if (str != "")
        {
            using (SqlConnection sqlConnection = new SqlConnection(strConn))
            {
                sqlConnection.Open();
                SqlCommand sqlCommand = new SqlCommand("delete from tb_Student where SNo = '" + str +
                "'", sqlConnection);
                sqlCommand.Connection = sqlConnection;
                sqlCommand.ExecuteNonQuery();
                sqlConnection.Close();
                ShowInfo();
                MessageBox.Show("删除成功!");
            }
        }
```

```
        }
    }
```

注意：带标号的代码，表明首先要判定在 DataGridView 控件中是否有选定行。如果 str!=""成立则可以删除记录；如果 str!=""不成立，则要选定要删除的行。此处，调用了 dgvInfo_Click()方法来实现选定一行记录。

dgvInfo_Click()方法的代码如下。

```
private void dgvInfo_Click(object sender, EventArgs e)
{
    //获取 DataGridView 选定单元格的信息
    str = this.dgvInfo.SelectedCells[0].Value.ToString();
}
```

(8) 编写代码，实现对于 DataGridView 的操作。其代码如下。

```
/// <summary>
/// 在控件中填充选中的 DataGridView 控件的数据
/// </summary>
private void FillControls()
{
    this.txtSNo.Text = this.dgvStudentInfo[0,this.dgvStudentInfo.CurrentCell.RowIndex].Value.ToString();
    this.txtSName.Text = this.dgvStudentInfo[1,this.dgvStudentInfo.CurrentCell.RowIndex].Value.ToString();
    string strSex = this.dgvStudentInfo[2,this.dgvStudentInfo.CurrentCell.RowIndex].Value.ToString();
    if (strSex == "男")
    {
        this.rdtMale.Checked = true;
    }
    if (strSex == "女")
    {
        this.rdtFemale.Checked = true;
    }
    this.dtpBirthday.Text = this.dgvStudentInfo[3, this.dgvStudentInfo.CurrentCell.RowIndex].
Value.ToString();
    this.cboMajor.Text = this.dgvStudentInfo[4, this.dgvStudentInfo.CurrentCell.RowIndex].Value.
ToString();
    this.txtClass.Text = this.dgvStudentInfo[5, this.dgvStudentInfo.CurrentCell.RowIndex].Value.
ToString();
}
```

(9) 其他功能实现较为简单。

```
private void btnClear_Click(object sender, EventArgs e)
{
    this.txtSNo.Text = "";
    this.txtSName.Text = "";
    this.rdtMale.Checked = false;
    this.rdtMale.Checked = false;
    this.dtpBirthday.Text = DateTime.Now.ToString();
    this.cboMajor.Text = "";
    this.txtClass.Text = "";
```

```
    }

    private void btnExit_Click(object sender, EventArgs e)
    {
        Application.Exit();
    }
```

14.5 小结

通过此项目的学习和实践，了解和掌握一般MIS系统的开发流程，掌握了运用ADO.NET、C#和SQL Server 2008相结合开发数据库系统的方法与技巧。但是，此系统功能简单，实现并不是太困难。更进一步的学习和实践，有待于在后面的较大的项目实施中进行。

14.6 练一练

请读者自行完成本章所涉及的项目。

第二部分

综合项目实训

第15章

游戏项目实训——贪吃蛇游戏

贪吃蛇游戏是一款休闲益智类游戏，有PC和手机等多平台版本。它看似简单却变化无穷，既简单又耐玩。该游戏通过控制蛇头方向吃蛋，从而使得蛇变得越来越长。贪吃蛇游戏最初为单机模式，后续又陆续推出团战模式、赏金模式、挑战模式等多种玩法。

无数人进入游戏编程世界，都是从编写贪吃蛇游戏开始的，因为这是检验一个程序员对开发语言、环境和基本数据结构知识掌握熟练程度的便捷途径。

15.1 游戏概述

15.1.1 游戏实现的功能

贪吃蛇游戏就是在屏上画出蛇，同时随机地生成食物，游戏者通过键盘操作控制贪吃蛇的移动，去吃食物，吃到后食物消失；然后再随机给出食物，同时分数相应增加，同时蛇的身体增长；当蛇碰撞到墙壁或自身身体时就死亡。

15.1.2 游戏运行界面

游戏运行主界面如图15-1所示。

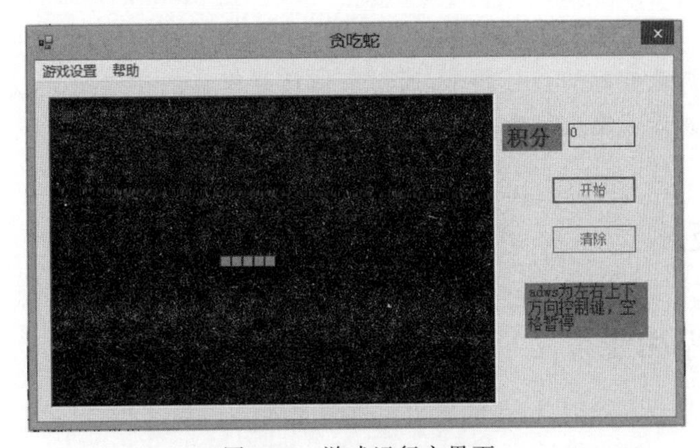

图15-1 游戏运行主界面

在菜单栏“游戏设置”中选择“蛇体颜色设置”菜单项、“食物颜色设置”菜单项，可以设置蛇体和食物的颜色，颜色选择如图 15-2 所示。

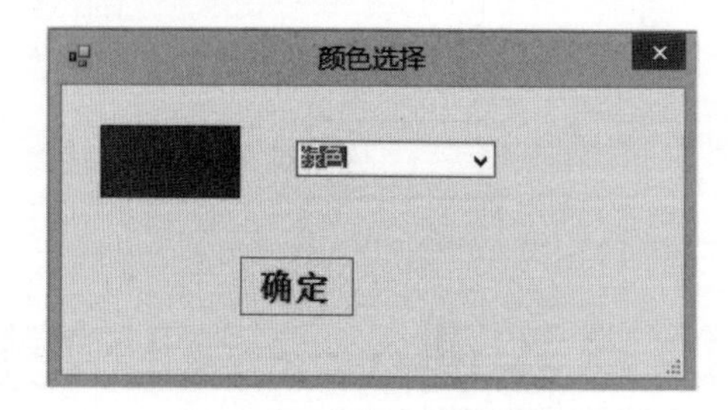

图 15-2　颜色选择界面

15.2 游戏概要设计

15.2.1 游戏设计思路

贪吃蛇游戏的核心算法是如何实现蛇移动和吃掉食物。当蛇没有碰到食物时，把当前运行方向上的下个节点入队，并以蛇节点的颜色重绘这个节点。然后，把头指针所指的节点出队，并以游戏框架内部背景色重绘出队的节点，这样就可以达到移动的效果。在吃到食物的时候，只需把食物入队即可。

15.2.2 游戏逻辑设计

蛇身由若干基本单元组成，这些单元存放在一个队列结构 Queue 中，表示对象具有先进先出的特性。在本游戏中，队列结构可以动态数组(ArrayList)来表示。ArrayList 代表了可被单独索引的对象的有序集合，它基本上可以替代一个数组。但是，与数组不同的是，可以使用索引在指定的位置添加和移除项目，动态数组会自动重新调整它的大小；它也允许在列表中进行动态内存分配、增加、搜索、排序各项。

在此，设计蛇类(Snake 类)实现贪吃蛇所涉及的主要功能，主要包括产生蛇(DrawSnake()方法)、删除蛇(DeleteSnake()方法)、返回蛇体(GetSnake()方法)、蛇体移动(Move()方法)、复制蛇身(CopyBody()方法)、吃食物(Eat()方法)。

Move()移动控制模块定义了蛇头的坐标、移动的方向等信息，并且判断下一个移动的点的坐标。

在主窗体中实现游戏控制的核心要求，通过窗体接受键盘的按键来设置蛇身的移动方向，判断是否吃到食物和是否游戏结束等逻辑，并实时更新游戏的画面。

15.3 关键技术

15.3.1 进程和线程

在本游戏开发中，涉及进程和线程的运用。进程是对一段静态指令序列(程序)的动态执行过程，是系统进行资源分配和调度的基本单位。与进程相关的信息包括进程的用户标志、正在执行的已经编译好的程序、程序和数据在存储器中的位置等。同一个进程又可以划分为若干个独立的执行流，在此称之为线程。线程是CPU调度和分配的基本单位。在Windows环境下，用户可以同时运行多个应用程序，每个执行的应用程序就是一个进程。例如，在一台计算机上打开QQ时，正在运行的QQ客户端程序就是一个进程；而用一个QQ和多个人聊天时，每个聊天窗口就是一个线程。

进程和线程概念的提出，对提高软件的并行性有着重要的意义。并行性的主要特点就是并发处理。在一个单处理器系统中，可以通过分时处理来实现并发，在这种情况下，系统为每个线程分配一个CPU时间片，每个线程只有在分配的时间片内才拥有对CPU的控制权，其他时间都在等待，即同一时间都只有一个线程在运行。由于系统为每个线程分配的时间片很小(如10ms左右)，所以在用户看来，好像是多个线程在同时运行。

那么，为什么要使用多线程呢？考虑这样一种情况：在C/S模式下，服务器需要不断监听来自各个客户端的请求，这时，如果采用单线程机制的话，服务器将无法处理其他事情，因为这个要不断地循环监听请求而无暇对其他请求做出响应。实际上，当要耗费大量时间进行连续的操作，或者等待网络及其他I/O的响应时，都可以使用多线程技术。

在C#中，有两个专门用于处理进程和线程的类：Process类和Thread类。Process类位于System.Diagnostics命名，用于完成进程的相关处理任务。可以在本地计算机上启动和停止进程，也可以查询进程的相关信息。在System.Threading命名空间下，包含用于创建和控制线程的Thread类。

15.3.2　Thread类

对线程的常用操作有启动线程、终止线程、合并线程、让线程休眠等。

1. 启动线程

在使用线程前，首先要创建一个线程。其一般形式为：

```
Thread t = new Thread(enterPoint);
```

其中，enterPoint为线程的入口，即线程开始执行的方法。在托管代码中，通过委托处理线程执行的代码。例如：

```
Thread t = new Thread(new ThreadStart(methodName));
```

创建线程实例后，就可以调用Start()方法启动线程了。

2. 终止线程

线程启动后，当不需要某个线程继续执行的时候，有两种终止线程的方法。

一种是事先设置一个布尔变量，在其他线程中通过修改该变量的值作为传递给该线程是否需要终止的判断条件，而在该线程中循环判断该条件，以确定是否退出线程，这是结束线程的比较好的方法，实际编程中一般使用这种方法。

第二种方法是通过调用Thread类的Abort()方法强行终止线程。例如：

```
t.Abort();
```

Abort()方法没有任何参数，线程一旦被终止，就无法再重新启动。由于Abort()通过抛出异常强行终止结束线程，因此在实际编程中，应该尽量避免采用这种方法。

调用 Abort()方法终止线程时，公共语言运行库(CLR)会引发 ThreadAbortException 异常，程序员可以在线程中捕获 ThreadAbortException 异常，然后在异常处理的 Catch 块或者 Finally 块中做释放资源等代码处理工作；但是，线程中也可以不捕获 ThreadAbortException 异常，而由系统自动进行释放资源等处理工作。

注意，如果线程中捕获了 ThreadAbortException 异常，系统在 finally 子句的结尾处会再次引发 ThreadAbortException 异常，如果没有 finally 子句，则会在 Catch 子句的结尾处再次引发该异常。为了避免再次引发异常，可以在 finally 子句的结尾处或者 Catch 子句的结尾处调用 System. Threading. Thread. ResetAbort 方法防止系统再次引发该异常。

使用 Abort()方法终止线程，调用 Abort()方法后，线程不一定会立即结束。这是因为系统在结束线程前要进行代码清理等工作，这种机制可以使线程的终止比较安全，但清理代码需要一定的时间，而我们并不知道这个工作将需要多长时间。因此，调用了线程的 Abort()方法后，如果系统自动清理代码的工作没有结束，可能会出现类似死机一样的假象。为了解决这个问题，可以在主线程中调用子线程对象的 Join()方法，并在 Join()方法中指定主线程等待子线程结束的等待时间。

3. 合并线程

Join()方法用于把两个并行执行的线程合并为一个单个线程。如果一个线程 t1 在执行的过程中需要等待另一个线程 t2 结束后才能继续执行，可以在 t1 的程序模块中调用 t2 的 Join()方法。例如：

```
t2.Join();
```

这样 t1 在执行到 t2. Join()语句后就会处于阻塞状态，直到 t2 结束后才会继续执行。

但是假如 t2 一直不结束，那么等待就没有意义了。为了解决这个问题，可以在调用 t2 的 Join()方法的时候指定一个等待时间，这样 t1 这个线程就不会一直等待下去了。例如，如果希望将 t2 合并到 t1 后，t1 只等待 100ms，然后不论 t2 是否结束，t1 都继续执行，就可以在 t1 中加上语句：

```
t2.Join(100)
```

Join()方法通常和 Abort()一起使用。

由于调用某个线程的 Abort()方法后，无法确定系统清理代码的工作什么时候才能结束，因此如果希望主线程调用了子线程的 Abort()方法后，主线程不必一直等待，可以调用子线程的 Join()方法将子线程连接到主线程中，并在连接方法中指定一个最大等待时间，这样就能使主线程继续执行了。

4. 让线程休眠

在多线程应用程序中，有时候并不希望某一个线程继续执行，而是希望该线程暂停一段时间，等待其他线程执行之后再继续执行。这时可以调用 Thread 类的 Sleep()方法，即让线程休眠。例如：

```
Thread.Sleep(1000);
```

这条语句的功能是让当前线程休眠 1000ms。

注意，调用 Sleep()方法的是类本身，而不是类的实例。休眠的是该语句所在的线程，而不是其他线程。

5. 线程优先级

当线程之间争夺 CPU 时间片时，CPU 是按照线程的优先级进行服务的。在 C# 应用程序中，可以对线程设定五个不同的优先级，由高到低分别是 Highest、AboveNormal、Normal、BelowNormal 和 Lowest。在创建线程时如果不指定其优先级，则系统默认为 Normal。假如想让一些重要的线程优先执行，可以使用下面的方法为其赋予较高的优先级。

```
Thread t = new Thread(new ThreadStart(enterpoint));
t.priority = ThreadPriority.AboveNormal;
```

通过设置线程的优先级可以改变线程的执行顺序，所设置的优先级仅适用于这些线程所属的进程。

注意，当把某线程的优先级设置为 Highest 时，系统上正在运行的其他线程都会终止，所以使用这个优先级别时要特别小心。

6. 线程池

线程池是一种多线程处理形式，为了提高系统性能，在许多地方都要用到线程池技术。例如，在一个 C/S 模式的应用程序中的服务器端，如果每收到一个请求就创建一个新线程，然后在新线程中为其请求服务的话，将不可避免地造成系统开销的增大。实际上，创建太多的线程可能会导致由于过度使用系统资源而耗尽内存。为了防止资源不足，服务器端应用程序应采取一定的办法来限制同一时刻处理的线程数目。

线程池为线程生命周期的开销问题和资源不足问题提供了很好的解决方案。通过对多个任务重用线程，线程创建的开销被分摊到了多个任务上。其好处是，由于请求到达时线程已经存在，所以无意中也就消除了线程创建所带来的延迟。这样，就可以立即为新线程请求服务，使其应用程序响应更快。而且，通过适当地调整线程池中的线程数目，也就是当请求的数目超过了规定的最大数目时，就强制其他任何新到的请求一直等待，直到获得一个线程来处理为止，从而可以防止资源不足。

线程池适用于需要多个线程而实际执行时间又不多的场合，比如有些常处于阻塞状态的线程。当一个应用程序服务器接受大量短小线程的请求时，使用线程池技术是非常合适的，它可以大大减少线程创建和销毁的次数，从而提高服务器的工作效率。但是如果线程要求运行的时间比较长的话，那么此时线程的运行时间比线程的创建时间要长得多，仅靠减少线程的创建时间对系统效率的提高就不是那么明显了，此时就不适合使用线程池技术，而需要借助其他的技术来提高服务器的服务效率。

7. 同步

同步是多线程中一个非常重要的概念。所谓同步，是指多个线程之间存在先后执行顺序的关联关系。如果一个线程必须在另一个线程完成某个工作后才能继续执行，则必须考虑如何让其保持同步，以确保在系统上同时运行多个线程而不会出现逻辑错误。

当两个线程 t1 和 t2 有相同的优先级，并且同时在系统上运行时，如果先把时间片分给 t1 使用，它在变量 variable1 中写入某个值，但如果在时间片用完时它仍没有完成写入，这时由于时间片已经分给 t2 使用，而 t2 又恰好要尝试读取该变量，它可能就会读出错误的值。这时，如果使用同步仅允许一个线程使用 variable1，在该线程完成对 variable1 的写入工作后再让 t2 读取这个值，就可以避免出现此类错误。

为了对线程中的同步对象进行操作，C＃提供了 lock 语句锁定需要同步的对象。lock 关键字确保当一个线程位于代码的临界区时，另一个线程不进入临界区。如果其他线程试图进入锁定的代码，则它将一直等待(即被阻塞)，直到该对象被释放。比如线程 t1 对 variable1 操作时，为了避免其他线程也对其进行操作，可以使用 lock 语句锁定 variable1，实现代码为：

```
lock(variable1)
{
    variable1++;
}
```

注意，锁定的对象一定要声明为 private，不要锁定 public 类型的对象，否则将会使 lock 语句无法控制，从而引发一系列问题。

另外还要注意，由于锁定一个对象之后，其他任何线程都不能访问这个对象，需要使用该对象的线程就只能等待该对象被解除锁定后才能使用。因此如果在锁定和解锁期间处理的对象过多，就会降低应用程序的性能。

还有，如果两个不同的线程同时锁定两个不同的变量，而每个线程又都希望在锁定期间访问对方锁定的变量，那么两个线程在得到对方变量的访问权之前都不会释放自己锁定的对象，从而产生死锁。在编写程序时，要注意避免这类操作引起的问题。

视频讲解

【例 15-1】 线程的基本用法。

(1) 新建一个名为 ThreadExample 的 Windows 应用程序，界面设计如图 15-3 所示。

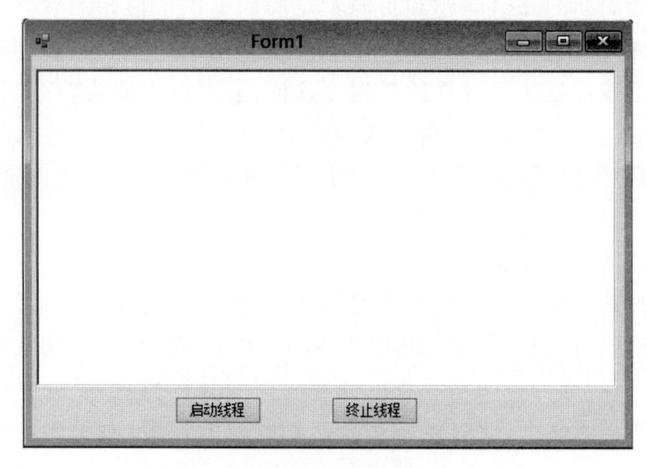

图 15-3 界面设计

(2) 向设计窗体拖放一个 Timer 组件，不改变自动生成的对象名。

(3) 添加命名空间引用：

```
using System.Threading;
```

(4) 在构造函数上方添加字段声明：

```
StringBuilder sb = new StringBuilder();
Thread thread1;
Thread thread2;
```

(5) 直接添加代码：

```
private void AppendString(string s)
{
    lock (sb)
    {
        sb.Append(s);
    }
}
public void Method1()
{
    while (true)
    {
        Thread.Sleep(100);                    //线程休眠 100ms
        AppendString("a");
    }
}
public void Method2()
{
    while (true)
    {
        Thread.Sleep(100);                    //线程休眠 100ms
        AppendString("b");
    }
}
```

(6) 分别在“启动线程”和“终止线程”按钮的 Click 事件中添加以下代码。

```
private void btnStart_Click(object sender, EventArgs e)
{
    sb.Remove(0, sb.Length);
    timer1.Enabled = true;
    thread1 = new Thread(new ThreadStart(Method1));
    thread2 = new Thread(new ThreadStart(Method2));
    thread1.Start();
    thread2.Start();
}
private void btnAbort_Click(object sender, EventArgs e)
{
    thread1.Abort();
    thread1.Join(10);
    thread2.Abort();
    thread2.Join(10);
}
```

(7) 在 timer1 的 Tick 事件中添加以下代码。

```
private void timer1_Tick(object sender, EventArgs e)
{
    if (thread1.IsAlive == true || thread2.IsAlive == true)
    {
        richTextBox1.Text = sb.ToString();
```

```
        }
        else
        {
            timer1.Enabled = false;
        }
    }
```

(8) 按 F5 键编译并执行,单击“启动线程”按钮后,再单击“终止线程”按钮,从如图 15-4 所示的运行结果中可以看到,两个具有相同优先级的线程同时执行时,在 richTextBox1 中添加的字符个数基本上相同。

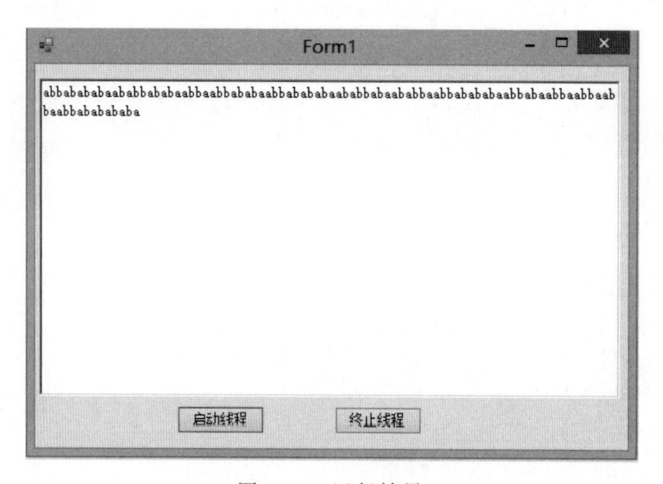

图 15-4　运行结果

15.3.3　在一个线程中操作另一个线程的控件

默认情况下,C#不允许在一个线程中直接操作另一个线程中的控件,这是因为访问 Windows 窗体控件本质上不是线程安全的。如果有两个或多个线程操作某一控件的状态,则可能会迫使该控件进入一种不一致的状态。还可能出现其他与线程相关的 bug,以及不同线程争用控件引起的死锁问题。因此确保以线程安全方式访问控件非常重要。

在调试器中运行应用程序时,如果创建某控件的线程之外的其他线程试图调用该控件,则调试器会引发一个 InvalidOperationException 异常,并提示“从不是创建控件的线程访问它”。

但是在 Windows 应用程序中,为了在窗体上显示线程中处理的信息,可能需要经常在一个线程中引用另一个线程中的窗体控件。比较常用的办法之一是使用委托(delegate)来完成这个工作。

委托(delegate),顾名思义就是中间代理人的意思。C#中的委托允许将一个类中的方法传递给另一个能调用该方法的类的某个对象。可以将类 A 中的一个方法 m(被包含在某个委托中了)传递给一个类 B,这样,类 B 就能调用类 A 中的方法 m 了。所以,这个概念和 C++中的以函数指数为参数形式,调用其他类的中的方法的概念是十分相似的。

使用委托可以将方法应用(不是方法)封装在委托对象内,然后将委托对象传递给调用方法的代码,这样编译的时候代码就没有必要知道调用哪个方法。通过使用委托程序能够在运行时动态地调用不同的方法。而且委托引用的方法可以改变,这样同一个委托就可以调用多个不同的方法。

C#中使用委托的具体步骤如下。

(1) 声明一个委托,其参数形式一定要和想要包含的方法的参数形式一致。

(2) 定义所有要定义的方法,其参数形式和第一步中声明的委托对象的参数形式必须相同。

(3) 创建委托对象并将所希望的方法包含在该委托对象中。

(4) 通过委托对象调用包含在其中的各个方法。

步骤1：声明一个委托。

格式：

```
[修饰符]  delegate 返回类型  委托号(参数列表);
```

根据上面给出的语法,以下代码用来声明委托。

```
public delegate void MyDelegate1(string input);
public delegate double MyDelegate2();
```

声明一个委托的对象,与声明一个普通类对象的方式一样：

```
委托名  委托对象;
```

步骤2：定义方法,其参数形式和步骤1中声明的委托对象必须相同。

为了区别是不是创建控件的线程访问该控件对象,Windows应用程序中的每一个控件对象都有一个InvokeRequired属性,用于检查是否需要通过调用Invoke方法完成其他线程对该控件的操作,如果该属性为true,说明是其他线程操作该控件,这时可以创建一个委托实例,然后调用控件对象的Invoke方法,并传入需要的参数完成相应操作,否则可以直接对该控件对象进行操作,从而保证了安全代码下线程间的互操作。例如：

```
delegate void AppendStringDelegate(string str);
private void AppendString(string str)
{
  if (richTextBox1.InvokeRequired)
  {
    AppendStringDelegate d = new AppendStringDelegate(AppendString);
    richTextBox1.Invoke(d, "abc");
  }
  else
  {
    richTextBox1.Text += str;
  }
}
```

这段代码中,首先判断是否需要通过委托调用对richTextBox1的操作,如果需要,则创建一个委托实例,并传入需要的参数完成else代码块的功能；否则直接执行else代码块中的内容。

实际上,由于我们在编写程序时就已经知道控件是在哪个线程中创建的,因此也可以在不是创建控件的线程中直接调用控件对象的Invoke方法完成对该线程中的控件的操作。

注意,不论是否判断InvokeRequired属性,委托中参数的个数和类型必须与传递给委托的方法需要的参数个数和类型完全相同。

视频讲解

【例 15-2】 一个线程操作另一个线程的控件的方法。

(1) 新建一个名为 ThreadControlExample 的 Windows 应用程序,界面设计如图 15-5 所示。

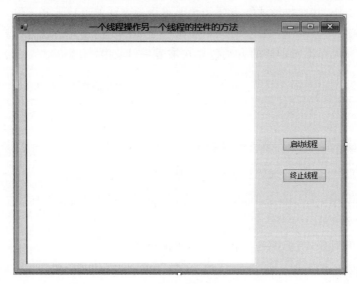

图 15-5 设计界面

(2) 添加命名空间引用:

```
using System.Threading;
```

(3) 在构造函数上方添加字段声明,并在构造函数中初始化对象。

```
Thread thread1;
Thread thread2;
delegate void AppendStringDelegate(string str);
AppendStringDelegate appendStringDelegate;
public Form1()
{
  InitializeComponent();
  appendStringDelegate = new AppendStringDelegate(AppendString);
}
```

(4) 直接添加以下代码。

```
private void AppendString(string str)
{
  richTextBox1.Text += str;
}
private void Method1()
{
  while (true)
  {
    Thread.Sleep(100);                    //线程 1 休眠 100ms
    richTextBox1.Invoke(appendStringDelegate, "a");
  }
}
```

```
private void Method2()
{
  while (true)
  {
    Thread.Sleep(100);                          //线程 2 休眠 100ms
    richTextBox1.Invoke(appendStringDelegate, "b");
  }
}
```

（5）分别在“启动线程”和“终止线程”按钮的 Click 事件中添加以下代码。

```
private void btnStart_Click(object sender, EventArgs e)
{
  richTextBox1.Text = "";
  thread1 = new Thread(new ThreadStart(Method1));
  thread2 = new Thread(new ThreadStart(Method2));
  thread1.Start();
  thread2.Start();
}

private void btnStop_Click(object sender, EventArgs e)
{
  thread1.Abort();
  thread1.Join();
  thread2.Abort();
  thread2.Join();
  MessageBox.Show("线程 1、2 终止成功");
}
```

（6）按 F5 键编译并执行，单击“启动线程”按钮后，再单击“终止线程”按钮，运行结果如图 15-6 所示。

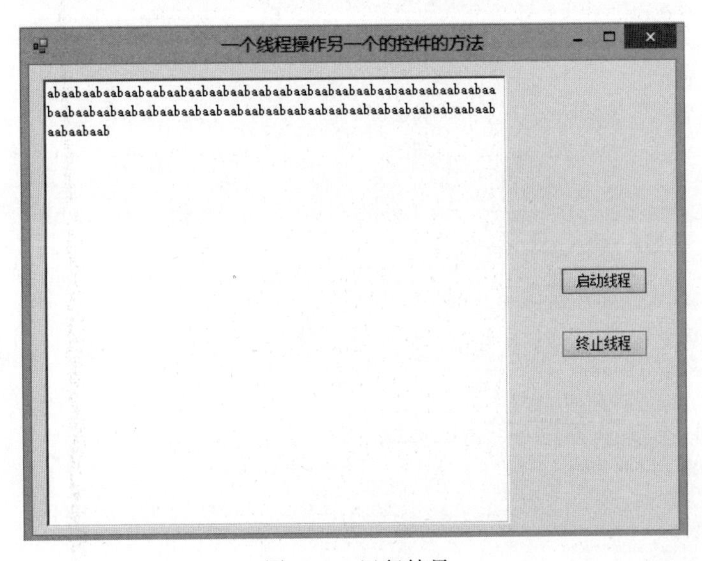

图 15-6　运行结果

15.4 游戏详细设计及代码实现

在贪吃蛇游戏的概要设计中,已解决了实现该游戏所需要的设计思路和逻辑设计的问题。本节将介绍游戏的详细设计。在本节的详细设计中,将具体地实现该游戏。具体而言,主要有三个步骤,包括蛇类的设计、主界面的设计实现、游戏颜色设置设计实现。

15.4.1 蛇类的设计实现

在本部分中,设计编码实现设计蛇类(Snake 类),实现贪吃蛇所涉及的主要功能,主要包括产生蛇(DrawSnake()方法)、删除蛇(DeleteSnake()方法)、返回蛇体(GetSnake()方法)、蛇体移动(Move()方法)、复制蛇身(CopyBody()方法)、吃食物(Eat()方法)。具体代码如例 15-3 所示。

【例 15-3】 蛇类(Snake.cs)的代码。

```
using System;
using System.Collections;
using System.Drawing;
using System.Windows.Forms;

namespace SnakeRun
{
    class Snake
    {
        //判断食物是否在蛇身体里
        private bool hasFood = false;
        //蛇身介质
        private Label body;
        //蛇的颜色
        private Color _color = System.Drawing.Color.SkyBlue;
        //颜色属性
        public System.Drawing.Color BodyColor
        {
            set
            {
                this._color = value;
            }
        }
        //蛇的大小
        private Size size;
        //移动方向默认向西
        private SnakeRun.Way way = Way.WEST;
        public Way SnakeWay
        {
            set
            {
                this.way = value;
            }
```

```
            get
            {
                return way;
            }
        }
        //蛇身
        private ArrayList snake;
        //构造函数
        public Snake()
        {
        }
        //产生蛇
        public void DrawSnake()
        {
            //设置大小
            size = new Size(10, 10);
            //设置身体
            snake = new ArrayList();
            for (int i = 0; i < 5; i++)
            {
                body = new Label();
                body.BackColor = _color;
                body.Size = size;
                body.BorderStyle = System.Windows.Forms.BorderStyle.FixedSingle;
                body.Location = new Point(200 + i * 10, 150);
                snake.Add(body);
            }
        }
        //删除蛇
        public void DeleteSnake()
        {
            snake.Clear();
        }
        //返回蛇体
        public ArrayList GetSnake()
        {
            return snake;
        }
        //蛇体移动
        public void Move(System.Windows.Forms.Control control)
        {
            if (!this.hasFood)
            {
                control.Controls.Remove(control.GetChildAtPoint(((Label)snake[snake.Count - 1]).
Location));
                snake.RemoveAt(snake.Count - 1);
            }
            Label temp = new Label();
            this.CopyBody(temp, (Label)snake[0]);
            switch (this.way)
            {
```

```
                case Way.WEST:
                    {
                        temp.Left -= 10;
                        snake.Insert(0, temp);
                        break;
                    }

                case Way.EAST:
                    {
                        temp.Left += 10;
                        snake.Insert(0, temp);
                        break;
                    }
                case Way.NORTH:
                    {
                        temp.Top -= 10;
                        snake.Insert(0, temp);
                        break;
                    }
                case Way.SOUTH:
                    {
                        temp.Top += 10;
                        snake.Insert(0, temp);
                        break;
                    }
            }
            control.Controls.Add((Label)snake[0]);
            if (this.hasFood)
            {
                this.hasFood = false;
            }

        }
        //复制蛇身
        private void CopyBody(Label x, Label y)
        {
            x.Location = y.Location;
            x.BackColor = y.BackColor;
            x.Size = y.Size;
            x.BorderStyle = y.BorderStyle;
        }
        //吃食物
        public bool Eat(Point food)
        {
            if (((Label)snake[0]).Left == food.X && ((Label)snake[0]).Top == food.Y)
            {
                //吃到东西
                this.hasFood = true;
                return true;
            }
```

```
            return false;
        }
    }
}
```

15.4.2　主窗体设计实现

在本游戏中,主窗体的作用就是显示所有的功能菜单项和提供游戏的显示界面。在本窗体中主要包括四种类型的控件,通过这些控件玩家可以方便地控制游戏。本窗体中的主要控件的名称、作用和类型如表15-1所示。

表15-1　主窗体的控件设计

控件类型	控件名称	作　用
menuItem	menuSnakeColor	蛇体颜色设置
	menuFoodColor	食物颜色设置
	menuDifficultySet	游戏难度设置
	menuGreenhand	菜鸟
	menuBigbird	大鸟
	menuOldbird	老鸟
	menuSelfabuse	自虐
	menuExit	退出
Panel	Panel1	显示游戏界面
TextBox	txtCount	显示积分
Button	btnStart	开始
	btnClear	清除

(1) 定义枚举,表示蛇体的移动方向,代码如例15-4所示。

【例15-4】 定义枚举,表示蛇体的移动方向。

```
public enum Way
{
    EAST,
    SOUTH,
    WEST,
    NORTH
}
```

(2) 定义本界面设计中所涉及的变量、实例、委托,主要代码如例15-5所示。

【例15-5】 定义本界面设计中所涉及的变量、实例、委托。

```
//移动速度控制
private int speed = 500;

//食物坐标
private Point foodPoint;

//食物颜色
private System.Drawing.Color foodColor = System.Drawing.Color.Green;
```

```
//统计吞下多少食物
private int foodCount = 0;

//定义布尔变量,表示是否停止游戏
private bool isStop = false;

//定义布尔变量,表示游戏是否结束
private bool isGameOver = false;

//定义 Snake 类的实例 snake
private Snake snake = new Snake();

//定义 Thread 类的实例 game
private Thread game;

//创建委托,实现消除原本的食物
private delegate void DrawDele();
private DrawDele drawDelegate;

//创建委托,实现积分累加
public delegate void EventHandler();
private EventHandler eventHandler;

//创建委托,实现消除原来的蛇体
public delegate void ClearDraw();
private ClearDraw clearDraw;

//创建委托,实现设置积分为零
public delegate void ClearTextBox();
private ClearTextBox clearTextBox;

//创建委托,设置"清除"按钮的可用性
public delegate void EnableButton();
private EnableButton enableButton;
```

(3) 定义本界面设计中所涉及的公有方法,主要代码如例 15-6 所示。

【例 15-6】 定义本界面设计中所涉及的公有方法。

```
//画蛇体
private void DrawSnake()
{
    lock (this)
    {
        foreach (Label temp in snake.GetSnake())
        {
            this.panel1.Controls.Add(temp);
        }
    }
}
```

```
//清除蛇体
private void ClearSnake()
{
    lock (this)
    {
        foreach (Label temp in snake.GetSnake())
        {
            this.panel1.Controls.Remove(temp);
        }
        this.panel1.Controls.Clear();
    }
}

//设置积分为零
private void ClearTextBoxText()
{
    this.txtCount.Text = "0";
}

//设置"清除"按钮的可用性
private void CotrolEnableButton()
{
    this.btnClear.Enabled = true;
}

//是否游戏结束
private bool IsGameOver()
{
    ArrayList temp = this.snake.GetSnake();
    Label head = (Label)temp[0];

    if(((Label)this.snake.GetSnake()[0]).Left == 0 || ((Label)this.snake.GetSnake()[0]).Left == 390 ||
        ((Label)this.snake.GetSnake()[0]).Top == 0 || ((Label)this.snake.GetSnake()[0]).Top == 290)
    {
        return true;
    }
    return false;
}

//开始游戏
private void StartGame()
{
    drawDelegate = new DrawDele(PutFood);
    this.Invoke(drawDelegate, null);
    while (true)
    {
        if (isGameOver == false)
        {
            Thread.Sleep(speed);
            if (this.IsGameOver() == true)
            {
```

```
                    MessageBox.Show("GAME OVER");
                    isGameOver = true;
                    enableButton = new EnableButton(CotrolEnableButton);
                    this.Invoke(enableButton, null);

                    this.game.Abort();

                }
                if (this.snake.Eat(this.foodPoint))
                {
                    eventHandler = new EventHandler(SetCount);
                    this.Invoke(eventHandler, null);
                    //消除原本的食物
                    drawDelegate = new DrawDele(KillFood);

                    //Invoke()的作用是：在应用程序的主线程上执行指定的委托.
                    //一般应用：在辅助线程中修改 UI 线程(主线程)中对象的属性时，调用 this.Invoke();
                    this.Invoke(drawDelegate, null);
                    //添加新食物
                    drawDelegate = new DrawDele(PutFood);
                    this.Invoke(drawDelegate, null);
                }
                drawDelegate = new DrawDele(MoveSnake);
                this.Invoke(drawDelegate, null);
            }
            else
            {
                isGameOver = true;

                Thread.Sleep(speed);
                if (this.snake.Eat(this.foodPoint))
                {
                    eventHandler = new EventHandler(SetCount);
                    this.Invoke(eventHandler, null);
                    //消除原本的食物
                    drawDelegate = new DrawDele(KillFood);

                    //Invoke()的作用是：在应用程序的主线程上执行指定的委托.
                    //一般应用：在辅助线程中修改 UI 线程(主线程)中对象的属性时，调用 this.Invoke();
                    this.Invoke(drawDelegate, null);
                    //添加新食物
                    drawDelegate = new DrawDele(PutFood);
                    this.Invoke(drawDelegate, null);
                }
                drawDelegate = new DrawDele(MoveSnake);
                this.Invoke(drawDelegate, null);
            }
        }
    }

    //实现积分累加
```

```
private void SetCount()
{
    this.txtCount.Text = System.Convert.ToString(++this.foodCount * 10);
}

//生成食物
private void PutFood()
{
    Random rand = new Random();
    int x = rand.Next(350);
    int y = rand.Next(250);
    Label lblFood = new Label();
    lblFood.Size = new Size(10, 10);
    lblFood.BorderStyle = System.Windows.Forms.BorderStyle.FixedSingle;
    lblFood.BackColor = foodColor;
    lblFood.Location = new Point(x % 10 == 0 ? x : x + (10 - x % 10), y % 10 == 0 ? y : y + (10 -
y % 10));
    this.foodPoint = new Point(lblFood.Left, lblFood.Top);
    this.panel1.Controls.Add(lblFood);

}


//移动蛇身
private void MoveSnake()
{
    this.snake.Move(this.panel1);
}

//清除食物
private void KillFood()
{
    this.ClearFood(this.foodPoint);
}

private void ClearFood(Point food)
{
    this.panel1.Controls.Remove(this.panel1.GetChildAtPoint(food));
}

//去除菜单项的勾选
private void ClearHook()
{
    this.menuGreenhand.Checked = false;
    this.menuBigbird.Checked = false;
    this.menuOldbird.Checked = false;
    this.menuSelfabuse.Checked = false;
}
```

(4) 定义主界面的 Form_Load()事件，主要代码如例 15-7 所示。

【例 15-7】 定义主界面的 Form_Load()事件。

```
private void Form1_Load(object sender, EventArgs e)
{
    isGameOver = false;
    this.btnStart.Enabled = true;
    this.btnClear.Enabled = false;
}
```

(5) 定义主界面"开始"按钮的 btnStart_Click()事件，主要代码如例 15-8 所示。

【例 15-8】 定义主界面"开始"按钮的 btnStart_Click()事件。

```
private void btnStart_Click(object sender, EventArgs e)
{
        this.btnStart.Enabled = false;

        //屏蔽游戏菜单
        this.menuItem1.Enabled = false;
        this.menuItem5.Enabled = false;
        //画蛇
        this.snake.DrawSnake();

        game = new Thread(new ThreadStart(StartGame));
        game.Start();
        this.DrawSnake();
        this.btnStart.Enabled = false;
        this.Focus();
}
```

(6) 定义主界面"清除"按钮的 btnClear_Click()事件，主要代码如例 15-9 所示。

【例 15-9】 定义主界面"清除"按钮的 btnClear_Click()事件。

```
private void btnClear_Click(object sender, EventArgs e)
{
     Thread.Sleep(speed);
     Thread.Sleep(speed);

    isGameOver = false;

    this.btnStart.Enabled = true;
    this.btnClear.Enabled = false;

    try
    {
          this.game.Abort();
          this.game.Join(10);
    }
    catch
    {
    }
```

```
    snake.DeleteSnake();
    clearDraw = new ClearDraw(ClearSnake);
    this.Invoke(clearDraw, null);

    clearTextBox = new ClearTextBox(ClearTextBoxText);
    this.Invoke(clearTextBox, null);
    foodCount = 0;
}
```

(7) 定义主界面键盘响应事件 Form1_KeyPress()事件，主要代码如例 15-10 所示。

【例 15-10】 定义主界面键盘响应事件 Form1_KeyPress()。

```
private void Form1_KeyPress(object sender, KeyPressEventArgs e)
{
    if (e.KeyChar == 'a')
        this.snake.SnakeWay = (this.snake.SnakeWay == Way.EAST) ? Way.EAST : Way.WEST;
    else if (e.KeyChar == 'd')
        this.snake.SnakeWay = (this.snake.SnakeWay == Way.WEST) ? Way.WEST : Way.EAST;
    else if (e.KeyChar == 'w')
        this.snake.SnakeWay = (this.snake.SnakeWay == Way.SOUTH) ? Way.SOUTH : Way.NORTH;
    else if (e.KeyChar == 's')
        this.snake.SnakeWay = (this.snake.SnakeWay == Way.NORTH) ? Way.SOUTH : Way.SOUTH;
    else if (e.KeyChar == 32)
    {
        if (this.isStop)
            game.Resume();
        else
            game.Suspend();
        this.isStop = !this.isStop;
    }
    else
        e.Handled = true;
}
```

(8) 定义打开蛇体颜色设置窗体，主要代码如例 15-11 所示。

【例 15-11】 定义打开蛇体颜色设置窗体。

```
private void menuSnakeColor_Click(object sender, EventArgs e)
{
    //蛇体颜色设置
    frmSnakeColor temp = new frmSnakeColor();
    if (temp.ShowDialog(this) == DialogResult.OK)
    {
        this.snake.BodyColor = temp.Color;
        temp.Dispose();
    }
}
```

(9) 定义打开食物颜色设置窗体,主要代码如例 15-12 所示。

【例 15-12】 定义打开食物颜色设置窗体。

```
private void menuFoodColor_Click(object sender, EventArgs e)
{
    //食物颜色设置
    frmSnakeColor temp = new frmSnakeColor();
    if (temp.ShowDialog(this) == DialogResult.OK)
    {
        this.foodColor = temp.Color;
        temp.Dispose();
    }
}
```

(10) 定义游戏"难度选择"按钮事件代码,主要代码如例 15-13 所示。

【例 15-13】 定义游戏"难度选择"按钮事件代码。

```
//菜鸟难度
private void menuGreenhand_Click(object sender, EventArgs e)
{
    ClearHook();
    this.menuGreenhand.Checked = true;
    this.speed = 500;
}

//大鸟难度
private void menuBigbird_Click(object sender, EventArgs e)
{
    ClearHook();
    this.menuOldbird.Checked = true;
    this.speed = 180;
}

//老鸟难度
private void menuOldbird_Click(object sender, EventArgs e)
{
    ClearHook();
    this.menuSelfabuse.Checked = true;
    this.speed = 100;
}

//自虐难度
private void menuSelfabuse_Click(object sender, EventArgs e)
{
    ClearHook();
    this.menuBigbird.Checked = true;
    this.speed = 60;
}
```

(11) 定义 Form1_FormClosed()事件代码,主要代码如例 15-14 所示。

【例 15-14】 定义 Form1_FormClosed()事件代码。

```
private void Form1_FormClosed(object sender, FormClosedEventArgs e)
{
    try
    {
        game.Abort();
    }
    catch
    {
    }
}
```

15.4.3 游戏颜色设置窗体设计实现

游戏颜色设置窗体的作用,就是设置本游戏中的蛇体和食物的颜色。在本窗体中共设计了 3 种控件,这 3 种控件的设置及其作用如表 15-2 所示。

表 15-2 游戏颜色设置窗体的控件设计

控件类型	控件名称	控件属性设置	作　用
Label	lblColor		显示选择的颜色
ComboBox	cmbColor		选择颜色
Button	btnSure	设置 DialogResult 为"OK"	确定

游戏颜色设置窗体的主要代码如例 15-15 所示。

【例 15-15】 游戏颜色设置窗体的主要代码。

```
using System;
using System.Collections.Generic;
using System.ComponentModel;
using System.Data;
using System.Drawing;
using System.Linq;
using System.Text;
using System.Threading.Tasks;
using System.Windows.Forms;

namespace SnakeRun
{
    public partial class frmSnakeColor : Form
    {
        public frmSnakeColor()
        {
            InitializeComponent();
        }

        public System.Drawing.Color Color
        {
```

```
                get
                {
                    return this.lblColor.BackColor;
                }
                set
                {
                    this.lblColor.BackColor = value;
                }
            }

            private void cmbColor_SelectedIndexChanged(object sender, EventArgs e)
            {
                switch (this.cmbColor.SelectedIndex)
                {
                    case 0: this.Color = System.Drawing.Color.Red; break;
                    case 1: this.Color = System.Drawing.Color.Yellow; break;
                    case 2: this.Color = System.Drawing.Color.Green; break;
                    case 3: this.Color = System.Drawing.Color.SkyBlue; break;
                    case 4: this.Color = System.Drawing.Color.Pink; break;
                    case 5: this.Color = System.Drawing.Color.Fuchsia; break;
                }
            }
        }
    }
```

15.5 小结

本项目作为游戏设计的入门经典，其中所涉及的一些知识和方法值得读者深入学习、体会和运用，通过本项目读者可以进一步熟悉 GDI 绘图、线程、委托、数据结构的相关知识，加深对游戏开发的了解。

图书馆管理信息系统

为了提高中小型图书馆的工作效率，更好地适应读者的借阅需求，解决手工管理中存在的许多弊端，越来越多的中小型图书馆已经逐步向计算机信息化管理转变。

通过本项目案例的阅读和实践，可以学习到：

- 了解如何对于一个系统做需求分析及前期策划。
- 掌握如何建立、使用 SQL Server 2008 数据库。
- 掌握图书馆管理系统的开发流程。

16.1 开发背景

图书馆作为学习的场所，不仅要求便于管理，而且要求为读者、借阅者提供方便快速的查找、借阅和登记手续，充分提高工作效率。

16.2 需求分析

图书馆需要进行统一的管理，也要求具有很强的时效性。一方面，对图书馆现有藏书的数量、种类和各类书籍的借阅情况要及时掌握；另一方面，既要减少旧书和大量内容重复的图书占用有限的空间，又要尽量做到图书种类的齐全，作为图书馆的管理人员需要及时地对图书进行上架和注销处理。

16.3 系统设计

16.3.1 系统目标

图书馆管理信息系统是典型的管理信息系统(Management Information System，MIS)，其开发主要包括后台数据库的建立、维护以及前台应用程序的开发两个方面。一方面要求建立数据一致和完整性强、数据安全性高的数据库；另一方面要求应用程序具有功能完备、易使用等特点。

图书管理涉及图书信息、读者信息、图书借阅信息、系统用户信息等多种数据管理。从管理的角度可将数据管理分为3类：图书信息管理、读者数据管理、系统用户管理。图书管理管理包括图书增减、归档、借还、查询等操作；读者数据管理包括读者类别管理和个人数据的录入、修改和删除；系统用户管理包括系统用户类别和用户数据管理。

本系统实施后，应达到以下目标。

(1) 图书馆各项数据信息必须保证安全性和完整性。

(2) 分权限进行管理。

(3) 能随时查询书库中图书的库存量，以便准确、及时、方便地为读者提供借阅信息。

(4) 系统管理员定时整理系统数据库，实现对图书的借阅、读者的管理、书目的增减等操作。

16.3.2 系统预览

图书馆管理信息系统的登录界面如图16-1所示。输入用户名和密码（系统管理员的用户名和密码分别是admin和admin；工作人员的用户名和密码分别是worker和worker；读者的用户名和密码分别是reader和reader），单击"确定"按钮，进入应用程序主界面，如图16-2所示（该界面为系统管理员界面）。

图16-1 登录界面

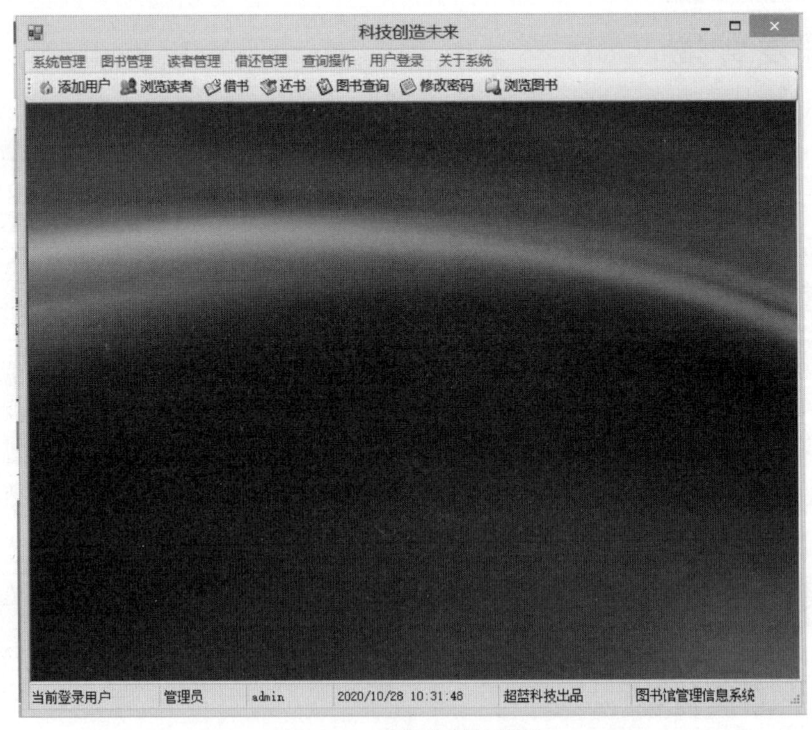

图16-2 系统管理员界面

16.3.3　系统设计思想

图书馆管理信息系统主要具有以下几方面的功能。

（1）图书借阅者的需求是查询图书馆所存的图书、个人借阅情况及个人信息。

（2）图书馆工作人员对图书借阅者的借阅及还书要求进行操作，同时形成借书和还书报表给借阅者查看和确认。

（3）图书馆管理人员的功能最为复杂，包括对工作人员、图书借阅者、图书进行管理和维护，以及对系统状态的查看、维护等。

图书借阅者可以直接查看图书馆的图书情况，如果图书借阅者根据本人借书证号和密码登录系统，还可以进行本人借书情况的查询和部分个人信息的维护。一般情况下，图书借阅者只能查询和维护本人的借书情况和个人信息。

图书馆工作有修改图书借阅者借书和还书记录的权限，所以需要对图书馆工作人员登录本模块进行更多的考虑。在此模块中，图书馆工作人员可以为图书借阅者添加借书记录或还书记录，并打印生成相应的报表给用户查看和确认。

图书馆管理人员管理的信息量大，数据安全性和保密性要求高，包括实现对图书信息、借阅者信息、总体借阅信息的管理和统计，对工作人员信息和管理人员信息的查看和维护。图书馆管理人员可以浏览、查询、添加、删除、修改、统计图书的基本信息；浏览、查询、统计、添加、删除和修改图书借阅者的基本信息，浏览、查询、统计图书馆的借阅信息，但不能添加、删除和修改借阅信息，这部分功能应该由图书馆工作人员执行，但是在删除某条图书借阅者基本信息记录时，应实现对该图书借阅者借阅记录的级联删除。

本系统的具体功能如下。

（1）设计不同用户的操作权限和登录方法。

（2）对所有用户开放的图书查询。

（3）借阅者维护部分个人信息。

（4）借阅者查看个人借阅信息。

（5）借阅者维护个人密码。

（6）根据借阅情况对数据库进行操作并生成报表。

（7）根据还书情况对数据库进行操作并生成报表。

（8）查询及统计各种信息。

（9）维护图书信息。

（10）维护工作人员和管理人员信息。

（11）维护借阅者信息。

16.3.4　功能模块设计

通过对用户需求和系统设计思想的分析，可以得出该图书馆管理信息系统大致可以分为几个大模块：图书馆管理人员维护管理模块、图书馆工作人员借还管理模块、借阅者查询模块。

1. 图书馆管理人员维护管理模块

1）系统管理模块

系统用户身份的分类、录入、修改和删除。

2）图书管理模块

图书数据的录入、修改、删除和校审等。

3）读者管理模块

借阅者个人数据的录入、修改和删除等。

2. 图书馆工作人员借还管理模块

包括图书的借阅、续借、返还；图书借阅数据的修改和删除；图书书目查询等。

3. 借阅者查询模块

图书书目查询；借阅情况查询。

本系统的系统结构功能如图16-3所示。

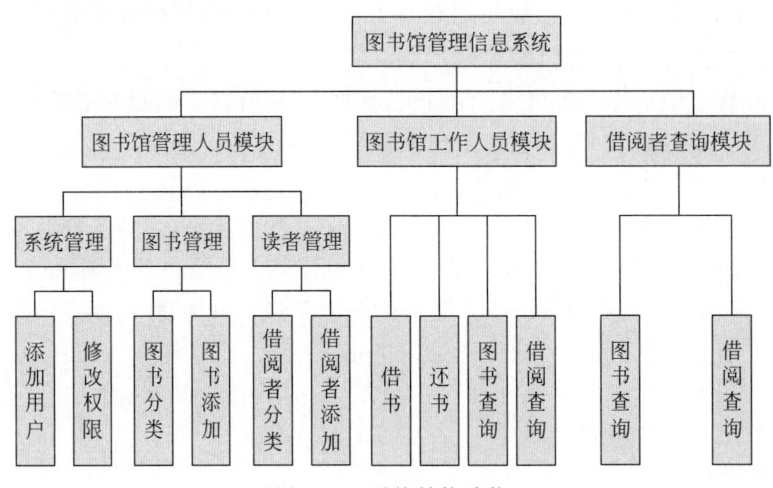

图16-3 系统结构功能

16.3.5 数据库分析

由于本系统是为中小型的图书馆开发的程序，需要充分考虑到成本问题及用户需求等问题，而SQL Server 2008作为目前较为常用的数据库，该数据库系统在安全性、准确性和运行速度方面有绝对的优势，并且处理数据量大、效率高，可以满足中小型企业的需求，所以本系统采用SQL Server 2008数据库。

16.3.6 数据库概念设计

在数据库概念设计阶段，设计人员从用户的角度来看待数据及处理要求和约束，产生一个反映用户观点的概念模式，然后把概念模式转换成逻辑模式。利用E-R(Entity-Relationship，实体关系)方法进行数据库的概念设计，可以分为3个步骤进行：首先设计局部E-R模式；然后把各局部E-R模式综合成一个全局模式；最后对全局E-R模式进行优化，得到最终的模式，即概念模式。

1. 设计局部E-R模式

实体和属性的定义如下。

(1) 图书(编号，名称，作者，出版社，出版日期，价格，数量，类别，备注)

(2) 借出图书(借书证号，图书编号，借出时间)

(3) 借阅者(借书证号，姓名，性别，身份证，电话，密码，罚款，身份编号)

(4) 身份(身份编号,身份描述,最大借阅数,最长借阅时间)

(5) 图书类别(图书类别编号,类别描述)

(6) 管理员(名称,密码,管理权限)

E-R模式的"联系"用于刻画实体之间的关联。完整的模式是对局部结构中任意两个实体类型,依据需求分析的结果,考察局部结构中任意两个实体类型之间是否存在联系。若有联系,则进一步确定是1∶N,M∶N,还是1∶1。还要考察一个实体类型内部是否存在联系,两个实体类型之间是否存在联系,多个实体类型之间是否存在联系等。

对于本系统,可以总结出以下规律。

(1) 一个借阅者(用户)只能具有一种身份,而一种身份可被多个借阅者所具有。

(2) 一个图书只能属于一种图书类别,而一种图书类别可以包含多本图书。

(3) 一个用户可以借阅多本不同的书,而一本书也可以被多个不同的用户所借阅。

2. 设计全局E-R模式

所有局部E-R模式设计完成以后,就可以把它们综合成统一的全局概念结构。全局概念结构不仅要支持所有局部E-R模式,而且必须合理地表示为一个完整、一致的数据库概念结构。为了提高数据库系统的效率,还应进一步依据处理需求对E-R模式进行优化。一个好的全局E-R模式,除了能准确、全面地反映用户功能需求外,还应满足下列条件:实体类型个数要尽可能少;实体类型所含属性个数尽可能少;实体类型之间联系无冗余。

图书馆管理信息系统的全局E-R模式如图16-4所示。

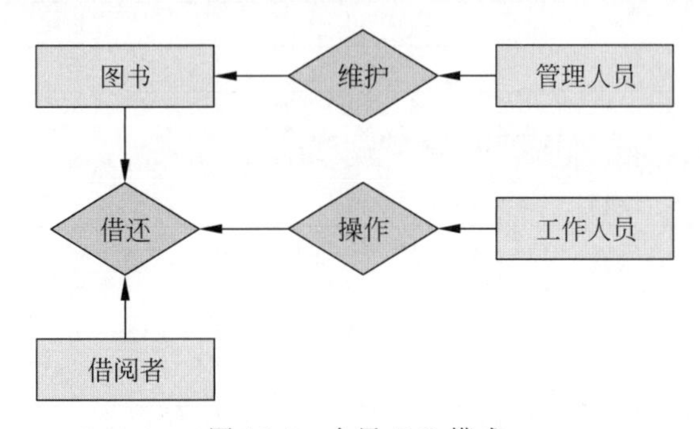

图16-4　全局E-R模式

16.3.7　数据库逻辑设计

根据数据库的概念设计,可以进一步进行数据库的逻辑设计。系统数据库命名为db_LibraryMIS,数据库中包括以下数据表:①图书信息表(tb_Book);②借出图书信息表(tb_BookOut);③借阅者信息表(tb_Person);④身份信息表(tb_Identity);⑤图书类别信息表(tb_Type);⑥管理员信息表(tb_Manager)。

下面,分别列出各个数据表的数据结构,如表16-1～表16-6所示。

表16-1　图书信息表(tb_Book)的数据结构

字段名	数据类型	长度	主键	描述
BID	varchar	50	是	图书编号
BName	varchar	50	否	图书名称

续表

字 段 名	数据类型	长度	主键	描 述
BWriter	varchar	50	否	作者
BPublish	varchar	50	否	出版社
BDate	datetime	8	否	出版日期
BPrice	money	8	否	价格
BNum	int	4	否	数量
BType	varchar	50	否	类型
BRemark	varchar	255	否	备注

表 16-2 借出图书信息表(tb_BookOut)的数据结构

字 段 名	数据类型	长度	主键	描 述
OID	int	4	是	借出图书编号
BID	varchar	50	否	图书编号
PID	varchar	50	否	借书证编号
ODate	datetime	8	否	借出日期

表 16-3 借阅者信息表(tb_Person)的数据结构

字 段 名	数据类型	长度	主键	描 述
PID	varchar	50	是	借书证编号
PName	varchar	50	否	姓名
PSex	nchar	10	否	性别
PPhone	varchar	50	否	电话
PN	varchar	50	否	身份证
PCode	varchar	50	否	密码
PMoney	float	8	否	罚款
PIdentity	varchar	50	否	身份
PRemark	varchar	50	否	备注
PSys	bit	1	否	权限

表 16-4 身份信息表(tb_Identity)的数据结构

字 段 名	数据类型	长度	主键	描 述
PIdentity	varchar	50	是	身份
longTime	int	4	否	最长借阅时间
bigNum	int	4	否	最大借阅数量

表 16-5 图书类别信息表(tb_Type)的数据结构

字 段 名	数据类型	长度	主键	描 述
TID	int	4	否	类别编号
TType	varchar	50	是	类别
TRemark	varchar	100	否	类别描述

表 16-6　管理员信息表(tb_Manager)的数据结构

字　段　名	数 据 类 型	长度	主键	描　　述
MName	varchar	50	是	名称
MCode	varchar	50	否	密码
IsManage	bit	1	否	管理人员
IsWork	bit	1	否	工作人员
IsQuery	bit	1	否	查询

16.3.8　数据库表之间的关系

一般情况下,数据库所包含的表都不是独立存在的,而是表与表之间有一定的关系,称为关联。例如,图书信息表中的“类型”来源于图书类别信息表中现有的类型；借出图书信息表中的“图书编号”来源于图书信息表中现有的图书编号,“借书证编号”来源于借阅者信息表中现有的借书证编号。

根据 E-R 模式,从而确定出一些表与表之间的字段需要进行关联。需要设置图书类别信息表与图书信息表、图书信息表与借出图书信息表、借出图书信息表与借阅者信息表、借阅者信息表与身份信息表之间的关系,数据库中表与表之间的关系如图 16-5 所示。

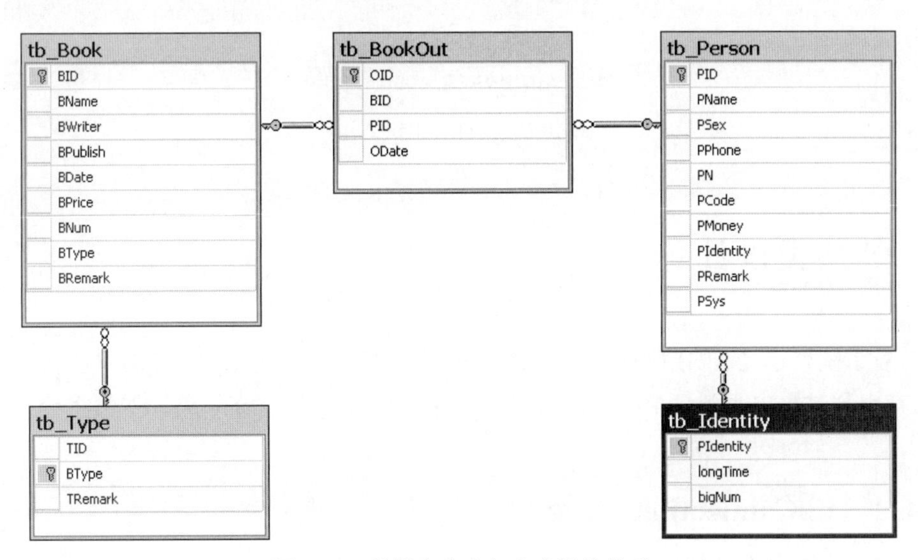

图 16-5　数据库中表与表之间的关系

16.3.9　文件夹组织结构

每个项目都会有相应的文件夹组织结构。在开发图书馆管理信息系统之前,设计如图 16-6 所示的文件夹组织结构,在开发时只需要将相应的文件保存到对应文件夹下即可。

由图 16-6 可知,本系统设计了两个文件夹,其中的 database 文件夹用于存放两个公共类(dbConnection.cs 和 BaseClass.cs)；其中的 image 文件夹用于存放图片文件；而窗体文件直接存放在项目根目录下。

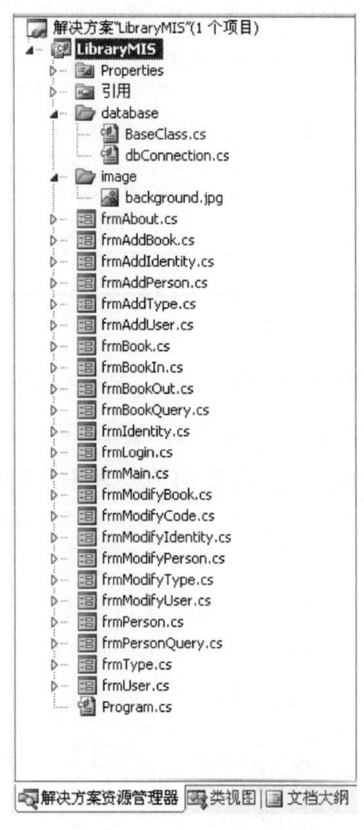

图 16-6 文件夹组织结构

16.4 公共类设计

为了节省系统资源，实现代码重用，在系统设计中以类的形式来组织、封装一些常用的方法和事件，将会在编程过程中起到事半功倍的效果。本系统创建了两个公共类。下面将分别介绍这两个公共类。

16.4.1 dbConnection.cs 类

dbConnection.cs 类用于提供连接数据库的字符串，代码如例 16-1 所示；并在程序中设置变量来调用这个类，代码如例 16-2 所示。

【例 16-1】 dbConnection.cs 类的代码。

```
using System;
using System.Collections.Generic;
using System.Text;

namespace LibraryMIS.database
{
    class dbConnection
```

```
    {
        public dbConnection()
        {
            //
            // TODO: 在此处添加构造函数逻辑
            //
        }
        public static string connection
        {
            get
            { return "Data Source = WIN - GMFEFU9VMO5\\SQLEXPRESS;Initial Catalog = db_LibraryMIS;
Integrated Security = True;"; }
        }
    }
}
```

【例 16-2】 在程序中调用 dbConnection.cs 类的代码。

```
private SqlConnection myCon = null;
myCon = new SqlConnection(LibraryMIS.database.dbConnection.connection);
```

16.4.2 BaseClass.cs 类

BaseClass.cs 类用于提供一些常用的方法,代码如例 16-3 所示。在本系统中,BaseClass.cs 类提供用于判定输入的字符串是否为数字的方法。

【例 16-3】 BaseClass.cs 类的代码。

```
using System;
using System.Collections.Generic;
using System.Text;

namespace LibraryMIS.database
{
    class BaseClass
    {
        #region 判断是否为数字
        /// <summary>
        /// 判断数据字符是否为数字(1234567890.)
        /// </summary>
        /// <param name = "strCode">需要判断的字符串</param>
        /// <returns></returns>
        public bool IsNumeric(string strCode)
        {

            if (strCode == null || strCode.Length == 0)
            {
                return false;
            }
            ASCIIEncoding ascii = new ASCIIEncoding();
            byte[] byteStr = ascii.GetBytes(strCode);
```

```
                foreach (byte code in byteStr)
                {

                    if(code == 190||code == 110)  //.的 ASCII 为 110 或 190
                    if (code < 48 || code > 57 )
                        return false;
                }
                return true;
            }
            #endregion
        }
    }
```

16.5 系统登录模块设计

16.5.1 系统登录模块概述

系统登录模块，主要用于对进入系统的用户进行安全性检查和权限分配，以防止非法用户登录系统。系统登录界面运行结果如图16-7所示。在登录界面中，首先选择要登录的角色，然后根据确定显示的界面，把登录用户的信息显示到主界面的状态栏中。

图16-7 系统登录界面运行结果

16.5.2 系统登录模块技术分析

在开发系统登录模块过程中，通过选择不同角色来确定是从哪个数据表(tb_Manager或tb_Person)中读取相应的权限；对于不同权限的用户，显示不同的菜单项和工具项，让用户使用，从而实现用户的权限管理。

16.5.3 系统登录模块实现过程

本模块使用的数据表：tb_Manager和tb_Person。

登录模块的具体实现步骤如下。

(1) 新建一个 Windows 窗体,命名为 frmLogin. cs。该窗体所包含的主要控件如表 16-7 所示。

表 16-7　系统登录窗体中的主要控件

控件类型	控件 Name	主要属性设置	用　途
RadioButton	rdoManage	Text 属性设置为"管理人员"	选择角色为管理人员
	rdoPerson	Text 属性设置为"读者"	选择角色为读者
TextBox	txtName	无	输入图书证号或名称
	txtPassword	PasswordChar 属性设置为"*"	输入密码
Button	bntOk	Text 属性设置为"确定"	确定
	bntClose	Text 属性设置为"取消"	取消

(2) 输入图书证号或名称、密码后,单击"确定"按钮,登录系统。其关键代码如下。

【例 16-4】 登录窗体中,"确定"按钮的 Click 事件的代码。

```
private void btOk_Click(object sender, EventArgs e)
{
    if (txtName.Text.Trim() == "" || txtPassword.Text.Trim() == "")
        MessageBox.Show("请输入用户名和密码", "提示");
    else
    {
        myCon.Open();
        SqlCommand cmd = new SqlCommand("", myCon);
        if (rdoManage.Checked == true)              //选择角色为"管理人员"
        {
            string sql = "select * from tb_Manager where MName = '" + txtName.Text.Trim() +
"' and MCode = '" + txtPassword.Text.Trim() + "'";      //从 tb_Manager 中读取记录
            cmd.CommandText = sql;
            if ( cmd.ExecuteScalar() != null)
            {
                this.Visible = false;               //隐藏登录窗口
                frmMain main = new frmMain();       //创建并打开主界面
                main.Tag = this.FindForm();
                SqlDataReader dr;
                cmd.CommandText = sql;
                dr = cmd.ExecuteReader();
                dr.Read();

                if ((bool)dr.GetValue(2))           //赋予管理人员的权限
                {
                    main.menuItem1.Visible = true;
                    main.menuItem2.Visible = true;
                    main.menuItem3.Visible = true;
                    main.toolBarButton1.Visible = true;
                    main.toolBarButton2.Visible = true;
                    main.toolBarButton7.Visible = true;
                }

                if ((bool)dr.GetValue(3))           //赋予工作人员的权限
```

```
                {
                    main.menuItem4.Visible = true;
                    main.toolBarButton3.Visible = true;
                    main.toolBarButton4.Visible = true;
                }

                if ((bool)dr.GetValue(4))          //赋予查询的权限
                {
                    main.menuItem5.Visible = true;
                    main.toolBarButton5.Visible = true;
                }

                main.statusBarPanel2.Text = txtName.Text.Trim();
                main.statusBarPanel6.Text = "管理员";
                main.ShowDialog();
            }
            else
                MessageBox.Show("用户名或密码错误", "警告");
        }
        else if (rdoPerson.Checked == true)
        {
            string sql = "select * from tb_Person where PID = '" + txtName.Text.Trim() + "' and
PCode = '" + txtPassword.Text.Trim() + "'";
            cmd.CommandText = sql;
            if ( cmd.ExecuteScalar()!= null)
            {
                this.Visible = false;              //隐藏登录窗口
                frmMain main = new frmMain();      //创建并打开主界面
                main.Tag = this.FindForm();
                SqlDataReader dr;
                cmd.CommandText = sql;
                dr = cmd.ExecuteReader();
                dr.Read();

                if ((bool)dr.GetValue(9))          //赋予读者的权限
                {
                    main.menuItem5.Visible = true;
                    main.toolBarButton5.Visible = true;
                }
                main.statusBarPanel2.Text = txtName.Text.Trim();
                main.statusBarPanel6.Text = "读者";
                main.ShowDialog();
            }
            else
                MessageBox.Show("用户名或密码错误", "警告");
        }
        else
            MessageBox.Show("没有选择角色", "提示");
            myCon.Close();
    }
}
```

16.6 主窗体设计

16.6.1 主窗体概述

当用户通过登录模块成功地登录系统后，进入系统的主窗体。主窗体如图16-8所示。在主窗体中，大体可分为3个部分，上端是系统的菜单项和工具栏，菜单项包括系统管理、图书管理、读者管理、借还管理、查询操作等，工具栏包括增加用户、浏览图书、浏览读者、借书、还书、图书查询、修改密码；中间部分是系统功能菜单的显示区域；下端是系统状态栏。

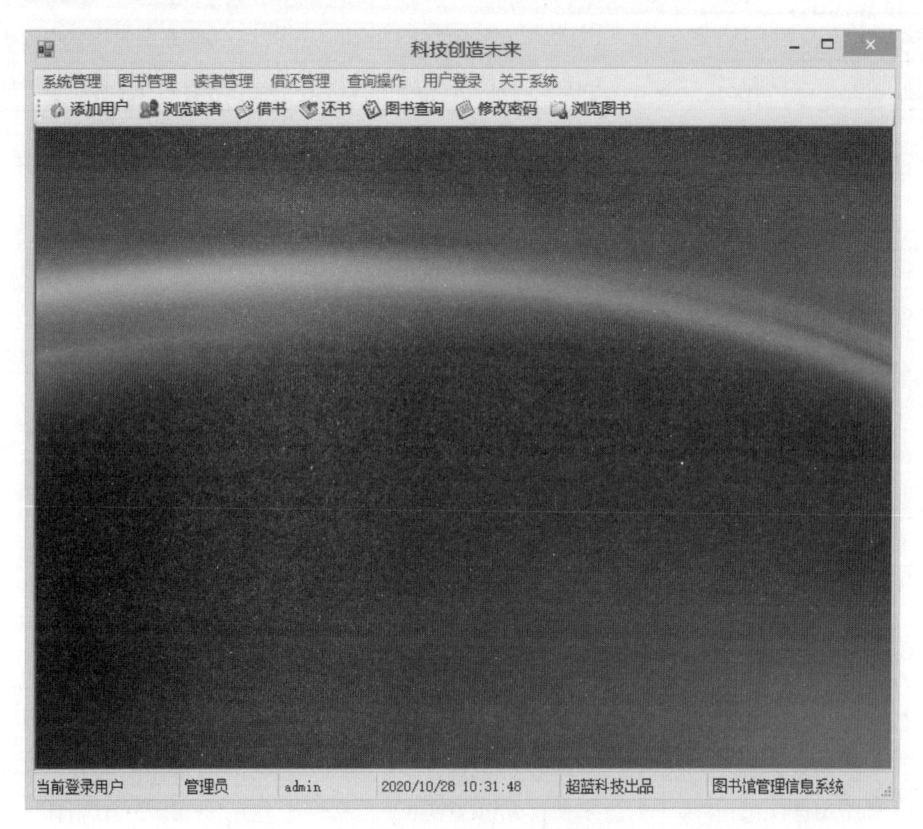

图16-8　主窗体运行结果

16.6.2 主窗体实现过程

在主窗体中，使用Timer组件显示当前系统时间，这个时间类似于时钟一样不停地走动。Timer组件提供以指定的时间间隔执行方法的机制，其常用的属性有Enable属性、Interval属性、Tick事件。

例如，在Timer组件的Tick事件下显示系统时间，可以使用下面的代码实现。

【例16-5】 利用Timer组件的Tick事件显示系统时间。

```
private void timer1_Tick(object sender, EventArgs e)
```

```
{
    this.label1.Text = "当前时间为:" + DateTime.Now.ToString();
}
```

主窗体的具体实现步骤如下。

(1) 新建一个 Windows 窗体,命名为 frmMain.cs,主要用于打开系统的其他功能窗体。该窗体用到的主要控件如表 16-8 所示。

表 16-8 主窗体的主要控件

控件类型	控件 Name	主要属性设置	用途
MenuStrip	mainMenu1	Items 中添加 7 个 MenuItem	实现系统主窗体中的菜单
ToolStrip	toolStrip1	Items 中添加 7 个 toolStripButton	实现系统主窗体中的工具栏
Timer	timer1	Interval 属性设置为 100	实现获取当前系统时间

(2) 当窗体加载时,首先将登录用户和当前系统时间显示到主窗体的状态栏中。其关键代码如下。

【例 16-6】 在主窗体中将当前系统时间显示到主窗体的状态栏中。

```
private void timer1_Tick(object sender, EventArgs e)
{
    statusBarPanel3.Text = DateTime.Now.ToString();
}
```

(3) 在主窗体的 7 个菜单中分别创建相应的子菜单,具体如表 16-9 所示。

表 16-9 主窗体中的 7 个菜单和相应的子菜单

菜单名称	子菜单	主要属性设置	用途
系统管理	添加用户	Text 属性设为"添加用户"	打开"添加用户"窗体
	浏览用户	Text 属性设为"浏览用户"	打开"用户列表"窗体
图书管理	图书分类	Text 属性设为"图书分类"	打开"图书类型"窗体
	浏览图书	Text 属性设为"浏览图书"	打开"图书信息"窗体
读者管理	浏览身份	Text 属性设为"浏览身份"	打开"身份信息"窗体
	浏览读者	Text 属性设为"浏览读者"	打开"借阅者信息"窗体
借还管理	借书	Text 属性设为"借书"	打开"借书"窗体
	还书	Text 属性设为"还书"	打开"还书"窗体
查询操作	图书查询	Text 属性设为"图书查询"	打开"图书查询"窗体
	借阅查询	Text 属性设为"借阅查询"	打开"借阅查询"窗体
用户登录	修改密码	Text 属性设为"修改密码"	打开"修改密码"窗体
	重新登录	Text 属性设为"重新登录"	退出系统
关于系统		Text 属性设为"关于系统"	打开"关于系统"窗体

(4) 下面对这 7 个菜单及其子菜单通过编码实现其功能。由于此部分代码相类似,仅以菜单栏中的"图书管理"|"浏览图书"为例。具体如下:

选择"图书管理"|"浏览图书"菜单,打开图书信息的窗体,如图 16-9 所示。其关键代码如下。

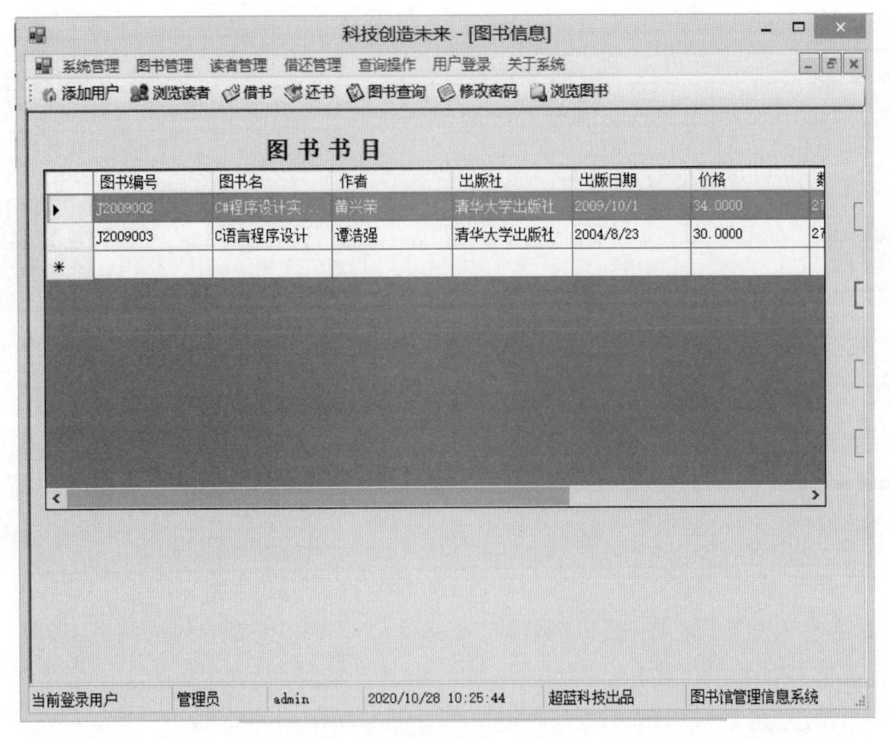

图 16-9　“图书信息”窗体

【例 16-7】 在主窗体中,选择“图书管理”|“浏览图书”菜单,打开“图书信息”窗体的关键代码。

```
private void menuItem17_Click(object sender, EventArgs e)
{
    frmBook book = new frmBook();                    //图书信息窗体
    for (int x = 0; x < this.MdiChildren.Length; x++)
    {
        Form tempChild = (Form)this.MdiChildren[x];
        tempChild.Close();
    }
    book.MdiParent = this;                           //设置当前窗体的父窗体
    book.WindowState = FormWindowState.Maximized;    //设置窗体的窗口状态
    book.Show();
}
```

(5) 在主窗体中创建了 7 个工具栏按钮,具体如表 16-10 所示。

表 16-10　主窗体中的 7 个工具栏按钮

工具栏按钮名称	主要属性设置	用　　途
toolStripButton1	DisplayStyle 设置为“ImageAndText”	打开“添加用户”窗体
	Image 设置相应的 gif 图片	
	Text 设置为“增加用户”	
toolStripButton2	DisplayStyle 设置为“ImageAndText”	打开“借阅者信息”窗体
	Image 设置相应的 gif 图片	
	Text 设置为“浏览读者”	

续表

工具栏按钮名称	主要属性设置	用　　途
toolStripButton3	DisplayStyle 设置为“ImageAndText”	打开“借书”窗体
	Image 设置相应的 gif 图片	
	Text 设置为“借书”	
toolStripButton4	DisplayStyle 设置为“ImageAndText”	打开“还书”窗体
	Image 设置相应的 gif 图片	
	Text 设置为“还书”	
toolStripButton5	DisplayStyle 设置为“ImageAndText”	打开“图书查询”窗体
	Image 设置相应的 gif 图片	
	Text 设置为“图书查询”	
toolStripButton6	DisplayStyle 设置为“ImageAndText”	打开“修改密码”窗体
	Image 设置相应的 gif 图片	
	Text 设置为“修改密码”	
toolStripButton7	DisplayStyle 设置为“ImageAndText”	打开“图书信息”窗体
	Image 设置相应的 gif 图片	
	Text 设置为“浏览图书”	

(6) 下面对这 7 个工具栏按钮通过编码实现其功能。由于此部分代码相类似，仅以工具栏按钮中的“浏览图书”为例。具体如下。

单击“浏览图书”工具栏按钮，打开“图书信息”窗体，如图 16-9 所示。

其关键代码如下。

【例 16-8】 在主窗体中，单击“浏览图书”工具栏按钮，打开“图书信息”窗体的关键代码。

```
private void toolStripButton7_Click(object sender, EventArgs e)
{
    frmBook book = new frmBook();                        //图书信息窗体
    for (int x = 0; x < this.MdiChildren.Length; x++)
    {
        Form tempChild = (Form)this.MdiChildren[x];
        tempChild.Close();
    }
    book.MdiParent = this;                               //设置当前窗体的父窗体
    book.WindowState = FormWindowState.Maximized;        //设置窗体的窗口状态
    book.Show();
}
```

16.7 系统管理模块设计

16.7.1 系统管理模块概述

系统管理模块是系统管理员实现系统管理的模块，包括添加用户和浏览用户的功能。在主界面中选择“系统管理”|“添加用户”命令菜单或单击工具栏上的 添加用户 按钮，即可进入添加用户界面，如图 16-10 所示。在该界面可以建立新的用户，并为用户选择角色，赋予权限。单击“确定”按钮，如果用户信息输入完整并且用户名称不重复则显示添加成功，否则添加失败。在主界面中选

择“系统管理”|“浏览用户”命令菜单，即可进入用户列表界面，如图 16-11 所示。在该界面可以显示图书馆所有工作人员的信息，并可以修改用户的权限，也可以删除用户。

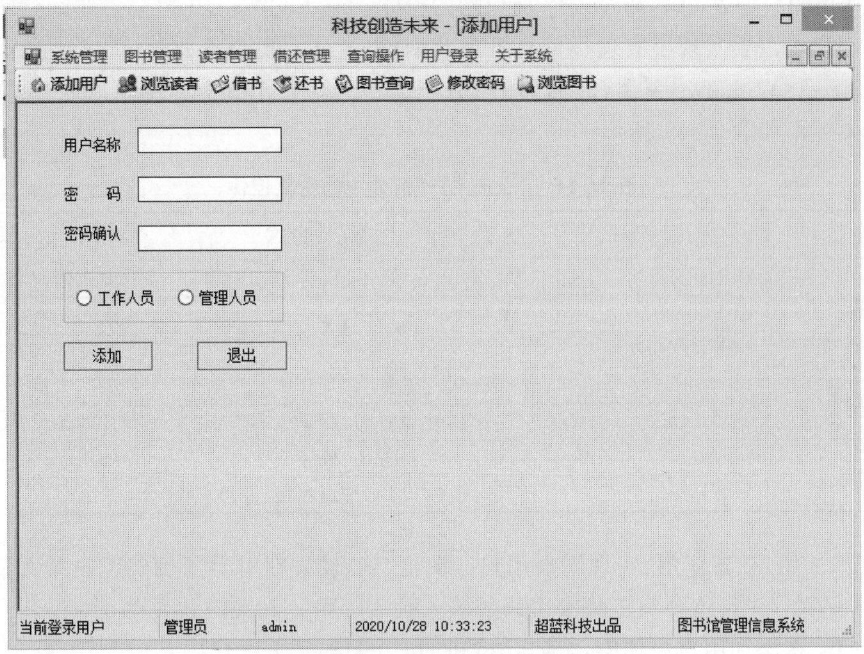

图 16-10　“添加用户”窗体

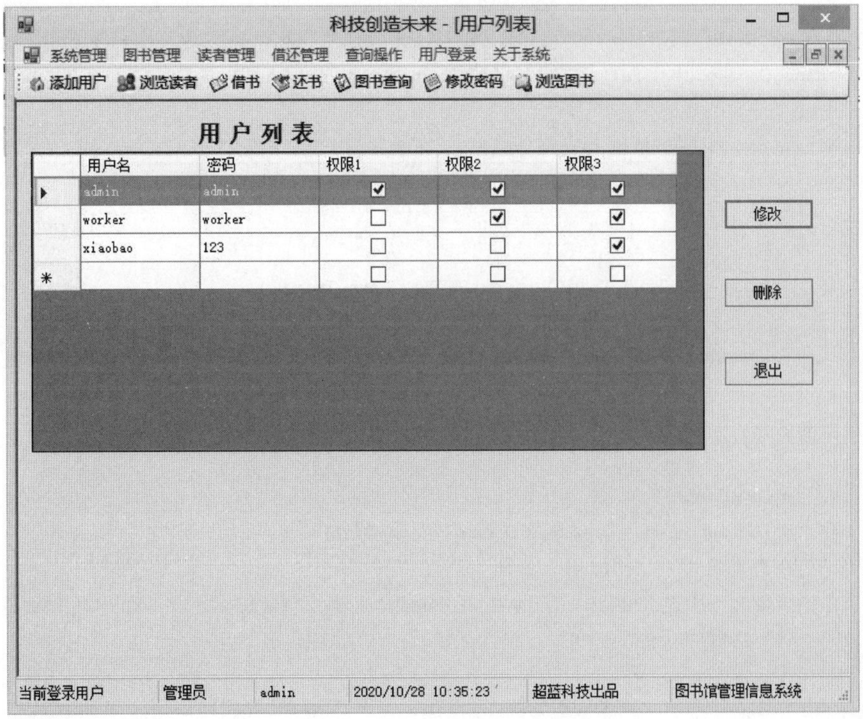

图 16-11　“用户列表”窗体

16.7.2 系统管理模块实现过程

本模块使用的数据表：tb_Manager；所包括的窗体：frmAddUser,frmUser 和 frmModifyUser。

系统管理模块主要实现了管理员信息管理及浏览，具体实现步骤如下。

(1) 新建一个 Windows 窗体，命名为 frmAddUser. cs，主要用于实现添加用户的功能。该窗体用到的主要控件如表 16-11 所示。

表 16-11 “添加用户”窗体中的主要控件

对象类型	对象 Name	主要属性设置	用途
TextBox	txtName	无	输入用户名
	txtPassword	无	输入密码
	txtPWDNew	无	重复输入密码
RadioButton	rdoWork	Text 属性设置为“工作人员”	工作人员角色
	rdoManage	Text 属性设置为“管理人员”	管理人员角色
Button	btnAdd	Text 属性设置为“确定”	添加
	btnClose	Text 属性设置为“退出”	退出

(2) 在“添加用户”窗体中，实现添加用户。单击“确定”按钮时需要判定信息是否输入完整，用户名是否已经存在，并且还要判定两次密码的输入是否一致。其关键代码如下。

【例 16-9】 在添加用户窗体中，“确定”按钮的 Click 事件关键代码。

```
private void btnAdd_Click(object sender, EventArgs e)
{
    if (txtName.Text.Trim() == "" || txtPassword.Text.Trim() == "" || txtPWDNew.Text.Trim() ==
"" || rdoManage.Checked == false && rdoWork.Checked == false)
    {
        MessageBox.Show("请输入完整信息!", "警告");
    }
    else
    {
        if (txtPassword.Text.Trim() != txtPWDNew.Text.Trim())
        {
            MessageBox.Show("两次密码输入不一致!", "警告");
        }
        else
        {
            myCon.Open();
            SqlCommand cmd = new SqlCommand("", myCon);
            //查询是否有相同的用户名称
            string sql = "select * from tb_Manager where MName = '" + txtName.Text.Trim() + "'";
            cmd.CommandText = sql;

            if ( cmd.ExecuteScalar() == null)           //没有相同的用户名称
            {
                if (rdoManage.Checked == true)          //添加管理人员
```

```
                    sql = "insert into manager " +
                        "values ('" + txtName.Text.Trim() + "','" + txtPWDNew.Text.Trim() + "',1,
0,1)";
                else                                    //添加工作人员
                    sql = "insert into manager " +
                        "values ('" + txtName.Text.Trim() + "','" + txtPWDNew.Text.Trim() + "',0,
1,0)";
                cmd.CommandText = sql;
                cmd.ExecuteNonQuery();
                MessageBox.Show("添加用户成功!", "提示");
                myCon.Close();
                this.Close();
            }
            else
            {
                MessageBox.Show("用户名" + txtName.Text.Trim() + "已经存在!", "提示");
                txtName.Text = "";
                txtPWDNew.Text = "";
                txtPassword.Text = "";
                txtName.Focus();
                myCon.Close();
            }
        }
    }
}
```

(3) 新建一个 Windows 窗体,命名为 frmUser.cs,主要用于实现浏览、修改和删除用户信息的功能。该窗体用到的主要控件如表 16-12 所示。

表 16-12　“用户列表”窗体中的主要控件

控件类型	控件 Name	主要属性设置	用　途
DataGridView	dgvUser	无	显示用户信息
Button	btnModify	Text 属性设置为“修改”	修改
	btnDel	Text 属性设置为“删除”	删除
	btnClose	Text 属性设置为“退出”	退出

(4) 在加载“用户列表”窗体时,实现自动加载用户信息。其关键代码如下。

【例 16-10】　在加载用户窗体时,实现自动加载用户信息的关键代码。

```
DataSet ds;

private void User_Load(object sender, EventArgs e)
{
    ShowInfo();
}

 /// <summary>
 /// 在 DataGridView 控件上显示记录
 /// </summary>
```

```
 private void ShowInfo()
 {
    myCon.Open();
    string sql = "select MName as 用户名,MCode as 密码,IsManage as 权限 1,IsWork as 权限 2,IsQuery as 
权限 3 from tb_Manager";
    SqlDataAdapter adp = new SqlDataAdapter(sql, myCon);
    ds = new DataSet();
    ds.Clear();
    adp.Fill(ds, "user");
    this.dgvUser.DataSource = ds.Tables["user"].DefaultView;
    //设置 SelectionMode 属性为 FullRowSelect 使控件能够整行选择
    this.dgvUser.SelectionMode = DataGridViewSelectionMode.FullRowSelect;
    //设置 dgvUser 控件的 DefaultCellStyle.SelectionBackColor 属性,使其选择行为黄绿色
    this.dgvUser.DefaultCellStyle.SelectionBackColor = Color.YellowGreen;
    //设置 dgvUser 控件的 ReadOnly 属性,使其为只读
    this.dgvUser.ReadOnly = true;
    myCon.Close();
}
```

(5) 在浏览用户窗体中,单击“修改”按钮实现修改用户信息。其关键代码如下。

【例 16-11】 在“用户列表”窗体中,单击“修改”按钮实现修改用户信息的关键代码。

```
private void btModify_Click(object sender, EventArgs e)
{
      if (this.dgvUser.DataSource != null && this.dgvUser.CurrentCell != null)
      {
          //生成修改用户权限的窗体
          frmModifyUser modifyUser = new frmModifyUser();
          //实现窗体间的数据传递
          modifyUser.txtName.Text = this.dgvUser[0, this.dgvUser.CurrentCell.RowIndex].Value.
ToString().Trim();
          modifyUser.ShowDialog();
          //进行是否已修改权限的判断
          if (modifyUser.DialogResult == DialogResult.OK && modifyUser.blModify == true)
          {
               ShowInfo();
          }
      }
}
```

(6) 在浏览用户窗体中,单击“删除”按钮实现删除用户信息。其关键代码如下。

【例 16-12】 在“用户列表”窗体中,单击“删除”按钮实现删除用户信息的关键代码。

```
private void btDel_Click(object sender, EventArgs e)
{
      if (this.dgvUser.DataSource != null && this.dgvUser.CurrentCell != null)
      {
          myCon.Open();
          string sql = "delete from tb_Manager where MName = '" + this.dgvUser[0, this.dgvUser.
CurrentCell.RowIndex].Value.ToString().Trim() + "'";
          SqlCommand cmd = new SqlCommand(sql, myCon);
          cmd.ExecuteNonQuery();
          MessageBox.Show("删除用户'" + this.dgvUser[0, this.dgvUser.CurrentCell.RowIndex].Value.
```

```
ToString().Trim() + "'成功", "提示");
            myCon.Close();
            ShowInfo();
        }
        else
            return;
}
```

16.8 图书管理模块设计

16.8.1 图书管理模块概述

图书管理模块是实现图书管理的模块，包括图书分类和图书书目管理的功能。在主界面中选择“图书管理”|“图书分类”命令菜单，即可进入浏览图书分类界面，如图16-12所示。在该界面中，可以实现图书类型的添加、修改、删除等操作。

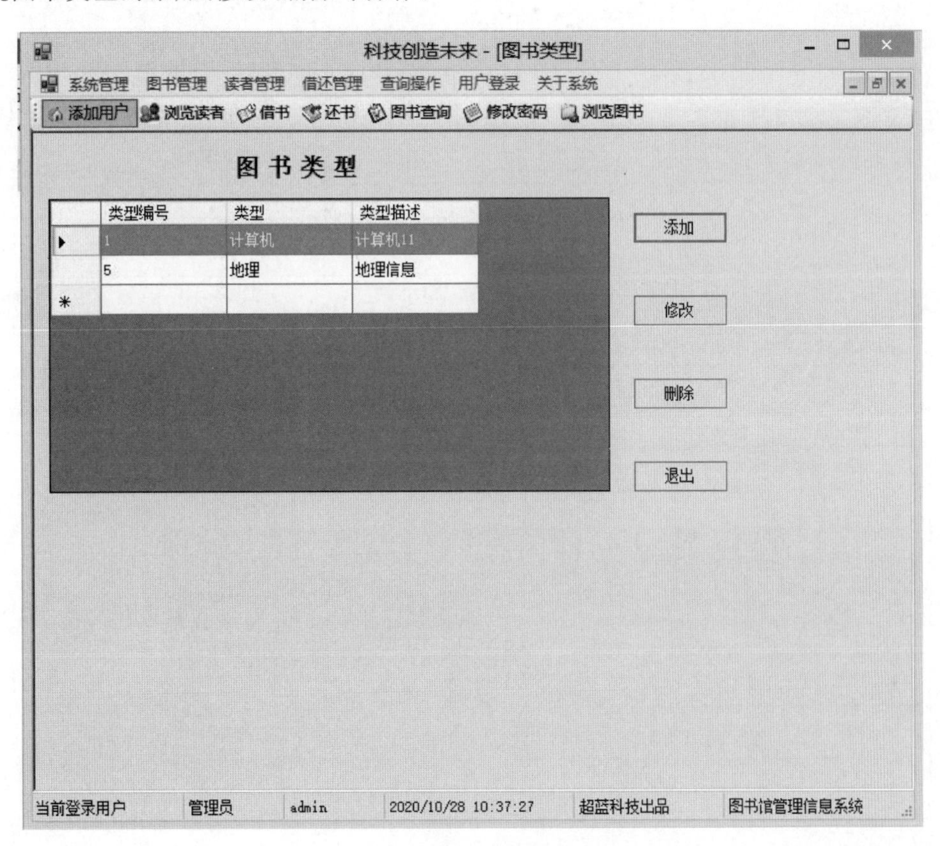

图 16-12　浏览图书分类界面

在该界面中，单击“添加”按钮进入添加图书类型界面，如图16-13所示。

在主界面中选择“图书管理”|“浏览图书”命令菜单或单击工具栏上“浏览图书”按钮，即可进入浏览图书界面，如图16-14所示。在浏览图书界面中，可以实现图书的添加、修改、删除等操作。

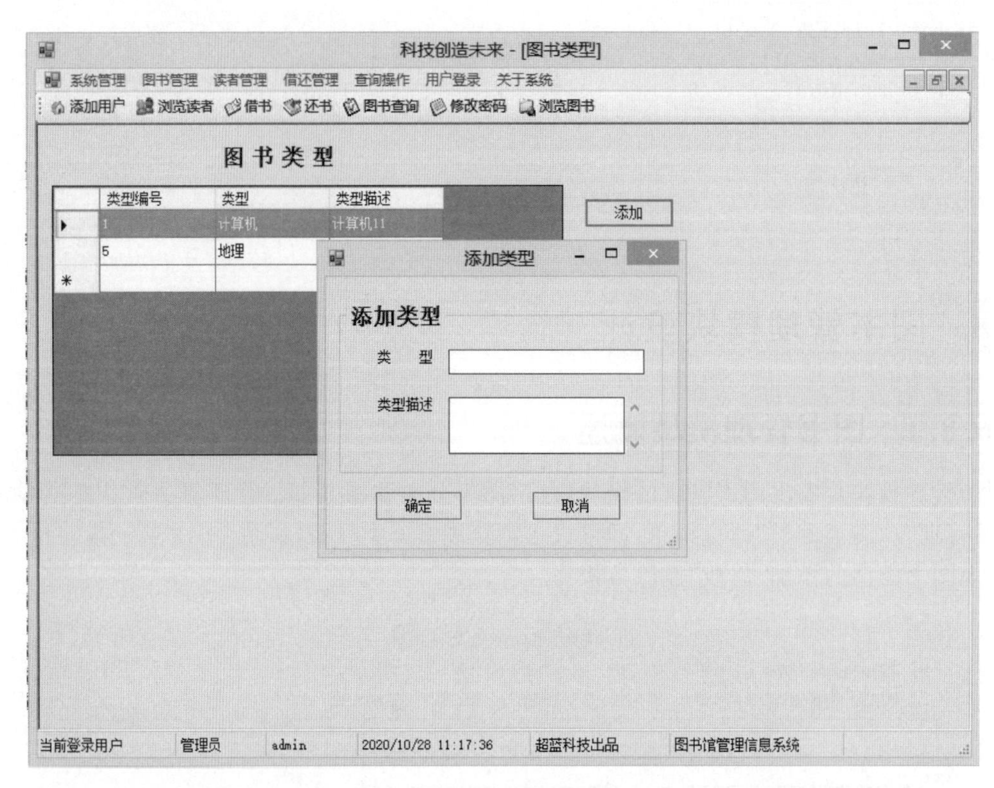

图 16-13 添加图书类型界面

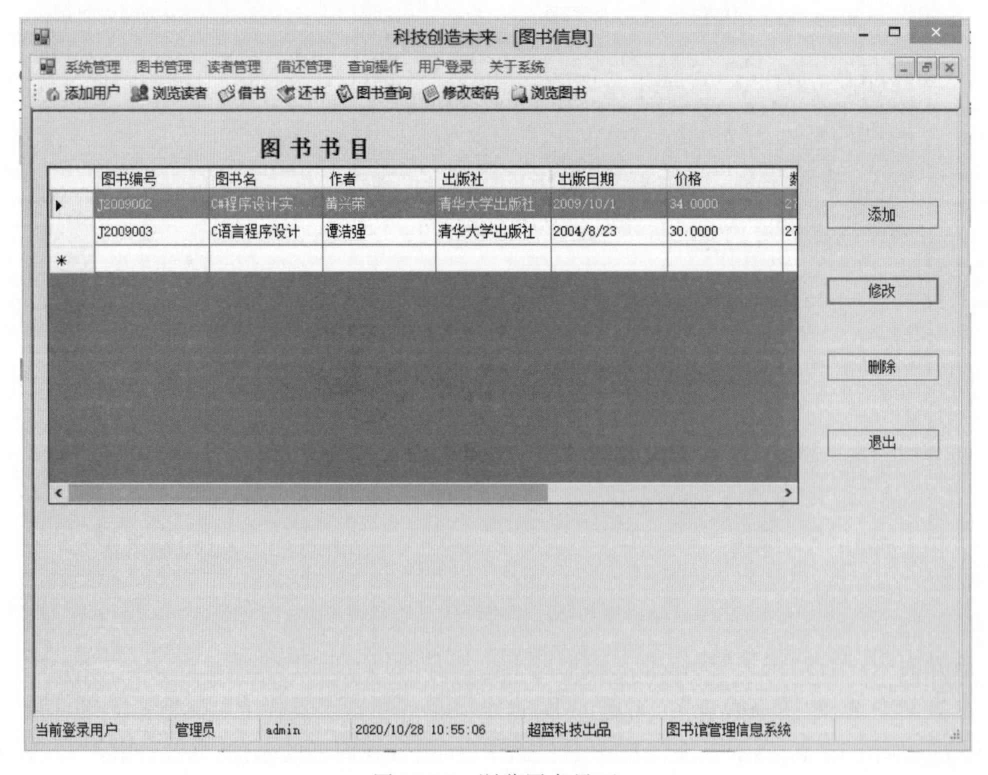

图 16-14 浏览图书界面

在浏览图书界面中，单击“修改”按钮进入修改图书界面，如图16-15所示。用户可以在这个窗体中修改图书信息。

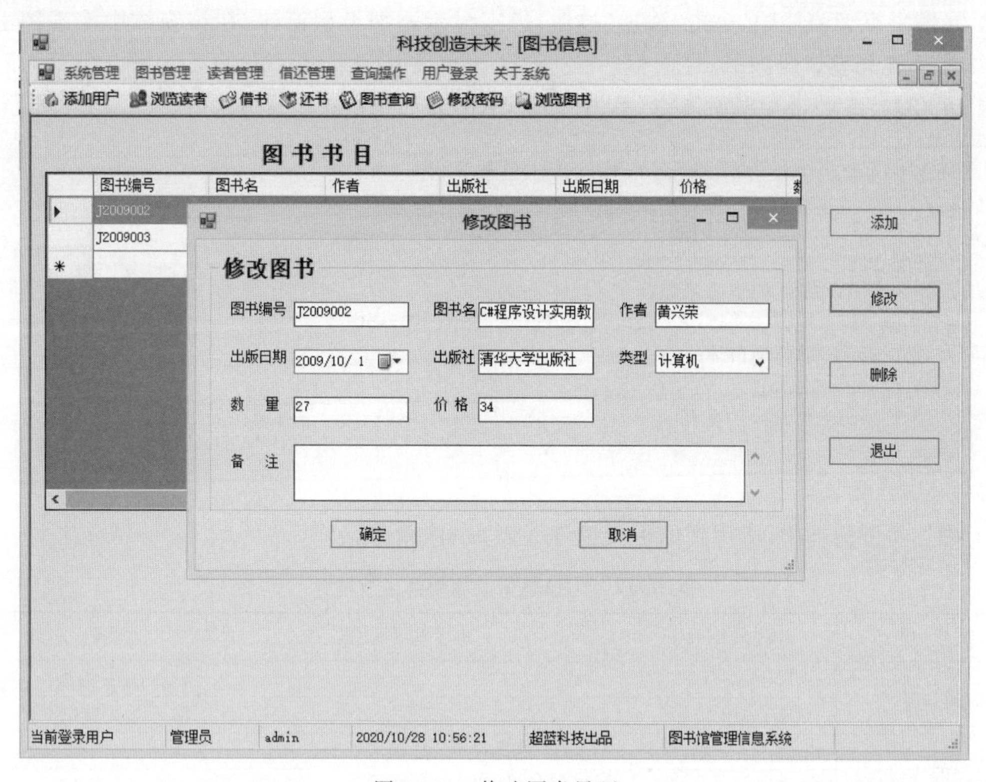

图16-15　修改图书界面

16.8.2　图书管理模块实现过程

本模块使用的数据表：tb_Book、tb_Type；所包括的窗体：frmType、frmAddType、frmModifyType、frmBook、frmAddBook和frmModifyBook。

系统管理模块主要实现了图书分类和图书书目管理的功能。下面主要以图书分类的实现为例进行介绍。具体实现步骤如下。

1. 图书分类的设计与实现

(1) 新建一个Windows窗体，命名为frmType.cs，主要用于实现浏览图书类型的功能。该窗体用到的主要控件如表16-13所示。

表16-13　图书类型窗体中的主要控件

控件类型	控件Name	主要属性设置	用　途
DataGridView	dgvType	无	显示图书类型
Button	btnAdd	Text属性设置为“添加”	添加
	btnModify	Text属性设置为“修改”	修改
	btnDel	Text属性设置为“删除”	删除
	btnClose	Text属性设置为“退出”	退出

(2) 系统加载图书类型窗体时，会首先建立与数据库的连接，自动加载已有的图书分类信息，代码与用户浏览界面相似，在此不再赘述。

(3) 在图书类型窗体中，单击“添加”按钮，模态显示添加类型窗体，在该窗体中实现图书分类信息的添加。其关键代码如下。

【例 16-13】 在图书类型窗体中，单击“添加”按钮的 Click 事件关键代码。

```
private void btnAdd_Click(object sender, EventArgs e)
{
    //实例化添加类型窗体对象
    frmAddType addType = new frmAddType();
    //定位到其父窗体的中心来显示
    addType.StartPosition = FormStartPosition.CenterParent;
    //模态显示添加类型窗体
    addType.ShowDialog();
    //刷新 DataGridView 中的信息
    ShowInfo();
}
```

(4) 添加类型窗体中，所用到的主要控件如表 16-14 所示。

表 16-14 添加类型窗体中的主要控件

对象类型	对象 Name	主要属性设置	用途
TextBox	txtName	无	输入图书类型
	txtRemark	无	输入类型描述
Button	btnAdd	Text 属性设置为“确定”	添加
	btnClose	Text 属性设置为“取消”	退出

(5) 在添加类型窗体中，单击“确定”按钮，实现图书分类信息的添加。其关键代码如下。

【例 16-14】 在添加类型窗体中，单击“确定”按钮 Click 事件的关键代码。

```
private void btnAdd_Click(object sender, EventArgs e)
{
    if (txtName.Text.Trim() == "" || txtRemark.Text.Trim() == "")
        MessageBox.Show("请填写完整信息", "提示");
    else
    {
        myCon.Open();
        string sql = "select * from tb_Type where BType = '" + txtName.Text.Trim() + "'";
        SqlCommand cmd = new SqlCommand(sql, myCon);
        if ( cmd.ExecuteScalar() != null)
        {
            MessageBox.Show("类型重复,请重新输入!", "提示");
            //清除所填入的信息
            txtName.Clear();
            txtRemark.Clear();
        }
        else
        {
            sql = "insert into type (Btype,TRemark) values ('" + txtName.Text.Trim() + "','" +
```

```
txtRemark.Text.Trim() + "')";
                cmd.CommandText = sql;
                cmd.ExecuteNonQuery();
                MessageBox.Show("类型添加成功!", "提示");
                txtName.Clear();
                txtRemark.Clear();
            }
            myCon.Close();
        }
}
```

(6) 在图书类型窗体中,单击"修改"按钮,模态显示修改类型窗体,在该窗体中实现图书分类信息的修改。其关键代码如下。

【例 16-15】 在图书类型窗体中,单击"修改"按钮 Click 事件的关键代码。

```
private void btnModify_Click(object sender, EventArgs e)
{
    if (this.dgvType.DataSource != null && this.dgvType.CurrentCell != null)
    {
        //实例化修改类型窗体对象
        frmModifyType modifyType = new frmModifyType();
        //传递信息给修改类型窗体
        modifyType.txtName.Text = this.dgvType[1, this.dgvType.CurrentCell.RowIndex].Value.
ToString().Trim();
        modifyType.txtRemark.Text = this.dgvType[2, this.dgvType.CurrentCell.RowIndex].Value.
ToString().Trim();
        modifyType.Tag = this.dgvType[0, this.dgvType.CurrentCell.RowIndex].Value.ToString().Trim();
        //定位到其父窗体的中心来显示
        modifyType.StartPosition = FormStartPosition.CenterParent;
        modifyType.ShowDialog();
        //进行是否已修改权限的判断
        if (modifyType.DialogResult == DialogResult.OK && modifyType.blModify == true)
        {
            ShowInfo();
        }
    }
    else
        MessageBox.Show("没有指定类型信息!", "提示");
}
```

在修改类型窗体中,单击"确定"按钮,实现图书分类信息的修改。其关键代码如下。

【例 16-16】 在修改类型窗体中,单击"确定"按钮 Click 事件的关键代码。

```
private void btnOk_Click(object sender, EventArgs e)
{
    if (txtName.Text.Trim() == "" || txtRemark.Text.Trim() == "")
        MessageBox.Show("请填写完整信息", "提示");
    else
    {
        myCon.Open();
        string sql = "select * from tb_Type where BType = '" + txtName.Text.Trim() + "'and TID<>" +
```

```
this.Tag.ToString().Trim() + "";
            SqlCommand cmd = new SqlCommand(sql, myCon);
            if (cmd.ExecuteScalar() != null)
                MessageBox.Show("类型重复", "提示");
            else
            {
                sql = "update tb_Type set BType = '" + txtName.Text.Trim() + "',TRemark = '" +
txtRemark.Text.Trim() + "'where TID = " + this.Tag.ToString().Trim() + "";
                cmd.CommandText = sql;
                cmd.ExecuteNonQuery();
                MessageBox.Show("修改成功", "提示");
                //修改标识
                blModify = true;
                myCon.Close();
            }
            this.Close();
        }
}
```

(7) 在图书类型窗体中,单击“删除”按钮,实现图书分类信息的删除。其关键代码如下。

【例 16-17】 在图书类型窗体,单击“删除”按钮 Click 事件的关键代码。

```
private void btnDel_Click(object sender, EventArgs e)
{
      if (this.dgvType.DataSource != null && this.dgvType.CurrentCell != null)
      {
            myCon.Open();
            string sql = "select * from tb_Book where BType = '" + this.dgvType[1, this.dgvType.
CurrentCell.RowIndex].Value.ToString().Trim() +"'";
            SqlCommand cmd = new SqlCommand(sql, myCon);
            SqlDataReader dr;
            dr = cmd.ExecuteReader();
            if (dr.Read())
            {
                MessageBox.Show("删除类型'" + this.dgvType[1, this.dgvType.CurrentCell.RowIndex].
Value.ToString().Trim() + "'失败,请先删掉该类型图书!", "提示");
                dr.Close();
            }
            else
            {
                dr.Close();
                sql = "delete from tb_Type where BType not in(select distinct BType from tb_Book) and TID" +
                    " = " + this.dgvType[0,this.dgvType.CurrentCell.RowIndex].Value.ToString().Trim() + "";
                cmd.CommandText = sql;
                cmd.ExecuteNonQuery();
                MessageBox.Show("删除类型'" + this.dgvType[1, this.dgvType.CurrentCell.RowIndex].
Value.ToString().Trim() + "'成功", "提示");
            }
            myCon.Close();
            ShowInfo();
      }
```

```
        else
            return;
}
```

2. 图书信息的设计与实现

图书信息的实现，同样也分为浏览、添加、修改、删除功能，窗体设计与代码实现与图书类型相似，在此仅以部分设计、实现过程为例，进行叙述。

(1) 新建一个 Windows 窗体，命名为 frmBook. cs，主要用于实现浏览图书信息的功能。该窗体用到的主要控件如表 16-15 所示。

表 16-15　图书信息窗体中的主要控件

控件类型	控件 Name	主要属性设置	用　途
DataGridView	dgvBook	无	显示图书信息
Button	btnAdd	Text 属性设置为“添加”	添加
	btnModify	Text 属性设置为“修改”	修改
	btnDel	Text 属性设置为“删除”	删除
	btnClose	Text 属性设置为“退出”	退出

(2) 在图书信息窗体中，单击“修改”按钮，模态显示修改图书窗体，在该窗体中实现图书信息的修改。其关键代码如下：

【例 16-18】　在图书信息窗体中，单击“修改”按钮 Click 事件的关键代码。

```
private void btnModify_Click(object sender, EventArgs e)
{
    if (this.dgvBook.DataSource != null && this.dgvBook.CurrentCell != null)
    {
        //实例化修改图书窗体对象
        frmModifyBook modifyBook = new frmModifyBook();
        //传递相关信息给修改图书窗体
        modifyBook.strID = this.dgvBook[0, this.dgvBook.CurrentCell.RowIndex].Value.ToString().
Trim();
        modifyBook.strName = this.dgvBook[1, this.dgvBook.CurrentCell.RowIndex].Value.ToString().
Trim();
        modifyBook.strWriter = this.dgvBook[2, this.dgvBook.CurrentCell.RowIndex].Value.
ToString().Trim();
        modifyBook.strPulish = this.dgvBook[3, this.dgvBook.CurrentCell.RowIndex].Value.
ToString().Trim();
        modifyBook.strPulishDate = this.dgvBook[4, this.dgvBook.CurrentCell.RowIndex].Value.
ToString().Trim();
        modifyBook.sglPrice = Convert.ToSingle(this.dgvBook[5, this.dgvBook.CurrentCell.
RowIndex].Value.ToString().Trim());
        modifyBook.nNum = Convert.ToInt16(this.dgvBook[6, this.dgvBook.CurrentCell.RowIndex].
Value.ToString().Trim());
        modifyBook.strType = this.dgvBook[7, this.dgvBook.CurrentCell.RowIndex].Value.ToString().
Trim();
        modifyBook.strRemark = this.dgvBook[8, this.dgvBook.CurrentCell.RowIndex].Value.
ToString().Trim();
        //定位到其父窗体的中心来显示
```

```
                modifyBook.StartPosition = FormStartPosition.CenterParent;
                modifyBook.ShowDialog();
                //进行是否已修改权限的判断
                if (modifyBook.DialogResult == DialogResult.OK && modifyBook.blModify == true)
                {
                    ShowInfo();
                }
            }
            else
                MessageBox.Show("没有指定类型信息!", "提示");
        }
```

(3) 修改图书窗体中,所用到的主要控件如表16-16所示。

表16-16 修改图书窗体中的主要控件

对象类型	对象 Name	主要属性设置	用途
TextBox	txtID	无	显示、修改图书编号
	txtName	无	显示、修改图书名
	txtWriter	无	显示、修改作者
	txtPublish	无	显示、修改出版社
	txtNum	无	显示、修改数量
	txtPrice	无	显示、修改价格
	txtRemark	无	显示、修改备注
DateTimePicker	dtpPublishDate	无	显示、修改出版日期
ComboBox	cmbType	无	显示、修改图书类型
Button	btnOk	Text属性设置为"确定"	添加
	btnClose	Text属性设置为"取消"	退出

(4) 在frmModifyBook.cs中,需要添加一些公有的字段,用于实现窗体之间的信息交互。其关键代码如下。

【例16-19】 在frmModifyBook.cs中,用于实现窗体之间的信息交互的公有字段。

```
//窗体的公有字段,用于实现窗体之间的数据交互
public string strID;
public string strName;
public string strWriter;
public string strPulish;
public string strPulishDate;
public Single sglPrice;
public int nNum;
public string strType;
public string strRemark;
//用于标识"是否已修改权限"的标志
public bool blModify = false;
```

(5) 加载图书修改窗体时,需要加载图书类型到窗体的cmbType控件中,也需要把需修改的图书信息传递给窗体中的相关控件。其关键代码如下。

【例 16-20】 加载图书修改窗体的关键代码。

```
private void ModifyBook_Load(object sender, EventArgs e)
{
    myCon.Open();
    string sql = "select TID,BType from tb_Type";
    SqlDataAdapter adp = new SqlDataAdapter(sql, myCon);
    //加载图书类型到窗体的 cmbType 控件中
    DataSet ds = new DataSet();
    adp.Fill(ds, "type");
    cmbType.DataSource = ds.Tables["type"].DefaultView;
    cmbType.DisplayMember = "BType";
    cmbType.ValueMember = "TID";
    myCon.Close();
    //设置对话框关闭的方式
    this.btnOk.DialogResult = DialogResult.OK;
    this.btnClose.DialogResult = DialogResult.Cancel;
    //把需要修改的图书信息传递给窗体中的相关控件
    this.txtID.Text = strID;
    this.txtName.Text = strName;
    this.txtWriter.Text = strWriter;
    this.txtPublish.Text = strPulish;
    this.dtpPublishDate.Text = strPulishDate;
    this.txtPrice.Text = Convert.ToString(sglPrice);
    this.txtNum.Text = Convert.ToString(nNum);
    this.cmbType.Text = strType;
    this.txtRemark.Text = strRemark;
}
```

(6) 在图书修改窗体中，单击“确定”按钮，实现图书信息的修改。其关键代码如下。

【例 16-21】 在图书修改窗体中，单击“确定”按钮的 Click 事件。

```
private void btnOk_Click(object sender, EventArgs e)
{
      if (txtName.Text.Trim() == "" || txtWriter.Text.Trim() == "" || txtNum.Text.Trim() == "")
            MessageBox.Show("请填写完整信息", "提示");
      else
      {
            myCon.Open();
            string sql = "update tb_Book set BName = '" + txtName.Text.Trim() + "',BWriter = '" +
txtWriter.Text.Trim() + "',BPublish = '" + txtPublish.Text.Trim() + "'," +
                  "BDate = '" + this.dtpPublishDate.Text.Trim() + "',BNum = '" + txtNum.Text.Trim() + "',
BType = '" + cmbType.Text.Trim() + "',BPrice = '" + txtPrice.Text.Trim() + "',BRemark = '" +
txtRemark.Text.Trim() + "'" +
                  " where BID = '" + txtID.Text.Trim() + "'";
            SqlCommand cmd = new SqlCommand(sql, myCon);
            cmd.ExecuteNonQuery();
            MessageBox.Show("修改成功", "提示");
```

```
                //修改标识已修改权限的标识值
                blModify = true;
                myCon.Close();
                this.Close();
            }
        }
```

16.9 读者管理模块设计

16.9.1 读者管理模块概述

读者管理模块是实现读者管理的模块,包括身份信息管理和读者信息管理的功能。在主界面中选择“读者管理”→“浏览身份”命令菜单,即可进入身份信息界面,如图 16-16 所示。在该界面中,可以实现身份信息的添加、修改、删除等操作。

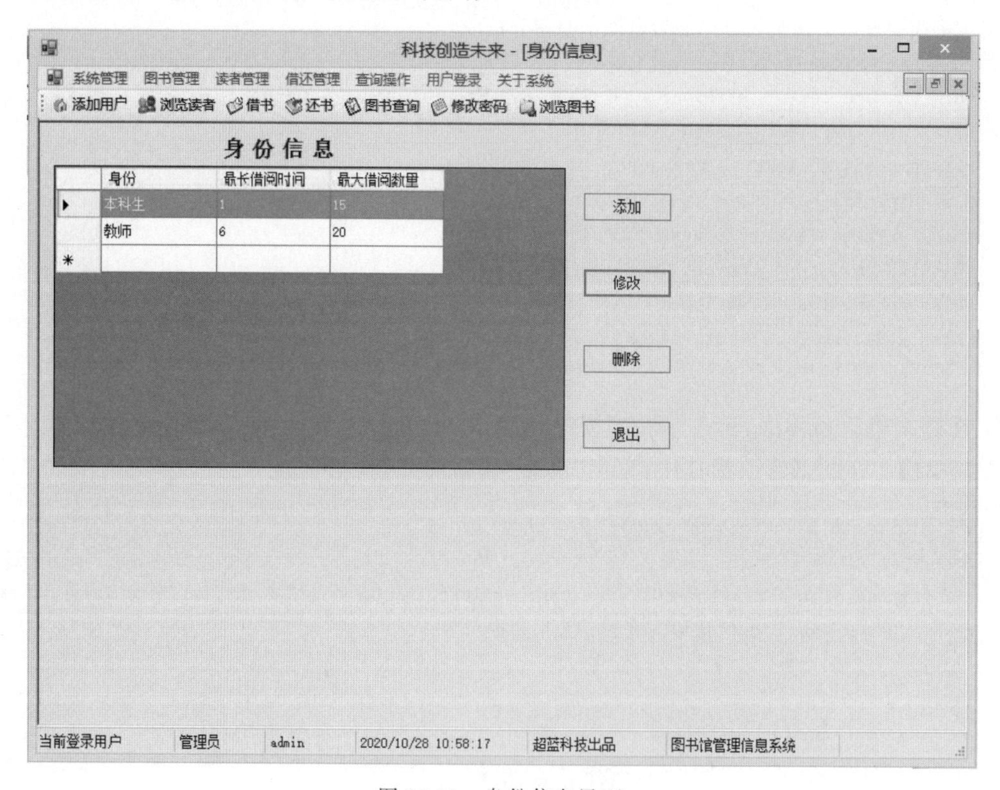

图 16-16　身份信息界面

在该界面中,单击“添加”按钮进入添加身份界面,如图 16-17 所示。

在主界面中选择“读者管理”→“浏览读者”命令菜单或单击工具栏上 浏览读者 按钮,即可进入浏览读者界面,如图 16-18 所示。在浏览读者界面中,可以实现借阅者的添加、修改、删除等操作。

在浏览读者界面中,单击“修改”按钮进入修改图书界面,如图 16-19 所示。用户可以在这个窗体中修改读者信息。

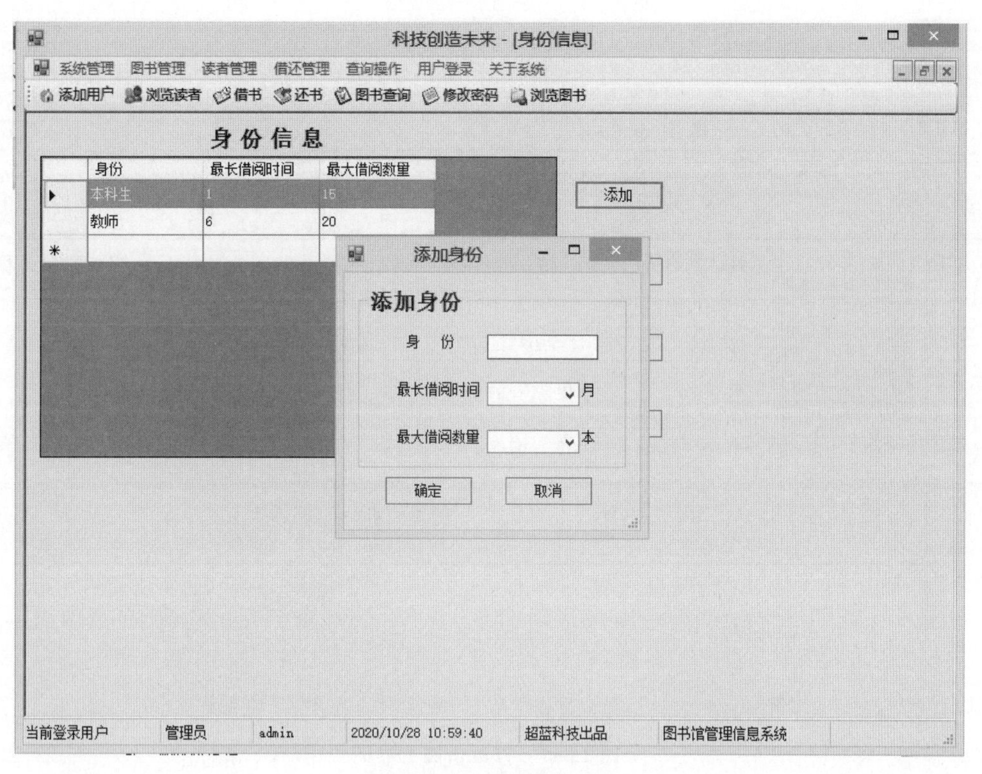

图 16-17 添加身份界面

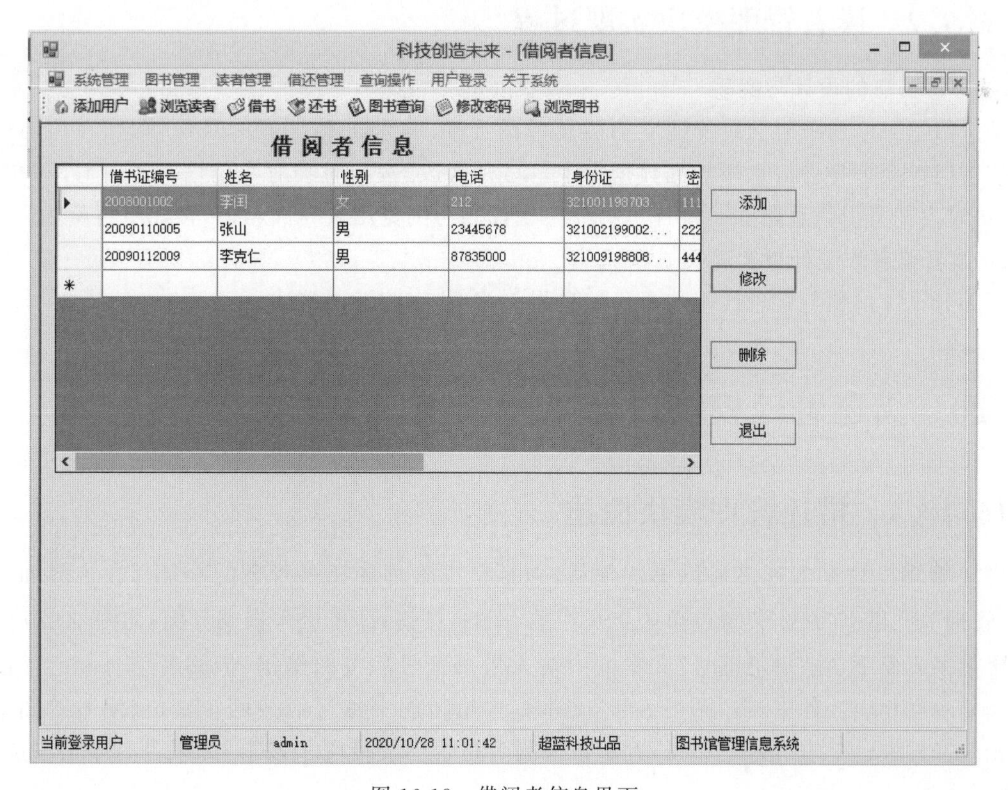

图 16-18 借阅者信息界面

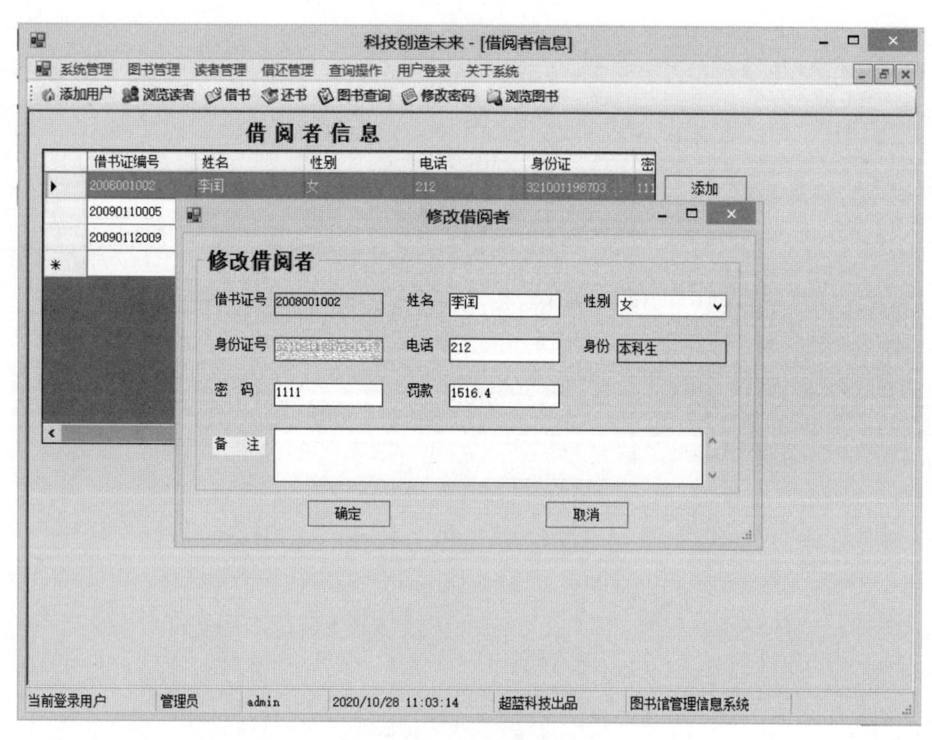

图 16-19 修改借阅者界面

16.9.2 读者管理模块实现过程

1. 身份信息的设计与实现

身份信息窗体加载时会首先建立与数据库的连接，自动加载已有的身份信息，在窗体中单击“添加”按钮时会把身份信息添加到数据库中，单击“修改”按钮时会对身份信息进行修改，单击“删除”按钮时会把身份信息删除。设计过程与实现代码与浏览用户界面相似，在此不再赘述。

2. 读者信息的设计与实现

该部分设计过程与实现代码与身份信息界面相似，在此不再赘述。

16.10 借还管理模块设计

16.10.1 借还管理模块概述

借还管理模块是实现借还图书的模块，包括借书管理和还书管理的功能。在主界面中选择“借还管理”→“借书”命令菜单或单击工具栏的 借书 按钮，即可进入借书界面，如图 16-20 所示。

在借书界面中，在“借书证号”文本框中输入借书证号后按回车键，借阅者信息和已借图书信息都会显示在相应控件中，在“图书编号”文本框中输入图书编号后按回车键，该编号的图书也显示在相应控件中。单击“借出”按钮，判定该借阅者是否已经借阅了该书，如果没有则借书成功，否则失败。

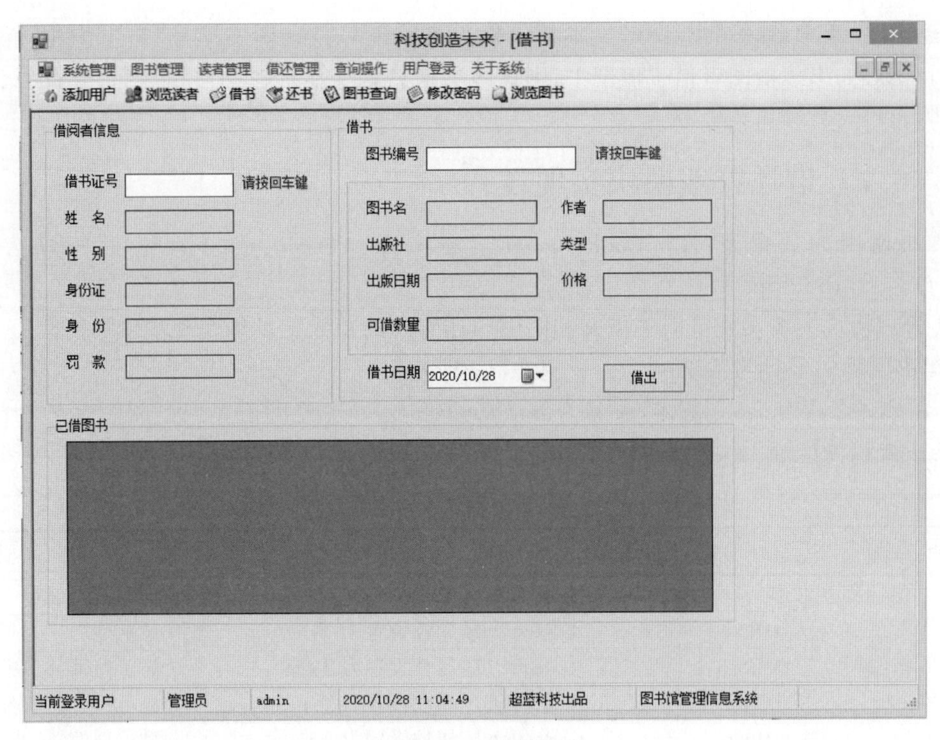

图 16-20　借书界面

在主界面中选择“借还管理”→“还书”命令菜单或单击工具栏的 还书 按钮，即可进入还书界面，如图 16-21 所示。

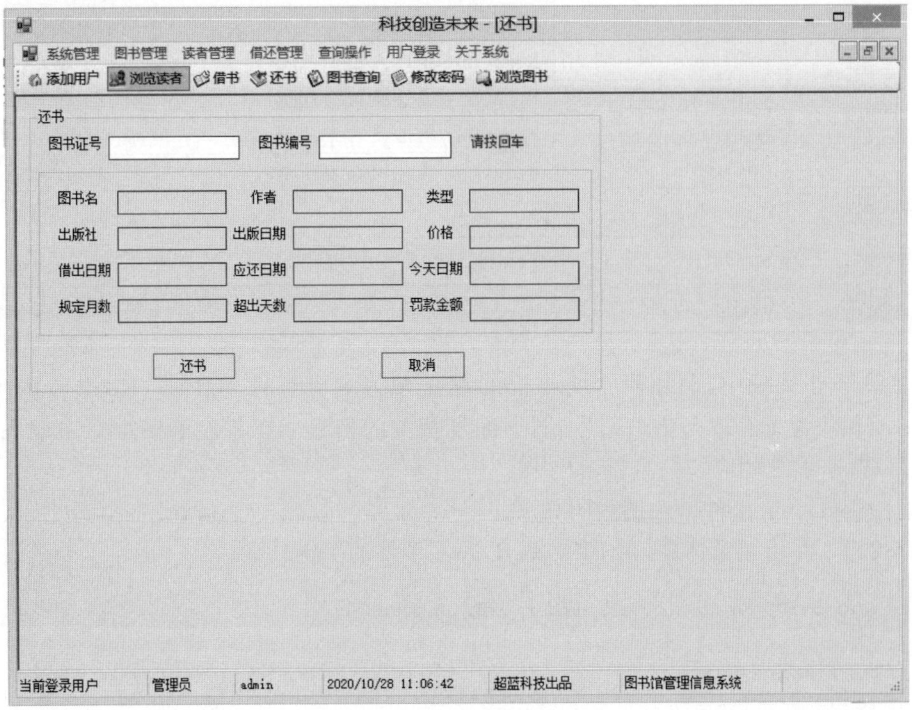

图 16-21　还书界面

在“还书”界面中，在“图书证号”文本框中输入借书证号，在“图书编号”文本框中输入图书编号后按回车键，如果该借阅者借了该图书，则该图书信息就会显示在相应控件中，并计算该图书的应还日期、超出天数和罚款金额。

16.10.2 借还管理模块实现过程

本模块使用的数据表：tb_BookOut、tb_Book、tb_Person、tb_Identity；所包括的窗体：frmBookOut、frmBookIn。

借还管理模块主要实现了图书借阅和图书归还管理的功能。具体实现步骤如下。

1. 借书管理的设计与实现

(1) 新建一个 Windows 窗体，命名为 frmBookOut.cs，主要用于实现借阅图书的功能。该窗体用到的主要控件如表 16-17 所示。

表 16-17 借书窗体中的主要控件

对象类型	对象 Name	主要属性设置	用途
TextBox	txtPID	无	输入借书证号
	txtPName	ReadOnly 属性设置为 True	显示姓名
	txtPSex	ReadOnly 属性设置为 True	显示性别
	txtPN	ReadOnly 属性设置为 True	显示身份证
	txtIden	ReadOnly 属性设置为 True	显示身份
	txtMoney	ReadOnly 属性设置为 True	显示罚款
	txtBID	无	输入图书编号
	txtBName	ReadOnly 属性设置为 True	显示图书名
	txtWriter	ReadOnly 属性设置为 True	显示作者
	txtPublish	ReadOnly 属性设置为 True	显示出版社
	txtType	ReadOnly 属性设置为 True	显示类型
	txtBDate	ReadOnly 属性设置为 True	显示出版日期
	txtPrice	ReadOnly 属性设置为 True	显示价格
	txtOutNum	ReadOnly 属性设置为 True	显示可借数量
DateTimePicker	dtpBookOut	无	显示借书日期
Button	btnOut	Text 属性设置为“借书”	借书
DataGridView	dgvBookOut	无	显示已借图书信息

(2) 在该部分实现中，利用两个文本框的键盘按下响应事件 txtPID_KeyDown 和 txtBID_KeyDown，实现快速地获取与借书证号、图书编号相关的信息。在相应的文本框中输入信息后按回车键，可以快速地把相应的信息显示出来。

txtPID_KeyDown 事件的关键代码如下。

【例 16-22】 在借书窗体中，txtPID_KeyDown 事件的关键代码。

```
private void txtPID_KeyDown(object sender, KeyEventArgs e)
{
    //回车切换控件焦点
    if (e.KeyValue == 13)
    {
```

```
            myCon.Open();
            string sql1 = "select PName,PSex,PN,PMoney,PIdentity " +
                   "from tb_Person where PID = '" + txtPID.Text.Trim() + "'";
            SqlDataAdapter adp = new SqlDataAdapter(sql1, myCon);
            ds = new DataSet();
            ds.Clear();
            adp.Fill(ds, "person");
            SqlCommand sqlCMD = new SqlCommand(sql1,myCon);
            if (ds.Tables[0].Rows.Count != 0)
            {
                SqlDataReader dr = sqlCMD.ExecuteReader();
                //输出查询到的数据
                dr.Read();
                this.txtPName.Text = dr.GetString(dr.GetOrdinal("PName"));
                this.txtPSex.Text = dr.GetString(dr.GetOrdinal("PSex"));
                this.txtPN.Text = dr.GetString(dr.GetOrdinal("PN"));
                //将double类型转换为string类型
                this.txtMoney.Text = Convert.ToString(dr.GetDouble(dr.GetOrdinal("PMoney")));
                this.txtIden.Text = dr.GetString(dr.GetOrdinal("PIdentity"));
                dr.Close();
                myCon.Close();
                //输出该借阅者已借阅的图书
                ShowBookInfo();
            }
            else
                MessageBox.Show("没有该借书证号", "提示");
                myCon.Close();
        }
}
```

在代码中利用ShowBookInfo方法输出该借阅者已借阅的图书信息。其关键代码如下。

【例16-23】 在借书窗体中，ShowBookInfo方法的关键代码。

```
private void ShowBookInfo()
{
        myCon.Open();
        string sql3 = "select BID from tb_BookOut where PID = '" + txtPID.Text.Trim() + "'";
        SqlDataAdapter adp3 = new SqlDataAdapter(sql3, myCon);
        ds = new DataSet();
        ds.Clear();
        adp3.Fill(ds, "bookid");
        this.dgvBookOut.Refresh();
        //查询该借阅者已借阅的图书
        for (int x = 0; x < ds.Tables["bookid"].Rows.Count; x++)
        {
            //查询最长借书时间
            string sql4 = "select longTime from tb_Identity where Pidentity = (select PIdentity from
tb_Person where PID = '" + txtPID.Text.Trim() + "')" ;
            SqlCommand sqlCMD1 = new SqlCommand(sql4, myCon);
            SqlDataReader dr;
            dr = sqlCMD1.ExecuteReader();
```

```
            //输出查询到的数据
            dr.Read();
            int nLongTime = dr.GetInt32(dr.GetOrdinal("longTime"));
            dr.Close();

            //DATEADD()函数在日期中添加或减去指定的时间间隔
            //其语法格式为: DATEADD(datepart,number,date)
            //date 参数是合法的日期表达式.number 是希望添加的间隔数
            //对于未来的时间,此数是正数,对于过去的时间,此数是负数
            //现在,我们希望向 ODate(借出日期)添加最长借书时间,这样就可以找到应还日期
            //DATEADD(m, nLongTime,ODate)
            //其中的 m 代表月份

            string sql5 = "select PIdentity from tb_Person where PID = '" + txtPID.Text.Trim() + "'";
            SqlCommand sqlCMD2 = new SqlCommand(sql5, myCon);
            dr = sqlCMD2.ExecuteReader();
            dr.Read();
            string strPIdentity = dr.GetString(dr.GetOrdinal("PIdentity"));
            dr.Close();

            string strTemp = "select longTime from tb_Identity where Pidentity = '" + strPIdentity + "'";
            string sql2 = "select tb_book.BID as 图书编号,BName as 图书名,BWriter as 作者,BPublish as
出版社,BDate as 出版日期,BPrice as 价格," +
                "BType as 类型,ODate as 借书日期,(" + strTemp + ")" + " as 最长借书时间," +
"DATEADD(m," + nLongTime + ",ODate) as 应还日期" +
                " from tb_Book,tb_BookOut where tb_Book.BID = tb_BookOut.BID and tb_Book.BID = '" +
ds.Tables["bookid"].Rows[x][0] + "'" +
                " and PID = '" + txtPID.Text.Trim() + "'";
            SqlDataAdapter adp2 = new SqlDataAdapter(sql2, myCon);
            adp2.Fill(ds, "bookout");
            this.dgvBookOut.DataSource = ds.Tables["bookout"].DefaultView;
        }
        myCon.Close();
}
```

注意：

(1) 在代码中，利用 DATEADD()函数来计算借阅者的最长借阅时间。

(2) 利用 from 子句实现多表查询。

txtPID_KeyDown 事件的关键代码如下。

【例 16-24】 在借书窗体中，txtBID_KeyDown 事件的关键代码。

```
private void txtBID_KeyDown(object sender, KeyEventArgs e)
{
    //回车切换控件焦点
    if (e.KeyValue == 13)
    {
        myCon.Open();
        string sql = "select BName,BWriter,BPublish,BDate,BPrice," +
            "BType,BNum from tb_Book where BID = '" + txtBID.Text.Trim() + "'";
        SqlDataAdapter adp = new SqlDataAdapter(sql, myCon);
        ds = new DataSet();
        ds.Clear();
```

```
            adp.Fill(ds, "book");
            if (ds.Tables[0].Rows.Count != 0)
            {
                SqlCommand sqlCMD = new SqlCommand(sql, myCon);
                SqlDataReader dr = sqlCMD.ExecuteReader();

                //输出查询到的数据
                dr.Read();
                txtBName.Text = dr.GetString(dr.GetOrdinal("BName"));
                txtWriter.Text = dr.GetString(dr.GetOrdinal("BWriter"));
                txtPublish.Text = dr.GetString(dr.GetOrdinal("BPublish"));
                //只取时间"年-月-日",舍去后面的"小时-分钟-秒"
                txtBDate.Text = (dr.GetDateTime(dr.GetOrdinal("BDate")).ToShortDateString());
                //把 double 类型数据转换为 string 类型数据
                object objPrice;
                objPrice = dr.GetValue(dr.GetOrdinal("BPrice"));       //.ToString();
                txtPrice.Text = Convert.ToString(objPrice);
                txtType.Text = dr.GetString(dr.GetOrdinal("BType"));
                txtOutNum.Text = Convert.ToString(dr.GetInt32(dr.GetOrdinal("BNum")));
                dr.Close();
            }
            else
                MessageBox.Show("没有该图书编号", "提示");
                myCon.Close();
        }
    }
```

(3) 各项信息输入完整后,单击“借出”按钮,则该图书将被借出。关键代码如下。

【例 16-25】 在借书窗体中,单击“借出”按钮的 Click 事件的关键代码。

```
private void btnOut_Click(object sender, EventArgs e)
{
    if (txtPID.Text.Trim() == "" || txtBID.Text.Trim() == "")
        MessageBox.Show("请输入完整信息", "提示");
    else
    {
        myCon.Open();
        string sql = "select * from tb_BookOut where BID = '" + txtBID.Text.Trim() + "' and PID =
'" + txtPID.Text.Trim() + "'";
        SqlCommand cmd = new SqlCommand(sql, myCon);
        if (cmd.ExecuteScalar() != null)
            MessageBox.Show("你已经借了一本同样的书", "提示");
        else
        {
            //查询该书现有库存数量
            string sql1 = "select BNum from tb_Book where BID = '" + this.txtBID.Text.Trim() + "'";
            int nTemp = QueryOutNum(sql1);
            if (nTemp > 0)
            {
                sql = "insert into tb_bookOut (BID,PID,ODate) values ('" + txtBID.Text.Trim()
 + "','" + txtPID.Text.Trim() + "','" + dtpBookOut.Text.Trim() + "')";
                cmd.CommandText = sql;
                cmd.ExecuteNonQuery();
                MessageBox.Show("借出成功", "提示");
```

```
                    //更新该书的库存数量
                    nTemp = nTemp - 1;
                    sql = "update tb_Book set BNum = '" + nTemp + "'" + " where BID = '" + this.
txtBID.Text.Trim() + "'";
                    cmd = new SqlCommand(sql, myCon);
                    cmd.ExecuteNonQuery();
                    myCon.Close();
                }
                else
                {
                    MessageBox.Show("该书已全部借出", "提示");
                }
            }
            myCon.Close();
        }
        ShowBookInfo();
    }
```

注意:

程序实现的过程如下。

① 判定该借阅者是否借阅相同的图书。

② 该借阅者没有借阅相同的图书,需要查询该书的库存量。

③ 实现该书借阅后,需要更新该书的库存量。

2. 还书管理的设计与实现

(1) 新建一个 Windows 窗体,命名为 frmBookIn.cs,主要用于实现归还图书的功能。该窗体用到的主要控件如表 16-18 所示。

表 16-18 还书窗体中的主要控件

对象类型	对象 Name	主要属性设置	用途
TextBox	txtPID	无	输入图书证号
	txtBID	无	输入图书编号
	txtBName	ReadOnly 属性设置为 True	显示图书名
	txtWriter	ReadOnly 属性设置为 True	显示作者
	txtType	ReadOnly 属性设置为 True	显示类型
	txtPublish	ReadOnly 属性设置为 True	显示出版社
	txtBDate	ReadOnly 属性设置为 True	输入出版日期
	txtPrice	ReadOnly 属性设置为 True	显示价格
	txtOutDate	ReadOnly 属性设置为 True	显示借出日期
	txtInDate	ReadOnly 属性设置为 True	显示应还日期
	txtNow	ReadOnly 属性设置为 True	显示今天日期
	txtBigDay	ReadOnly 属性设置为 True	显示规定月数
	txtDay	ReadOnly 属性设置为 True	显示超出天数
	txtMoney	ReadOnly 属性设置为 True	显示罚款金额
Button	btnIn	Text 属性设置为“还书”	还书
	btnClose	Text 属性设置为“取消”	退出

(2) 在该部分实现中，同样也是利用文本框的键盘按下响应事件 txtBID_KeyDown，实现快速地获取相关信息。txtBID_KeyDown 事件的关键代码如下。

【例 16-26】 在还书窗体中，txtBID_KeyDown 事件的关键代码。

```
private void txtBID_KeyDown(object sender, KeyEventArgs e)
{
    if (txtBID.Text.Trim() == "" && txtPID.Text.Trim() == "")
    {
        MessageBox.Show("请填写图书编号和借阅者编号", "提示");
        return;
    }
    //回车切换控件焦点
    if (e.KeyValue == 13)
    {
        myCon.Open();
        string strTemp = "select longTime from tb_Identity where Pidentity = (select PIdentity
from tb_Person where PID = '" + txtPID.Text.Trim() + "')";
        SqlCommand sqlCMD1 = new SqlCommand(strTemp, myCon);
        SqlDataReader dr;
        dr = sqlCMD1.ExecuteReader();
        //是否包含一行或多行
        if (!dr.HasRows)
            return;
        //输出查询到最长日期
        dr.Read();
        int nLongTime = dr.GetInt32(dr.GetOrdinal("longTime"));
        dr.Close();
        string strTemp1 = "select DATEADD(m, " + nLongTime + ",ODate) as tt from tb_BookOut";
        sqlCMD1.CommandText = strTemp1;
        dr = sqlCMD1.ExecuteReader();
        //输出查询到的应还日期
        dr.Read();
        DateTime nLongTime1 = dr.GetDateTime(0).Date;
        string strDate1 = nLongTime1.ToShortDateString().ToString(); //2005-11-5
        dr.Close();
        //取出现在的日期
        DateTime dt = DateTime.Now.Date;
        string strDate2 = dt.ToShortDateString().ToString();
        string sql = "select distinct BName,BWriter,BPublish,BDate,BPrice,BType," +
              "ODate,(" + strTemp + ") as tt1," + "DATEADD(m," + nLongTime + ",ODate) as
tt2," + "DateDiff(d,'" + strDate1 + "','" + strDate2 + "') as tt3 from tb_Book,tb_BookOut where " +
              "tb_book.BID = '" + txtBID.Text.Trim() + "' and PID = '" + txtPID.Text.Trim() + "'";

        SqlDataAdapter adp = new SqlDataAdapter(sql, myCon);
        ds = new DataSet();
        ds.Clear();
        adp.Fill(ds, "info");
        if (ds.Tables[0].Rows.Count != 0)
        {
            SqlCommand sqlCMD = new SqlCommand(sql, myCon);
```

```
                dr = sqlCMD.ExecuteReader();
                //输出查询到的数据
                dr.Read();
                txtBName.Text = dr.GetString(dr.GetOrdinal("BName"));
                txtWriter.Text = dr.GetString(dr.GetOrdinal("BWriter"));
                txtPublish.Text = dr.GetString(dr.GetOrdinal("BPublish"));
                //只取时间"年 - 月 - 日",舍去后面的"小时 - 分钟 - 秒"
                txtBDate.Text = (dr.GetDateTime(dr.GetOrdinal("BDate")).ToShortDateString());
                //把 double 类型数据转换为 string 类型数据
                object objPrice;
                objPrice = dr.GetValue(dr.GetOrdinal("BPrice"));      //.ToString();
                txtPrice.Text = Convert.ToString(objPrice);
                txtType.Text = dr.GetString(dr.GetOrdinal("BType"));
                txtOutDate.Text = (dr.GetDateTime(dr.GetOrdinal("ODate")).ToShortDateString());
                object objBigDay;
                objBigDay = dr.GetValue(dr.GetOrdinal("tt1"));
                txtBigDay.Text = Convert.ToString(objBigDay);
                this.txtInDate.Text = (dr.GetDateTime(dr.GetOrdinal("tt2")).ToShortDateString());
                if (Convert.ToInt16(dr.GetValue(dr.GetOrdinal("tt3"))) > 0)
                {
                    txtDay.Text = Convert.ToString(dr.GetValue(dr.GetOrdinal("tt3")));
                    this.txtMoney.Text = Convert.ToString(Convert.ToInt16(txtDay.Text.ToString().
Trim()) * 0.2);
                }
                else
                {
                    this.txtDay.Text = "0";
                    this.txtMoney.Text = "0";
                }
                this.txtNow.Text = DateTime.Now.ToShortDateString();
                dr.Close();
            }
            else
                MessageBox.Show("该读者没有借该图书", "提示");
            myCon.Close();
        }
    }
```

(3) 在还书窗体中,各项信息输入完整后,单击“还书”按钮,则该图书被归还。其关键代码如下。

【例 16-27】 在还书窗体中,“还书”按钮的 Click 事件的关键代码。

```
private void btnIn_Click(object sender, EventArgs e)
{
    if (txtBID.Text.Trim() == null&& txtPID.Text.Trim() == null)
        MessageBox.Show("请填写图书编号和借阅者编号", "提示");
    else
    {
        myCon.Open();
        string sql = "delete from tb_BookOut where BID = '" + txtBID.Text.Trim() + "' and PID = '" +
txtPID.Text.Trim() + "'";
        SqlCommand cmd = new SqlCommand(sql, myCon);
        if (cmd.ExecuteNonQuery() > 0)
```

```
                {
                    MessageBox.Show("还书成功", "提示");
                    //更新该书的库存数量
                    sql = "update tb_Book set BNum = BNum + 1 where BID = '" + this.txtBID.Text.Trim() + "'";
                    cmd = new SqlCommand(sql, myCon);
                    cmd.ExecuteNonQuery();

                    //更新该借阅者的罚款信息
                    double fltPMoney = Convert.ToDouble(this.txtMoney.Text.Trim());
                    sql = "update tb_Person set PMoney = PMoney + " + fltPMoney + " where PID = '" + this.
txtPID.Text.Trim() + "'";
                    cmd = new SqlCommand(sql, myCon);
                    cmd.ExecuteNonQuery();
                    myCon.Close();
                }
            }
        }
```

16.11　查询操作模块设计

16.11.1　查询操作模块概述

借还管理模块包括借书管理和还书管理的功能。在主界面中选择“查询操作”→“图书查询”命令菜单或单击工具栏的图书查询按钮，即可进入“图书查询”界面，如图 16-22 所示。

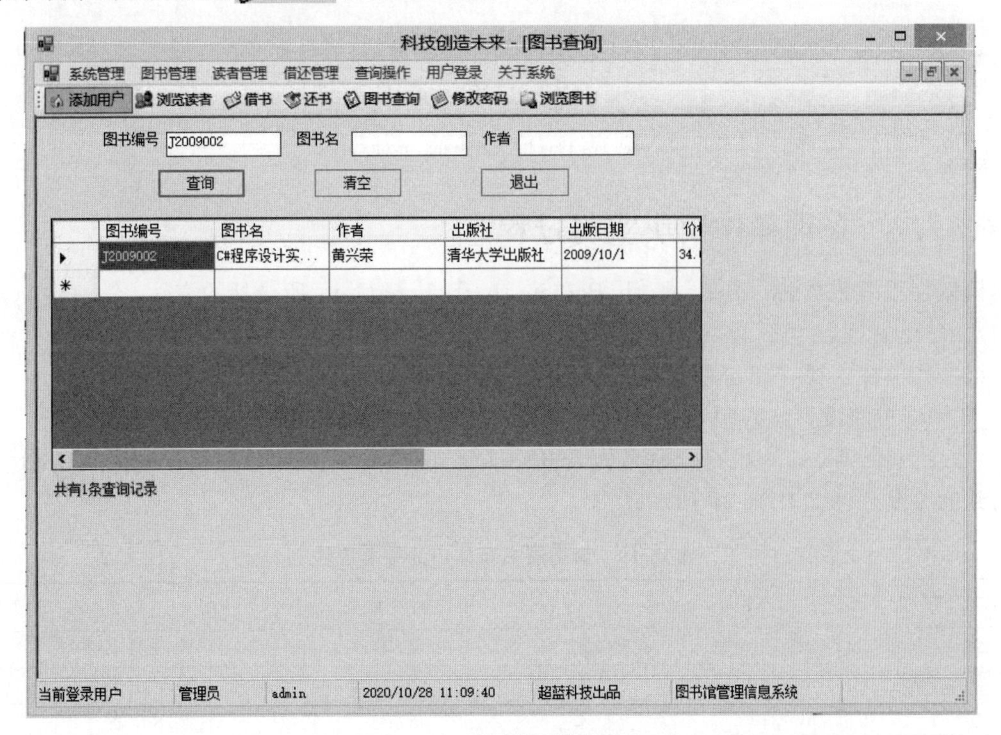

图 16-22　“图书查询”界面

在“图书查询”界面中，共有三个查询条件：图书编号、图书名和作者。单击“查询”按钮，根据查询条件得出的图书信息将显示在DataGridView控件中，并且计算出该图书目前在库中的数量。

在主界面中选择“查询操作”→“图书查询”命令菜单，即可进入“图书查询”界面，如图16-23所示。

在“借阅查询”界面中，需要输入借书证编号，然后单击“查询”按钮，根据查询的借书证编号得出的查询结果将显示在DataGridView控件中。

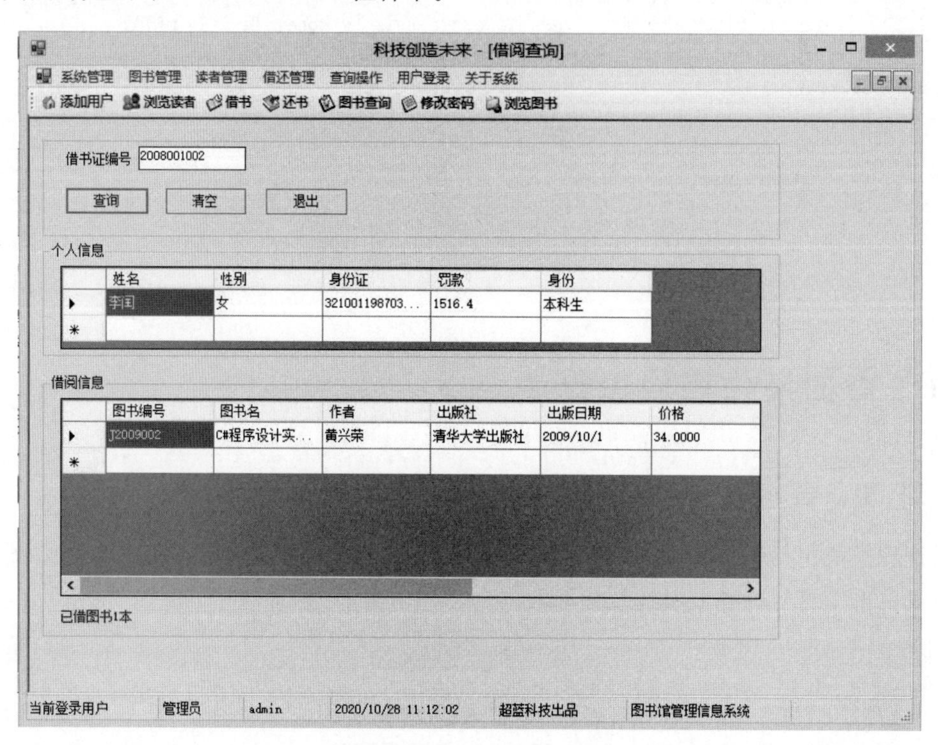

图16-23 “借阅查询”界面

16.11.2 查询操作模块实现过程

本模块使用的数据表：tb_Book、tb_Person、tb_tb_BookOut；所包括的窗体：frmBookQuery、frmPersonQuery。

查询操作模块主要实现了查询图书和查询借阅的功能。具体实现步骤如下。

1. 查询图书的设计与实现

(1) 新建一个Windows窗体，命名为frmBookQuery.cs，主要用于实现查询图书的功能。该窗体用到的主要控件如表16-19所示。

表16-19 查询图书窗体中的主要控件

对象类型	对象Name	主要属性设置	用途
TextBox	txtID	无	输入图书编号
	txtName	无	显示图书名
	txtWriter	无	显示作者

续表

对 象 类 型	对象 Name	主要属性设置	用　途
Button	btnQuery	Text 属性设置为“查询”	查询
	btnClear	Text 属性设置为“清空”	清空
	btnClose	Text 属性设置为“退出”	退出
DataGridView	dgvBook	无	显示查询图书信息

(2) 单击“查询”按钮后，根据输入的条件查询图书信息。其关键代码如下。

【例 16-28】 在查询图书窗体中，“查询”按钮的 Click 事件的关键代码。

```
private void btnQuery_Click(object sender, EventArgs e)
{
    string sql = "select BID as 图书编号,BName as 图书名,BWriter as 作者,BPublish as 出版社,BDate
as 出版日期,BPrice as 价格," +
                "BNum as 数量,BType as 类型,BRemark as 备注 ";
    if (txtID.Text.Trim() != "")
    {
        sql = sql +  "from tb_Book where BID = " + "'" + txtID.Text.Trim() + "'";
    }
    else if (txtName.Text.Trim() != "")
    {
        sql = sql + "from tb_Book where BName = " + "'" + txtName.Text + "'";
    }
    else if (txtWriter.Text.Trim() != "")
    {
        sql = sql +  "from tb_Book where BWriter = " + "'" + txtWriter.Text + "'";
    }
    else
    {
        MessageBox.Show("请输入查询条件", "提示");
        return;
    }
    myCon.Open();
    SqlDataAdapter adp = new SqlDataAdapter(sql, myCon);
    DataSet ds = new DataSet();
    ds.Clear();
    adp.Fill(ds, "book");
    if (ds.Tables[0].Rows.Count != 0)
    {
        this.dgvBook.DataSource = ds.Tables[0].DefaultView;
        this.lblHint.Text = "共有" + ds.Tables[0].Rows.Count + "条查询记录";
    }
    else
    {
        this.dgvBook.DataSource = null;
```

```
            this.lblHint.Text = "没有查询的图书记录";
        }
        myCon.Close();
    }
```

2. 查询借阅的设计与实现

(1) 新建一个 Windows 窗体,命名为 frmPersonQuery.cs,主要用于实现查询借阅的功能。该窗体用到的主要控件如表 16-20 所示。

表 16-20　查询查询窗体中的主要控件

控件类型	控件 Name	主要属性设置	用　途
TextBox	txtPID	无	输入借书证编号
Button	btnQuery	Text 属性设置为"查询"	查询
	btnClear	Text 属性设置为"清空"	清空
	btnClose	Text 属性设置为"退出"	退出
DataGridView	dgvPerson	无	显示借阅者信息
	dgvBookOut	无	显示借阅图书信息

(2) 单击"查询"按钮后,根据输入的条件查询借阅信息。其关键代码如下。

【例 16-29】 在查询借阅窗体中,"查询"按钮的 Click 事件的关键代码。

```
private void btnQuery_Click(object sender, EventArgs e)
{
    if (this.txtPID.Text != "")
    {
        myCon.Open();
        string sql1 = "select PName as 姓名,PSex as 性别,PN as 身份证,PMoney as 罚款,PIdentity as
身份 " +
            "from tb_Person where PID = '" + this.txtPID.Text.Trim() + "'";
        string sql2 = "select BID from tb_BookOut where PID = '" + this.txtPID.Text.Trim() + "'";
        SqlDataAdapter adp = new SqlDataAdapter(sql1, myCon);
        SqlDataAdapter adp2 = new SqlDataAdapter(sql2, myCon);
        ds = new DataSet();
        ds.Clear();
        adp.Fill(ds, "person");
        adp2.Fill(ds, "bookid");
        this.dgvPerson.DataSource = ds.Tables["person"].DefaultView;
        adp.Fill(ds, "info");
        if (ds.Tables["bookid"].Rows.Count != 0)
        {
            for (int x = 0; x < ds.Tables["bookid"].Rows.Count; x++)
            {
                //查询最长借书时间
                string sql3 = " select longTime from tb_Identity where Pidentity = (select
PIdentity from tb_Person where PID = '" + txtPID.Text.Trim() + "')";
```

```
                SqlCommand sqlCMD1 = new SqlCommand(sql3, myCon);
                SqlDataReader dr;
                dr = sqlCMD1.ExecuteReader();

                //输出查询到的数据
                dr.Read();
                int nLongTime = dr.GetInt32(dr.GetOrdinal("longTime"));
                dr.Close();


                string sql4 = "select tb_Book.BID as 图书编号,BName as 图书名,BWriter as 作者,
BPublish as 出版社,BDate as 出版日期,BPrice as 价格," +
                    "BType as 类型,ODate as 借书日期,(select longTime from tb_Identity where
Pidentity=(select PIdentity from tb_Person where PID='" + this.txtPID.Text.ToString().Trim() + "'))" +
                    " as 最长借书时间," + "DATEADD(m," + nLongTime + ",ODate) as 应还日期
from tb_Book,tb_BookOut where tb_Book.BID = tb_BookOut.BID and tb_Book.BID = '" + ds.Tables["
bookid"].Rows[x][0] + "'" +
                    " and PID='" + this.txtPID.Text.ToString().Trim() + "'";
                SqlDataAdapter adp3 = new SqlDataAdapter(sql4, myCon);
                adp3.Fill(ds, "bookout");
                this.dgvBookOut.DataSource = ds.Tables["bookout"].DefaultView;
                this.lblHint.Text= "已借图书" + ds.Tables["bookout"].Rows.Count + "本";
            }
        }
        myCon.Close();
    }
    else
    {
        MessageBox.Show("请输入查询条件", "提示");
        return;
    }
}
```

16.12　用户登录模块设计

16.12.1　用户登录模块概述

用户登录模块包括修改密码和退出登录的功能。在主界面中选择“用户登录”→“修改密码”命令菜单或单击工具栏的修改密码按钮，即可进入“修改密码”界面，如图16-24所示。

在“修改密码”界面中，单击“确定”按钮，如果密码正确并且新密码与确认密码相同，则显示修改成功，否则修改失败。

在主界面中选择“用户登录”→“退出登录”命令菜单，即可退出当前系统。

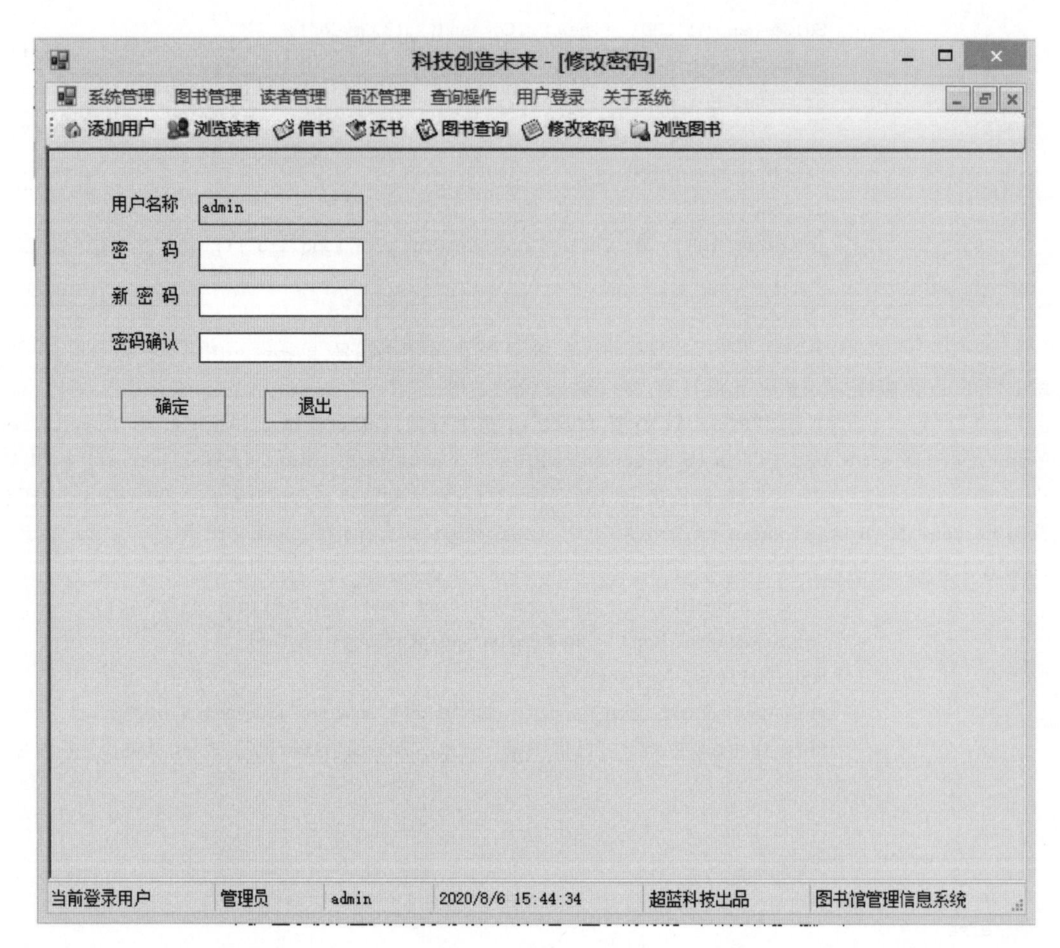

图 16-24 “修改密码”界面

16.12.2 用户登录模块实现过程

本模块使用的数据表：tb_Person、tb_tb_tb_Manager；所包括的窗体：frmModifyCode。

用户登录模块主要实现了修改密码的功能。具体实现步骤如下：

（1）新建一个 Windows 窗体，命名为 frmModifyCode.cs，主要用于实现修改密码的功能。该窗体用到的主要控件如表 16-21 所示。

表 16-21 修改密码窗体中的主要控件

对象类型	对象 Name	主要属性设置	用途
TextBox	txtPName	ReadOnly 属性设置为 True	显示用户名称
	txtPCode	PasswordChar 属性设置为 *	输入原密码
	txtPCodeNew	PasswordChar 属性设置为 *	输入新密码
	txtPCodeNew2	PasswordChar 属性设置为 *	再次输入新密码
Button	btnOk	Text 属性设置为“确定”	修改密码
	btnClose	Text 属性设置为“退出”	退出

(2) 在“修改密码”窗体加载时,首先要得到从 statusBar 传递过来的当前登录用户名,这样当前用户可以修改自己的密码。单击“确定”按钮后,进行密码的修改。其关键代码如下。

【例 16-30】 在“修改密码”窗体中,“确定”按钮的 Click 事件的关键代码。

```
private void btnOk_Click(object sender, EventArgs e)
{
    if (this.txtPName.Text.Trim() == "" || this.txtPCode.Text.Trim() == "" || this.txtPCodeNew.
Text.Trim() == "" || this.txtPCodeNew2.Text.Trim() == "")
        MessageBox.Show("请填写完整信息!", "提示");
    else
    {
        myCon.Open();
        SqlCommand cmd = new SqlCommand("", myCon);
        string sql1 = "select * from tb_Person where PID = '" + this.txtPName.Text.Trim() + "'and
PCode = '" + this.txtPCode.Text.Trim() + "'";
        string sql2 = "select * from tb_Manager where MName = '" + this.txtPName.Text.Trim() + "'
and MCode = '" + this.txtPCode.Text.Trim() + "'";
        if (this.strManage == "管理员")
            cmd.CommandText = sql2;
        else
            cmd.CommandText = sql1;
        if ( cmd.ExecuteScalar()!= null)
        {
            if (txtPCodeNew.Text.Trim() != txtPCodeNew2.Text.Trim())
                MessageBox.Show("两次密码输入不一致!", "警告");
            else
            {
                sql1 = "update tb_Person set PCode = '" + txtPCodeNew.Text.Trim() + "' where
PID = '" + txtPName.Text.Trim() + "'";
                sql2 = "update tb_Manager set MCode = '" + txtPCodeNew.Text.Trim() + "' where
MName = '" + txtPName.Text.Trim() + "'";
                if (strManage == "管理员")
                    cmd.CommandText = sql2;
                else
                    cmd.CommandText = sql1;
                cmd.ExecuteNonQuery();
                MessageBox.Show("密码修改成功!", "提示");
                this.Close();
            }
        }
        else
            MessageBox.Show("密码错误!", "提示");
        myCon.Close();
    }
}
```

16.13 小结

本项目案例从开发背景、需求分析开始介绍图书馆管理信息系统的开发流程，重点论述了从数据库设计和应用程序设计的角度如何实现一套简单的图书馆管理信息系统。本系统比较简单，只是包括一些基本的系统功能。读者可以在学习本系统的基础上添加一些功能模块，以适应实际需要。

第17章

超市进销存管理系统

随着行业竞争日益激烈，提高进销存管理的工作效率，改善超市内部以及整个供应链各个环节的管理、调度及资源配置成为超市当前必须考虑的问题。而解决这些问题的途径之一就是运用计算机进行管理。

通过本项目案例的阅读和实践，可以学习到：

- 如何编写公共类。
- 制作系统登录模块。
- 根据实际需求开发商品进货管理。
- 根据实际需求开发商品销售管理。
- 如何开发库存管理。
- 掌握开发中的技巧与难点。

17.1 开发背景

中小型超市在我国经济发展中具有重要地位，目前我国的中小型超市数量众多，地区分布广泛，行业分布跨度大。随着网络及电子商务的发展和兴起，给中小型超市带来了更多的发展机会，同时也增大了超市行业之间的竞争强度。这就要求中小超市必须改变经营管理模式，提高运营效率。目前，随着技术的发展，计算机操作及管理日趋简化，计算机知识日趋普及，同时市场经济快速多变，竞争激烈，超市行业采用计算机管理商品进货、销售、库存等诸多环节也已成为必然趋势。

17.2 需求分析

如何降低成本已经成为超市首要解决的问题。对于超市来说，涉及商品的进货渠道、销售情况以及库存等方面的管理。进销存管理的效率对于超市的生存、发展至关重要。超市进销存管理系统适用于超市的采购、销售和仓库部门，实现对超市采购、销售及仓库的业务全过程进行有效控制和跟踪。使用超市进销存管理系统可有效减少盲目采购，降低采购成本，合理控制库存，减少资金占用并提高市场灵敏度，提高超市的市场竞争力。

17.3 系统设计

17.3.1 系统目标

本系统属于中小型的超市进销存管理系统，可以有效地对中小型超市进行管理。本系统应达到以下目标。

(1) 系统采用人机交互的方式，界面美观友好，信息查询灵活、方便，数据存储安全可靠。

(2) 能够对进货信息进行有效的管理。

(3) 能够对商品销售信息进行有效的管理。

(4) 能够准确、详细地管理商品库存信息。

(5) 对于用户输入的数据，进行严格的数据检验，尽可能地避免人为错误。

(6) 系统应最大限度地实现易维护性和易操作性。

17.3.2 系统功能结构

超市进销存管理系统的功能结构如图 17-1 所示。

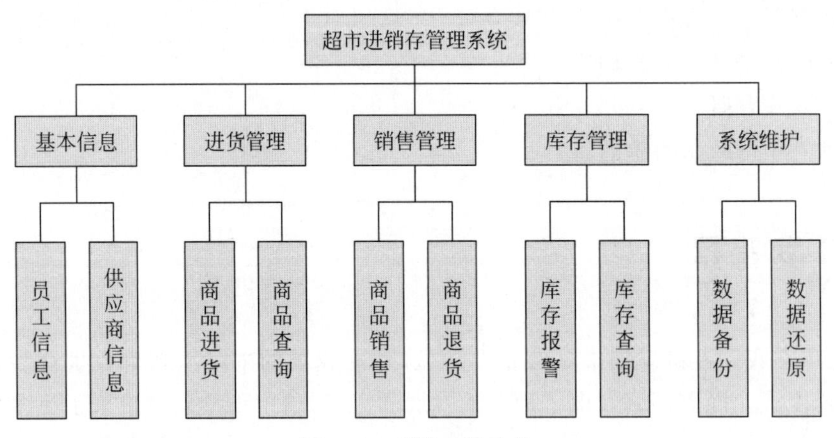

图 17-1　系统功能结构

17.3.3 系统预览

超市进销存管理系统由多个窗体组成，下面先预览几个典型窗体。

主窗体运行结果如图 17-2 所示，主要实现快速连接到系统的所有功能菜单。商品进货管理模块如图 17-3 所示，主要实现查找所有进货信息、添加进货信息和对进货信息进行修改及删除。商品销售管理模块运行结果如图 17-4 所示，主要实现对销售的商品进行管理。商品库存管理模块运行结果如图 17-5 所示，主要实现对库存商品进行管理。

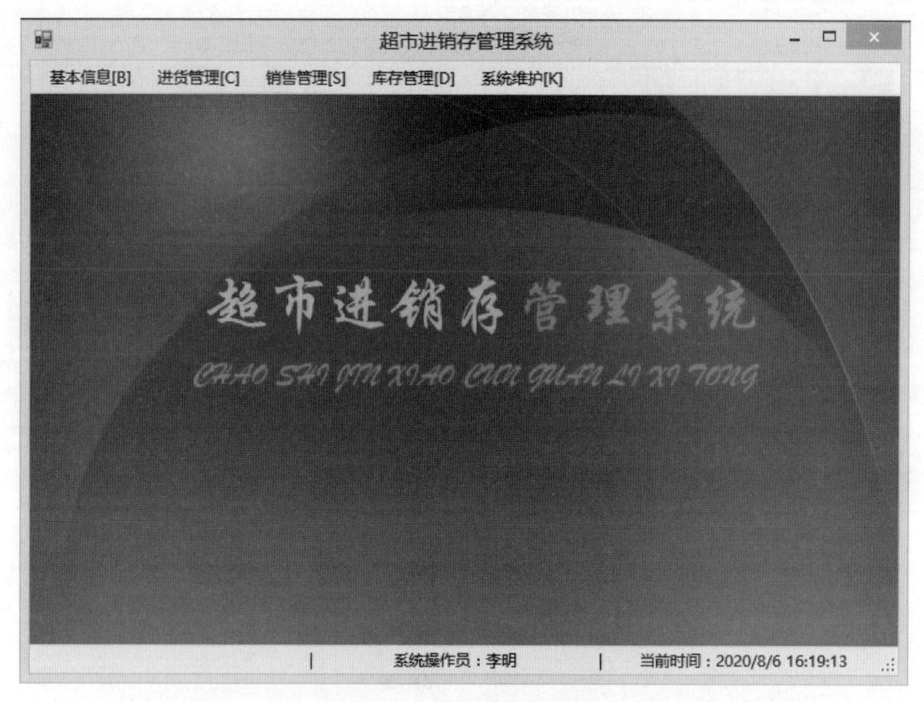

图 17-2　主窗体运行结果

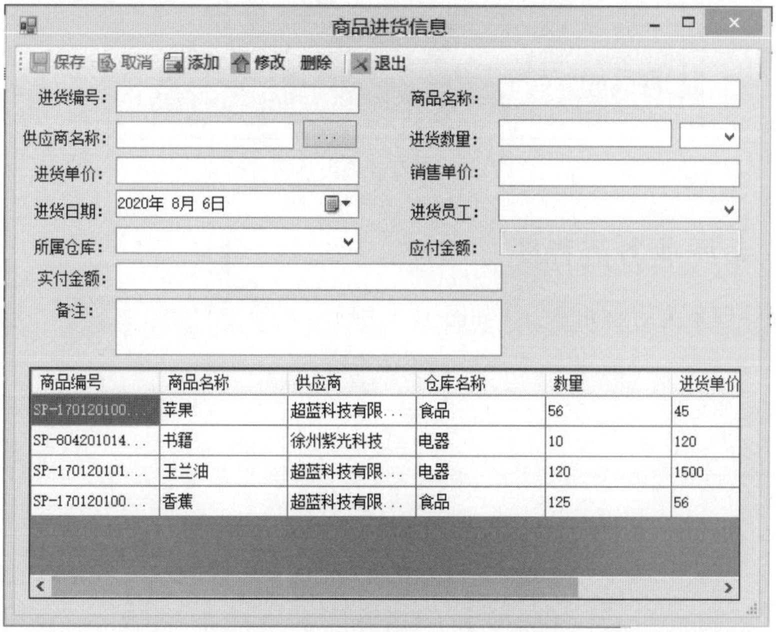

商品进货信息

保存　取消　添加　修改　删除　退出

进货编号：　商品名称：
供应商名称：　进货数量：
进货单价：　销售单价：
进货日期：2020年 8月 6日　进货员工：
所属仓库：　应付金额：
实付金额：
备注：

商品编号	商品名称	供应商	仓库名称	数量	进货单价
SP-170120100...	苹果	超蓝科技有限...	食品	56	45
SP-604201014...	书籍	徐州紫光科技	电器	10	120
SP-170120101...	玉兰油	超蓝科技有限...	电器	120	1500
SP-170120100...	香蕉	超蓝科技有限...	食品	125	56

图 17-3　商品进货模块运行结果

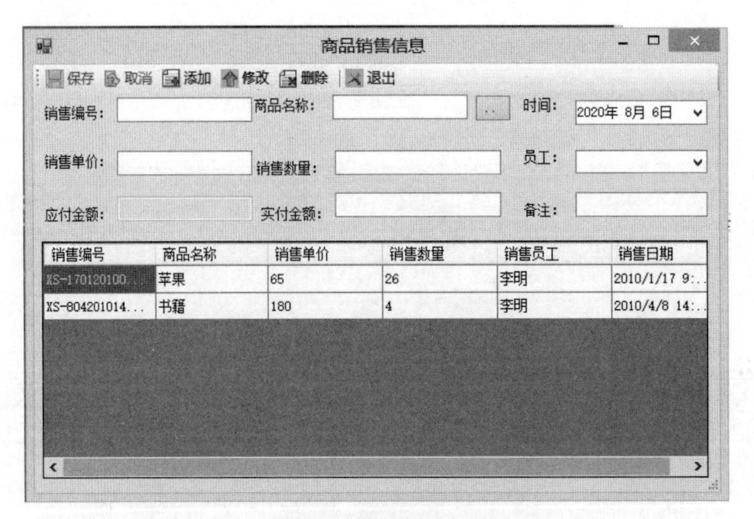

图 17-4　商品销售管理模块运行结果

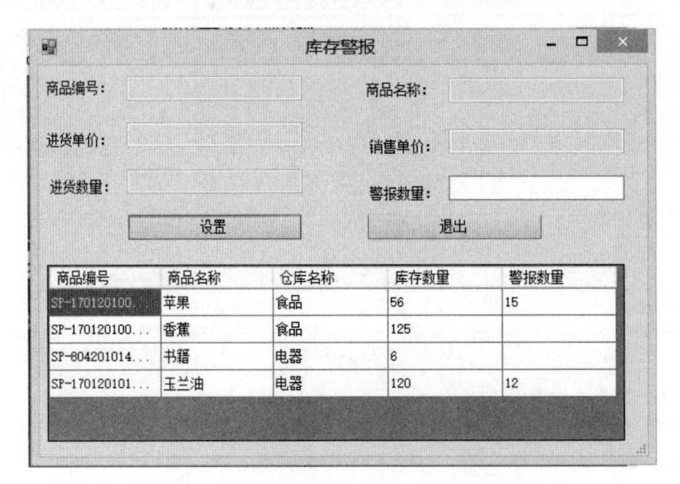

图 17-5　商品库存管理模块运行结果

17.3.4　系统业务流程图

超市进销存管理系统的业务流程图如图 17-6 所示。

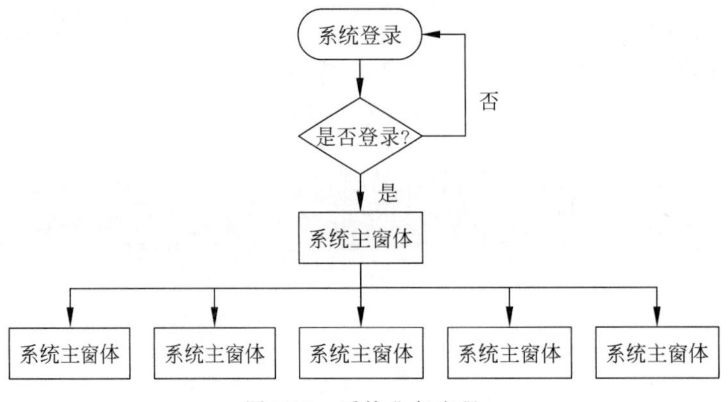

图 17-6　系统业务流程

17.3.5　数据库设计

由于系统的数据较多，因此选择 Microsoft SQL Server 2008 数据库存储数据，数据库命名为 db_SupermarketManage，在数据库中创建了 6 个数据表，用于存储不同的信息，如图 17-7 所示。

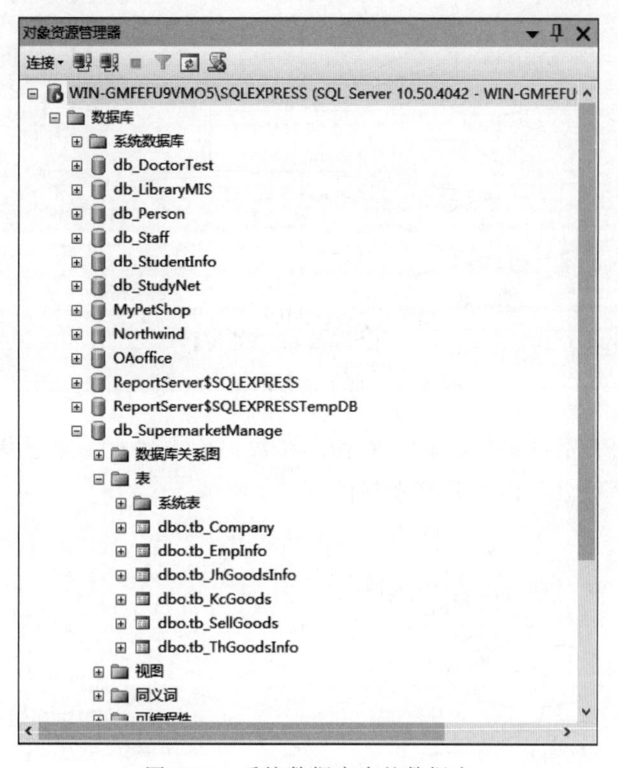

图 17-7　系统数据库中的数据表

其中，tb_Company 为供应商信息表，tb_EmpInfo 为员工信息表，tb_JhGoodsInfo 为进货信息表，tb_KcGoods 为库存信息表，tb_SellGoods 为商品销售表，tb_ThGoodsInfo 为退货信息表。

17.3.6　数据库概念设计

在超市的经营中，每件商品来自不同的供应商。在数据库中建立一个供应商信息表，用于存储供应商的信息。供应商信息实体的 E-R 图如图 17-8 所示。

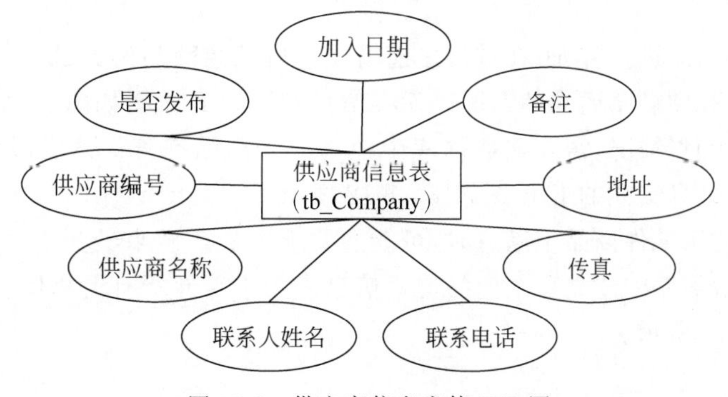

图 17-8　供应商信息实体 E-R 图

基于系统安全的考虑，避免没有管理权限的人员操作系统。在数据库中建立一个员工信息表，用于存储管理系统的员工信息。员工信息实体的E-R图如图17-9所示。

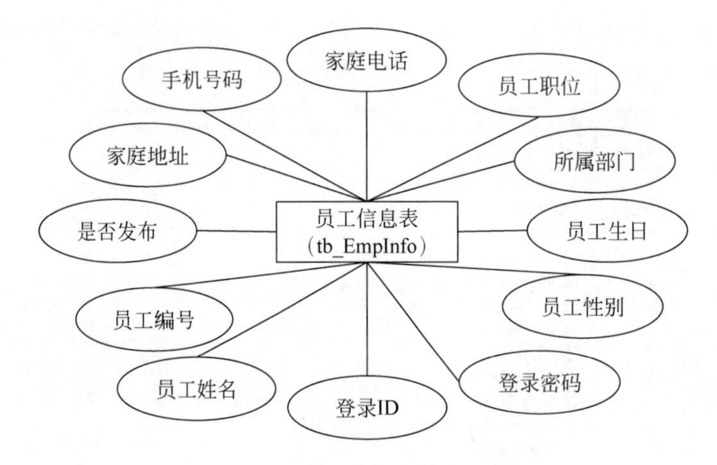

图17-9　员工信息实体E-R图

超市的运行离不开商品的进货、销售、库存。在数据库中建立一个进货信息表用于存储商品进货的详细信息。进货信息实体的E-R图如图17-10所示。

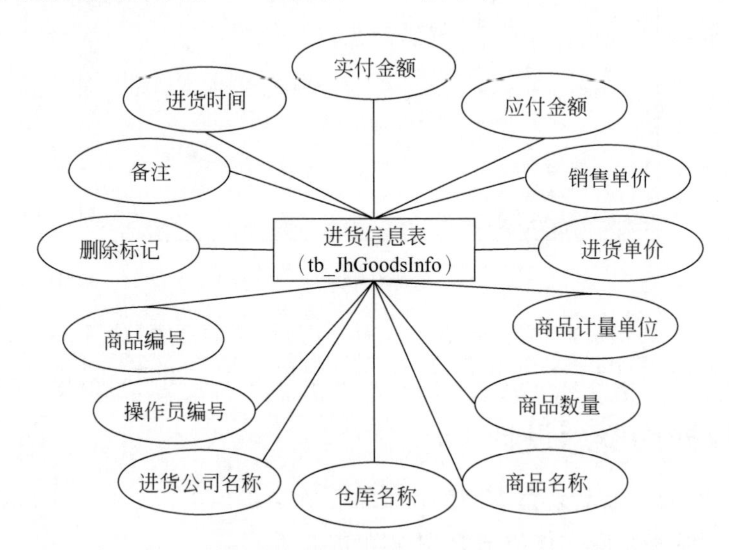

图17-10　进货信息实体E-R图

超市需要定期对商品进行补充，在进货之前需要了解剩余商品的数量。在数据库中需要建立一个库存信息表用于存储剩余商品的情况。库存信息实体的E-R图如图17-11所示。

为了掌握商品的销售情况，需要在数据库中建立一个商品销售信息表，用于存储所有商品的销售信息。商品销售信息实体的E-R图如图17-12所示。

当然，如果顾客对于某件商品不满意时，可能会要求退货。显然，超市经营者也需要掌握退货信息。此时，需要在数据库中建立一个商品退货信息表用于存储所有退货信息。商品退货信息实体的E-R图如图17-13所示。

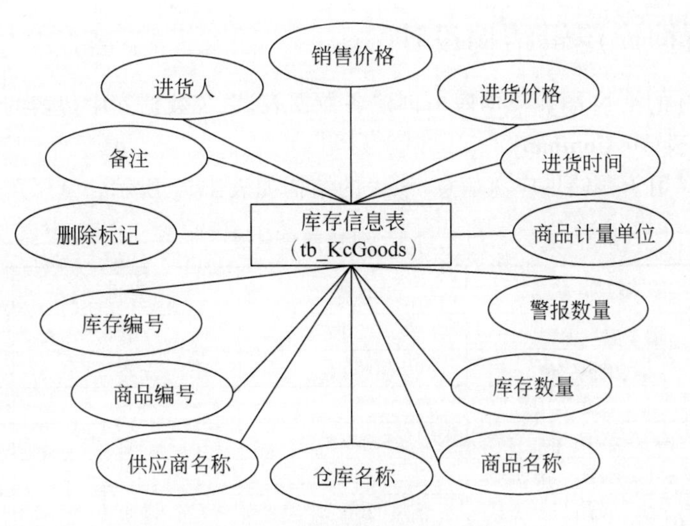

图 17-11　库存信息实体 E-R 图

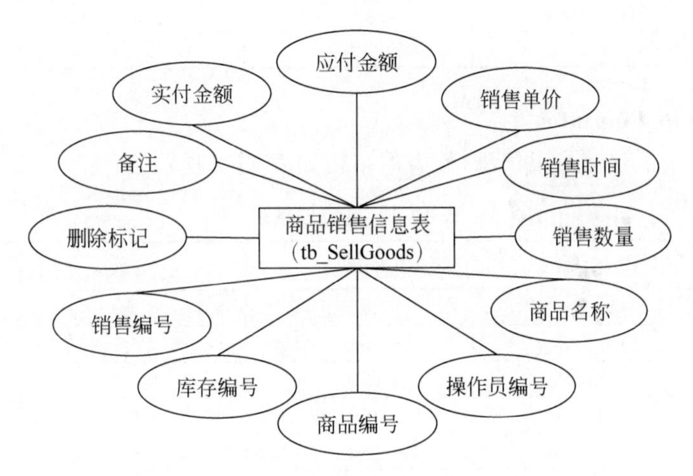

图 17-12　商品销售信息实体 E-R 图

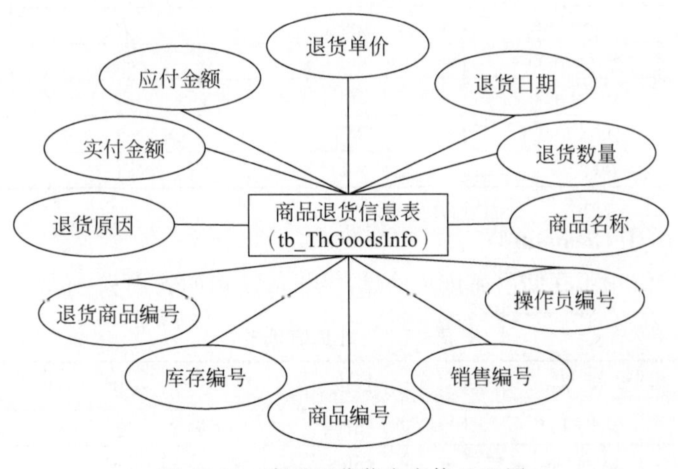

图 17-13　商品退货信息实体 E-R 图

17.3.7 数据库逻辑结构设计

根据前面设计好的 E-R 图在数据库中创建各数据表，系统数据库中各表的结构如下。

1. 供应商信息表(tb_Company)

表 tb_Company 用于存储供应商信息，该表的结构如表 17-1 所示。

表 17-1 供应商信息表

字 段 名	数据类型	长度	主键	描 述
CompanyID	varchar	50	否	供应商编号
CompanyName	nvarchar	100	否	供应商名称
CompanyDirector	nvarchar	50	否	联系人姓名
CompanyPhone	nvarchar	20	否	联系电话
CompanyFax	nvarchar	20	否	传真
CompanyAddress	nvarchar	200	否	地址
CompanyRemark	nvarchar	400	否	备注
ReDateTime	datetime	8	否	加入日期
Flag	int	4	否	是否发布

2. 员工信息表(tb_EmpInfo)

表 tb_EmpInfo 用于存储员工信息，该表的结构如表 17-2 所示。

表 17-2 员工信息表

字 段 名	数据类型	长度	主键	描 述
EmpId	varchar	50	是	员工编号
EmpName	varchar	50	否	员工姓名
EmpLoginName	nvarchar	50	否	登录 ID
EmpLoginPwd	nvarchar	50	否	登录密码
EmpSex	nvarchar	50	否	员工性别
EmpBirthday	datetime	8	否	员工生日
EmpDept	nvarchar	50	否	所属部门
EmpPost	nvarchar	50	否	员工职位
EmpPhone	nvarchar	50	否	家庭电话
EmpPhoneM	nvarchar	50	否	手机号码
EmpAddress	nvarchar	200	否	家庭地址
EmpFlag	int	4	否	是否发布

3. 进货信息表(tb_JhGoodsInfo)

表 tb_ JhGoodsInfo 用于存储商品进货信息，该表的结构如表 17-3 所示。

表 17-3 进货信息表

字 段 名	数据类型	长度	主键	描 述
GoodsID	nvarchar	50	是	商品编号
EmpId	nvarchar	50	否	操作员编号
JhCompName	nvarchar	100	否	供应商名称

续表

字　段　名	数 据 类 型	长度	主键	描　　述
DepotName	nvarchar	50	否	仓库名称
GoodsName	nvarchar	50	否	商品名称
GoodsNum	int	4	否	商品数量
GoodsUnit	nvarchar	50	否	商品计量单位
GoodsJhPrice	nvarchar	50	否	进货单价
GoodsSellPrice	nvarchar	50	否	销售单价
GoodsNeedPay	nvarchar	50	否	应付金额
GoodsHasPay	nvarchar	50	否	实付金额
GoodsRemark	nvarchar	200	否	备注
GoodTime	datetime	8	否	进货时间
Flag	int	4	否	是否发布

4. 库存信息表(tb_KcGoods)

表 tb_KcGoods 用于存储商品库存信息,该表的结构如表 17-4 所示。

表 17-4　库存信息表

字　段　名	数 据 类 型	长度	主键	描　　述
KcID	nvarchar	50	是	库存编号
GoodsID	nvarchar	50	否	商品编号
JhCompName	nvarchar	50	否	供应商名称
KcDeptName	nvarchar	50	否	仓库名称
KcGoodsName	nvarchar	50	否	商品名称
KcNum	int	4	否	商品数量
KcAlarmNum	int	4	否	商品警告数量
KcUnit	nvarchar	50	否	商品计量单位
KcTime	datetime	8	否	进库时间
KcGoodsPrice	nvarchar	50	否	进货价格
KcSellPrice	nvarchar	50	否	销售价格
KcEmp	nvarchar	50	否	进货人
KcRemark	nvarchar	200	否	备注
KcFlag	int	4	否	是否发布

5. 商品销售信息表(tb_SellGoods)

表 tb_SellGoods 用于存储商品销售信息,该表的结构如表 17-5 所示。

表 17-5　商品销售信息表

字　段　名	数 据 类 型	长度	主键	描　　述
SellID	varchar	50	是	销售编号
KcID	nvarchar	50	否	库存编号
GoodsID	nvarchar	50	否	商品编号
EmpId	nvarchar	50	否	操作员编号
GoodsName	nvarchar	50	否	商品名称

续表

字段名	数据类型	长度	主键	描述
SellGoodsNum	int	4	否	销售数量
SellGoodsTime	datetime	8	否	销售时间
SellPrice	nvarchar	50	否	销售单价
SellNeedPay	nvarchar	50	否	应付金额
SellHasPay	nvarchar	50	否	实付金额
SellRemark	nvarchar	200	否	备注
SellFlag	int	4	否	删除标记

6. 商品退货信息表(tb_ThGoodsInfo)

表 tb_ ThGoodsInfo 用于存储商品退货的详细信息,该表的结构如表 17-6 所示。

表 17-6 商品退货信息表

字段名	数据类型	长度	主键	描述
ThGoodsID	nvarchar	50	是	退货商品编号
KcID	nvarchar	50	否	库存编号
GoodsID	nvarchar	50	否	商品编号
SellID	nvarchar	50	否	销售编号
EmpId	nvarchar	50	否	操作员编号
ThGoodsName	nvarchar	50	否	商品名称
ThGoodsNum	int	4	否	退货数量
ThGoodsTime	datetime	8	否	退货日期
ThGoodsPrice	nvarchar	50	否	退货单价
ThNeedPay	nvarchar	50	否	应付金额
ThHasPay	nvarchar	50	否	实付金额
ThGoodsResult	nvarchar	50	否	退货原因

17.3.8 系统文件夹组织结构

一般来说,项目都会有相应的文件夹组织结构。如果项目中窗体数量很多,可以将窗体及资源放在不同的文件夹中。如果项目中窗体不是很多,可以将图片、公共类或者程序资源文件放在相应的文件夹中,而窗体可以直接放在项目根目录上。超市进销存管理系统就是按照后者的文件夹组织结构排列的,如图 17-14 所示。

其中,Properties 为程序属性文件夹;引用为 dll 引用文件夹;ClassInfo 为实体文件夹;GoodMethod 为公共类文件夹;Resources 为程序资源文件夹;frmCompanyInfo. cs 为供应商信息窗体;frmDataBackup. cs 为数据备份窗体;frmDataRestore. cs 为数据还原窗体;frmEmpInfo. cs 为员工基本信息窗体;frmFindGoods. cs 为进货信息查询窗体;frmGoodsID. cs 为选择商品信息窗体;frmLogin. cs 为系统登录窗体;frmMain. cs 为系统主窗体;frmPurchaseGoodsInfo. cs 为商品进货信息窗体;frmReturnGoodsInfo. cs 为商品退货信息窗体;frmSellGoods. cs 为商品销售信息窗体;frmSellGoodsInfo. cs 为商品销售信息窗体;frmStockGoodsFind. cs 为库存查询窗体;frmStockGoodsInfo. cs 为库存警报窗体;frmSupplier. cs 为供应商信息窗体;Program. cs 为系统主程序文件。

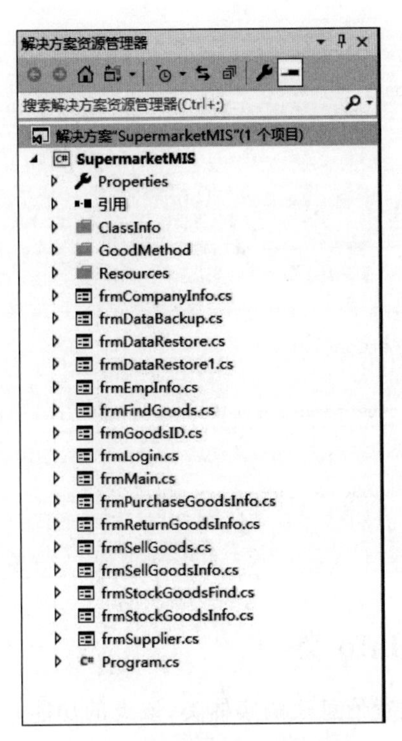

图 17-14 项目文件夹组织结构

17.4 公共类设计

为了节省系统资源,实现代码重用,一般在系统中设计一些公共类。在本系统中,创建了 6 个实体类和 7 个公共类。由于篇幅有限,下面只介绍几个主要的实体类和公共类。

17.4.1 getSqlConnection 类

getSqlConnection 类主要实现与数据库的连接,在代码或其他公共类中可以调用 getSqlConnection 类连接数据库。其关键代码如下。

【例 17-1】 getSqlConnection 类的关键代码。

```
using System;
using System.Collections.Generic;
using System.Text;
using System.Data.SqlClient;

namespace SupermarketMIS.GoodMethod
{
    public class getSqlConnection
    {
        string G_Str_ConnectionString = "Data Source = (local);Initial Catalog = db_SupermarketManage;
Integrated Security = True";
```

```
        SqlConnection G_Con;                                                    //声明连接对象

        public getSqlConnection()
        {

        }
        /// <summary>
        /// 连接数据库
        /// </summary>
        /// <returns></returns>
        public SqlConnection GetCon()
        {
            G_Con = new SqlConnection(G_Str_ConnectionString);
            G_Con.Open();                                                       //打开连接
            return G_Con;                                                       //返回连接
        }
    }
}
```

17.4.2 tb_JhGoodsInfo 类

tb_JhGoodsInfo 类是商品进货信息表的实体类,该类的功能是传递商品进货信息表有关的参数实体。其主要代码如下。

【例 17-2】 tb_JhGoodsInfo 类的主要代码。

```
using System;
using System.Collections.Generic;
using System.Text;
namespace SupermarketMIS.ClassInfo
{
    public class tb_JhGoodsInfo
    {
        private string GoodsID;                                                 //商品编号
        public string strGoodsID
        {
            get { return GoodsID; }
            set { GoodsID = value; }
        }
        private string EmpId;                                                   //操作员编号
        public string strEmpId
        {
            get { return EmpId; }
            set { EmpId = value; }
        }
        private string JhCompName;                                              //供应商名称
        public string strJhCompName
        {
            get { return JhCompName; }
            set { JhCompName = value; }
        }
```

```
private string DepotName;                                    //仓库名称
public string strDepotName
{
    get { return DepotName; }
    set { DepotName = value; }
}
private string GoodsName;                                    //商品名称
public string strGoodsName
{
    get { return GoodsName; }
    set { GoodsName = value; }
}
private int GoodsNum;                                        //商品数量
public int strGoodsNum
{
    get { return GoodsNum; }
    set { GoodsNum = value; }
}
private string GoodsUnit;                                    //商品计量单位
public string strGoodsUnit
{
    get { return GoodsUnit; }
    set { GoodsUnit = value; }
}
private string GoodsJhPrice;                                 //进货单价
public string deGoodsJhPrice
{
    get { return GoodsJhPrice; }
    set { GoodsJhPrice = value; }
}
private string GoodsSellPrice;                               //销售单价
public string deGoodsSellPrice
{
    get { return GoodsSellPrice; }
    set { GoodsSellPrice = value; }
}
private string GoodsNeedPay;                                 //应付金额
public string deGoodsNeedPay
{
    get { return GoodsNeedPay; }
    set { GoodsNeedPay = value; }
}
private string GoodsHasPay;                                  //实付金额
public string deGoodsHasPay
{
    get { return GoodsHasPay; }
    set { GoodsHasPay = value; }
}
private string GoodsRemark;                                  //备注
public string strGoodsRemark
{
```

```
            get { return GoodsRemark; }
            set { GoodsRemark = value; }
        }
        private DateTime GoodTime;                                    //进货时间
        public DateTime DaGoodTime
        {
            get { return GoodTime; }
            set { GoodTime = value; }
        }
        private int Falg;                                             //删除标记
        public int nFalg
        {
            get { return Falg; }
            set { Falg = value; }
        }
    }
}
```

17.4.3 tb_JhGoodsInfoMethod 类

tb_JhGoodsInfoMethod 类主要封装了操作进货信息表的所有自定义方法,并分别执行不同的操作,下面对于这些方法进行介绍。

1. tb_JhGoodsInfoMethodAdd 方法

在 tb_JhGoodsInfoMethod 类中定义了 tb_JhGoodsInfoMethodAdd()方法,其参数是实体类 tb_JhGoodsInfo,此方法所实现的功能是添加商品进货信息。关键代码如下。

【例 17-3】 tb_JhGoodsInfoMethodAdd 方法的关键代码。

```
public int tb_JhGoodsInfoMethodAdd(tb_JhGoodsInfo tbGood)
{
        int intFalg = 0;                                              //初始化变量
        try
        {
            string str_Add = "insert into tb_JhGoodsInfo values( ";
            str_Add += "'" + tbGood.strGoodsID + "','" + tbGood.strEmpId + "','" + tbGood.strJhCompName + "',";
            str_Add += "'" + tbGood.strDepotName + "','" + tbGood.strGoodsName + "','" + tbGood.strGoodsNum + "',";
            str_Add += "'" + tbGood.strGoodsUnit + "'," + tbGood.deGoodsJhPrice + " ," + tbGood.deGoodsSellPrice + " ,";
            str_Add += "" + tbGood.deGoodsNeedPay + "," + tbGood.deGoodsHasPay + ",'" + tbGood.strGoodsRemark + "',";
            str_Add += "'" + tbGood.DaGoodTime + "'," + tbGood.nFalg + ")";
            getSqlConnection getConnection = new getSqlConnection(); //实例化类
            conn = getConnection.GetCon();                           //建立连接
            cmd = new SqlCommand(str_Add, conn);
            intFalg = cmd.ExecuteNonQuery();                         //返回值
            conn.Dispose();                                          //释放连接
            return intFalg;
        }
```

```
        catch (Exception ee)
        {
            MessageBox.Show(ee.ToString());
             return intFalg;
        }
}
```

2. tb_JhGoodsInfoMethodUpdate 方法

在 tb_JhGoodsInfoMethod 类中定义了 tb_JhGoodsInfoMethodUpdate()方法，其参数是实体类 tb_JhGoodsInfo，此方法所实现的功能是修改商品进货信息。关键代码如下。

【例 17-4】 tb_JhGoodsInfoMethodUpdate 方法的关键代码。

```
public int tb_JhGoodsInfoMethodUpdate(tb_JhGoodsInfo tbGood)
{
      int intFalg = 0;                                              //初始化变量
      try
      {
            string str_Add = "update tb_JhGoodsInfo set ";
            str_Add += "EmpId='" + tbGood.strEmpId + "',JhCompName='" + tbGood.strJhCompName + "',";
            str_Add += "DepotName='" + tbGood.strDepotName + "',GoodsName='" + tbGood.
strGoodsName + "',GoodsNum='" + tbGood.strGoodsNum + "',";
            str_Add += "GoodsUnit='" + tbGood.strGoodsUnit + "',GoodsJhPrice=" + tbGood.
deGoodsJhPrice + ",GoodsSellPrice=" + tbGood.deGoodsSellPrice + ",";
            str_Add += "GoodsNeedPay=" + tbGood.deGoodsNeedPay + ",GoodsHasPay=" + tbGood.
deGoodsHasPay + ",GoodsRemark='" + tbGood.strGoodsRemark + "',";
            str_Add += "GoodTime='" + tbGood.DaGoodTime + "',Falg='" + tbGood.nFalg + "' where
GoodsID ='" + tbGood.strGoodsID + "'";
            getSqlConnection getConnection = new getSqlConnection(); //实例化类
            conn = getConnection.GetCon();                           //建立连接
            cmd = new SqlCommand(str_Add, conn);
            intFalg = cmd.ExecuteNonQuery();                         //返回值
            conn.Dispose();                                          //释放连接
            return intFalg;
      }
      catch (Exception ee)
      {
            MessageBox.Show(ee.ToString());
            return intFalg;
      }
}
```

3. JhGoodsID 方法

在 tb_JhGoodsInfoMethod 类中定义了 JhGoodsID()方法，此方法是用于生成所进货商品的流水号。关键代码如下。

【例 17-5】 JhGoodsID 方法的关键代码。

```
public string JhGoodsID()
{
      int intYear = DateTime.Now.Year;                              //获取当前年
      int intMonth = DateTime.Now.Month;                            //获取当前月
```

```
        int intDate = DateTime.Now.Day;                              //获取当前天
        int intHour = DateTime.Now.Hour;                             //获取当前小时
        int intSecond = DateTime.Now.Second;                         //获取当前秒
        int intMinute = DateTime.Now.Minute;                         //获取当前分
        string strTime = null;                                       //初始化变量
        strTime = intYear.ToString();                                //为变量赋值
        if (intMonth < 10)                                           //当月份小于 10
        {
            strTime += "0" + intMonth.ToString();
        }
        else
        {
            strTime += intMonth.ToString();
        }
        if (intDate < 10)                                            //当天数小于 10
        {
            strTime += "0" + intDate.ToString();
        }
        else
        {
            strTime += intDate.ToString();
        }
        if (intHour < 10)                                            //当小时小于 10
        {
            strTime += "0" + intHour.ToString();
        }
        else
        {
            strTime += intHour.ToString();
        }
        if (intMinute < 10)                                          //当分钟小于 10
        {
            strTime += "0" + intMinute.ToString();
        }
        else
        {
            strTime += intMinute.ToString();
        }
        if (intSecond < 10)                                          //当秒小于 10
        {
            strTime += "0" + intSecond.ToString();
        }
        else
        {
            strTime += intSecond.ToString();
        }
        return ("SP-" + strTime);                                    //返回时间
    }
```

注意：判定月份是否小于 10，如果小于 10，则在月份前加 0，例如，7 月份经过处理后的结果为 07。其余的天数、小时、分钟、秒的处理也是如此。

4. tb_JhGoodsInfoFind 方法

在 tb_JhGoodsInfoMethod 类中定义了 tb_JhGoodsInfoFind()方法，它的其中一个参数为 Object 类型，此方法所实现的功能是将商品进货信息表中的信息显示在 DataGridView 控件中。关键代码如下。

【例 17-6】 tb_JhGoodsInfoFind 方法的关键代码。

```
public void tb_JhGoodsInfoFind(string strObject, int intFalg, Object DataObject)
{
    int intCount = 0;                                                    //初始化变量
    string strSecar = null;                                              //初始化变量
    try
    {
        switch (intFalg)//判断条件
        {
            case 1://"商品编号":
                strSecar = "select * from tb_JhGoodsInfo where GoodsID like '%" + strObject +
"%' and Falg = 0";
                break;
            case 2://商品名称"
                strSecar = "select * from tb_JhGoodsInfo where GoodsName like '%" +
strObject + "%' and Falg = 0";
                break;
            case 3://所属部门"
                strSecar = "select * from tb_JhGoodsInfo where JhCompName like '%" + strObject +
"%' and Falg = 0";
                break;
            case 4://"员工职位":
                strSecar = "select * from tb_JhGoodsInfo where DepotName like '%" + strObject +
"%' and Falg = 0";
                break;
            case 5://"员工职位":
                strSecar = "select * from tb_JhGoodsInfo where Falg = 0";
                break;
        }
        getSqlConnection getConnection = new getSqlConnection();  //实例化类
        conn = getConnection.GetCon();                                   //建立连接
        cmd = new SqlCommand(strSecar, conn);
        int ii = 0;
        qlddr = cmd.ExecuteReader();                                     //初始化变量
        while (qlddr.Read())
        {
            ii++;
        }
        qlddr.Close();                                                   //关闭连接

        System.Windows.Forms.DataGridView dv = (DataGridView)DataObject;
        if (ii != 0)                                                     //判定变量是否等于 0
        {
```

```
                int i = 0;                                          //初始化变量
                dv.RowCount = ii;
                qlddr = cmd.ExecuteReader();
                while (qlddr.Read())
                {
                    dv[0, i].Value = qlddr[0].ToString();
                    dv[1, i].Value = qlddr[4].ToString();
                    dv[2, i].Value = qlddr[2].ToString();
                    dv[3, i].Value = qlddr[3].ToString();
                    dv[4, i].Value = qlddr[5].ToString();
                    dv[5, i].Value = qlddr[7].ToString();
                    dv[6, i].Value = qlddr[8].ToString();
                    i++;
                }
                qlddr.Close();                                      //关闭连接
            }
            else
            {
                if (dv.RowCount != 0)
                {
                    int i = 0;
                    do
                    {
                        dv[0, i].Value = "";
                        dv[1, i].Value = "";
                        dv[2, i].Value = "";
                        dv[3, i].Value = "";
                        dv[4, i].Value = "";
                        dv[5, i].Value = "";
                        dv[6, i].Value = "";
                        i++;
                    } while (i < dv.RowCount);
                }
            }
        }
        catch (Exception ee)
        {
            MessageBox.Show(ee.ToString());
        }
}
```

5. filltProd 方法

在 tb_JhGoodsInfoMethod 类中定义了 filltProd()方法，此方法有两个 Object 类型的参数，它的功能是将供应商信息表中的供应商名称添加到 TreeView 控件中。关键代码如下。

【例 17-7】 filltProd 方法的关键代码。

```
public void filltProd(object objTreeView, object obimage)
{
        try
        {
```

```
            getSqlConnection getConnection = new getSqlConnection();    //实例化类
            conn = getConnection.GetCon();                              //建立 SQL 语句
            string strSecar = "select * from tb_Company  where Falg = 0";
            cmd = new SqlCommand(strSecar, conn);
            qlddr = cmd.ExecuteReader();
            if (objTreeView.GetType().ToString() == "System.Windows.Forms.TreeView")
            {
                System.Windows.Forms.ImageList imlist = (System.Windows.Forms.ImageList)obimage;
                System.Windows.Forms.TreeView TV = (System.Windows.Forms.TreeView)objTreeView;
                TV.Nodes.Clear();
                TV.ImageList = imlist;
                System.Windows.Forms.TreeNode TN = new System.Windows.Forms.TreeNode("供应商名称", 0, 1);
                while (qlddr.Read())
                {
                    TN.Nodes.Add("", qlddr[1].ToString(), 0, 1);
                }
                TV.Nodes.Add(TN);
                qlddr.Close();                                          //关闭连接
                TV.ExpandAll();                                         //展开控件
            }
        }
        catch (Exception ee)
        {
            MessageBox.Show(ee.ToString());
        }
    }
```

17.5　系统登录模块设计

17.5.1　系统登录模块概述

一般而言,都需要对于登录系统的用户进行安全性校验。在本系统中,系统登录模块主要用于对进入超市进销存管理系统的用户进行安全性检查,以防止非法用户登录系统。验证用户输入的登录名称及登录密码,如果是系统操作员则允许登录。系统登录模块运行结果如图 17-15 所示。

图 17-15　系统登录模块运行结果

17.5.2　系统登录模块技术分析

在此模块中,主要是通过 SqlDataReader 对象的 HasRows 属性判定登录名称和登录密码是否正确。HasRows 属性用来获取一个值,该值指示 SqlDataReader 对象是否包含一行或多行。其语法如下。

```
public override bool HasRows { get; }
```

属性值:如果 SqlDataReader 对象包含一行或多行,则为 true;否则为 false。

【例 17-8】 通过 SqlDataReader 对象的 HasRows 属性来判定登录名称和登录密码的关键代码(代码位置:项目\SupermarketMIS\SupermarketMIS\SupermarketMIS\GoodMethod\tb_ThGoodsMethod.cs)。

```
getSqlConnection getConnection = new getSqlConnection();          //实例化类
conn = getConnection.GetCon();                                     //建立连接
cmd = new SqlCommand(strSecar, conn);
qlddr = cmd.ExecuteReader();                                       //读取记录
qlddr.Read();
if (qlddr.HasRows)
{
     intCount = 1;                                                 //变量赋值
}
```

17.5.3 系统登录模块实现过程

在本模块中,所使用的数据表为:tb_EmpInfo。

登录模块的实现步骤如下。

(1) 新建一个 Windows 窗体,命名为 frmLogin.cs。该窗体所包括的主要控件如表 17-7 所示。

表 17-7 系统登录窗体的主要控件

对象类型	对象 Name	主要属性设置	用途
TextBox	txtID	无	输入登录用户名
	txtPwd	PasswordChar 属性设置为“*”	输入登录用户密码
Button	btnOK	Text 属性设置为“确定”	确定
	btnCancel	Text 属性设置为“取消”	取消

(2) 输入登录用户名和密码,单击“确定”按钮,登录系统。关键代码如下。

【例 17-9】 登录窗体中的“确定”按钮的 Click 事件。

```
private void btnOK_Click(object sender, EventArgs e)
{
     tb_EmpInfoMethod tbEmp = new tb_EmpInfoMethod();              //实例化类
     if (txtID.Text == "")                                         //判定是否输入登录账号
     {
          MessageBox.Show("用户名不能为空!");                        //弹出提示
          return;
     }
     if (txtPwd.Text == "")                                        //判定是否输入登录密码
```

```
    {
        MessageBox.Show("密码不能为空!");                          //弹出提示
        return;
    }
    if (tbEmp.tb_EmpInfoFind(txtID.Text, txtPwd.Text, 2) == 1)  //验证是否是有效登录
    {
        frmMain frm = new frmMain(txtID.Text);
        frm.Show();                                              //打开主窗体
        this.Hide();                                             //隐藏当前窗体
    }
    else
    {
        MessageBox.Show("登录失败!");                             //弹出提示
    }
}
```

17.6 主窗体设计

17.6.1 主窗体概述

通常是通过主窗体快速地了解和使用系统支持的所有功能。当用户通过登录模块成功地登录系统后,就进入系统的主窗体。主窗体的运行结果如图 17-16 所示。

图 17-16 主窗体运行结果

在主窗体中，大体可以分为3个部分。上面部分是系统的菜单栏，其中包括基本信息、进货管理、销售管理、库存管理和系统维护，这些操作菜单下面还有子菜单；中间部分是系统功能菜单的显示区域；下面部分是系统状态栏。

17.6.2 主窗体技术分析

在窗体中使用Timer组件显示当前系统时间，这个时间类似于时钟一样不停地走动。Timer组件提供以指定的时间间隔执行方法的机制，其常用的属性有Enable属性、Interval属性、Tick事件。

例如，在Timer组件的Tick事件下显示系统时间，可以使用下面的代码实现。

【例17-10】 利用Timer组件的Tick事件显示系统时间。

```
private void timer1_Tick(object sender, EventArgs e)
{
    this.label1.Text = "当前时间为：" + DateTime.Now.ToString();
}
```

17.6.3 主窗体实现过程

在本模块中，所使用的数据表为：tb_EmpInfo。

主窗体的具体实现步骤如下。

(1) 新建一个Windows窗体，命名为frmMain.cs，主要用于打开系统的其他功能窗体。该窗体用到的主要控件如表17-8所示。

表17-8 主窗体的主要控件

控件类型	控件Name	主要属性设置	用途
MenuStrip	menuStrip1	Items中添加5个MenuItem	实现系统主窗体中的菜单
Timer	timer2	Interval属性设置为1000	实现获取当前系统时间

(2) 当窗体加载时，首先将登录用户和当前系统时间显示到主窗体的状态栏中。关键代码如下。

【例17-11】 在主窗体中把登录用户和当前系统时间显示到主窗体的状态栏中。

```
private void frmMain_Load(object sender, EventArgs e)
{
    timer2.Enabled = true;
    this.statusUser.Text = "系统操作员：" + SendNameValue;
}
private void timer2_Tick(object sender, EventArgs e)
{
    this.statusTime.Text = "当前时间：" + DateTime.Now.ToString();
}
```

(3) 在主窗体的 5 个菜单中分别创建相应的子菜单，具体如表 17-9 所示。

表 17-9　主窗体中 5 个菜单和相应的子菜单

菜单名称	子　菜　单	主要属性设置	用　　途
基本信息	员工信息	Text 属性设置为“员工信息[&E]”	打开“员工信息”窗体
	供应商信息	Text 属性设置为“供应商信息[&Q]”	打开“供应商信息”窗体
进货管理	商品进货	Text 属性设置为“商品进货[&S]”	打开“商品进货”窗体
	进货查询	Text 属性设置为“进货查询[&F]”	打开“进货查询”窗体
销售管理	商品销售	Text 属性设置为“商品销售[&G]”	打开“商品销售”窗体
	商品退货	Text 属性设置为“商品退货[&O]”	打开“商品退货”窗体
库存管理	库存报警	Text 属性设置为“库存报警[&J]”	打开“库存报警”窗体
	库存查询	Text 属性设置为“库存查询[&M]”	打开“库存查询”窗体
系统维护	数据备份	Text 属性设置为“数据备份[&H]”	打开“数据备份”窗体
	数据还原	Text 属性设置为“数据还原[&I]”	打开“数据还原”窗体

(4) 下面对这 5 个菜单及其子菜单通过编码实现其功能。由于此部分代码相类似，仅以菜单栏中的“基本信息”→“员工信息”为例。具体如下。

选择“基本信息”→“员工信息”菜单，打开员工基本信息的窗体，如图 17-17 所示。

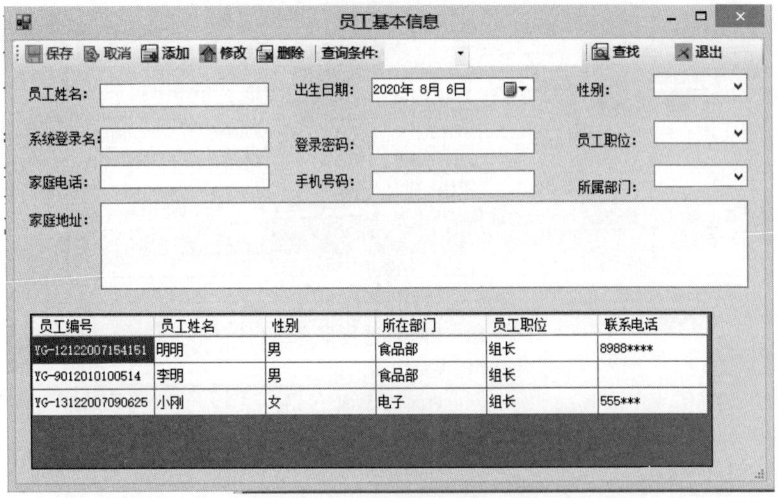

图 17-17　“员工基本信息”窗体

关键代码如下。

【例 17-12】　在主窗体中，选择“基本信息”→“员工信息”菜单，打开员工基本信息的窗体的关键代码。

```
private void menuEmployee_Click(object sender, EventArgs e)
{
    //员工信息
    frmEmpInfo empinfo = new frmEmpInfo();            //员工信息窗体
    empinfo.Owner = this;                              //设置窗体拥有者
    empinfo.ShowDialog();
}
```

17.7 商品进货管理模块设计

17.7.1 商品进货管理模块概述

商品进货管理模块包括商品进货信息窗体和进货信息查询窗体，分别用于对商品进货信息进行浏览、添加、修改、删除和对进货信息进行查询。“商品进货信息”窗体如图 17-18 所示。商品的进货信息可能有很多，查找某条数据会很烦琐。为了解决这个问题，在商品进货管理模块中必须有进货信息查询的功能。“进货信息查询”窗体如图 17-19 所示。

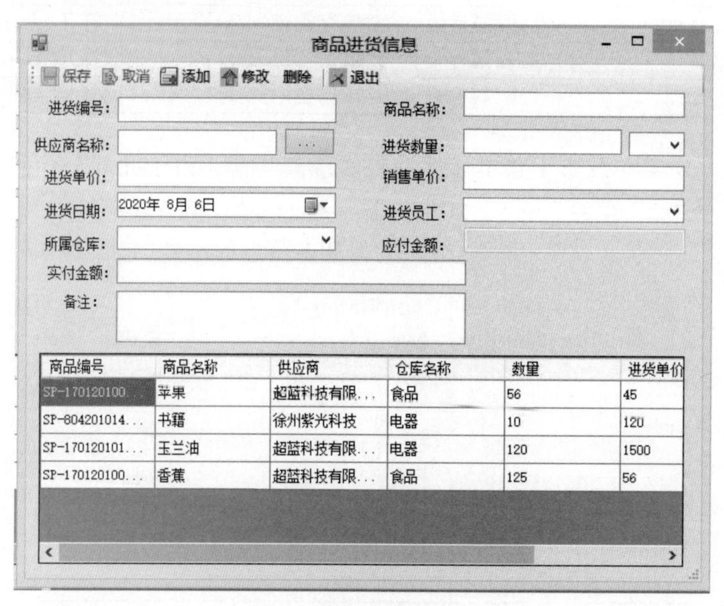

图 17-18 “商品进货信息”窗体

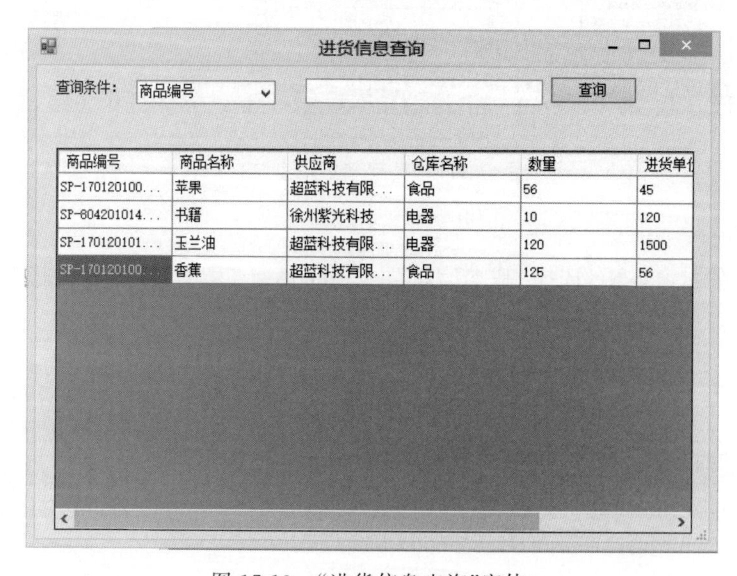

图 17-19 “进货信息查询”窗体

17.7.2　商品进货管理模块技术分析

在开发商品进货管理模块过程中，使用了 DateTimePicker 控件用于选择日期，DateTimePicker 控件使用方便、美观，在程序开发中应用广泛。

使用 DateTimePicker 控件用户可以从日期或时间列表中选择一项。DateTimePicker 控件的属性有很多，应用最广泛的是 Value 属性，Value 属性用来获取或设置控件的日期/时间值。

17.7.3　商品进货管理模块实现过程

在本模块中所使用的数据表为：tb_JhGoodsInfo。

商品进货管理模块主要实现了商品进货管理及进货信息查询，具体实现步骤如下。

(1) 新建一个 Windows 窗体，命名为 frmPurchaseGoodsInfo.cs，主要用于实现对商品进货信息进行管理。该窗体所包括的主要控件如表 17-10 所示。

表 17-10　商品进货管理窗体中的主要控件

对象类型	对象 Name	主要属性设置	用　　途
TextBox	txtGoodsID	无	输入进货编号
	txtGoodsName	无	输入商品名称
	txtJhCompName	无	显示供应商名称
	txtGoodsNum	无	输入进货数量
	txtGoodsJhPrice	无	输入进货单价
	txtGoodsSellPrice	无	输入销售单价
	txtGoodsNeedPrice	无	输入应付金额
	txtGoodsPaidPrice	无	输入实付金额
	txtGoodsRemark	无	输入备注
Button	btnQuery	Text 属性设置为"…"	选择供应商
ComboBox	cmbGoodsUnit	Items 属性中添加若干项	选择进货计量单位
	cmbEmpId	无	显示、选择进货员工姓名
	cmbDepotName	Items 属性中添加若干项	选择所属仓库
DateTimePicker	dateTimePicker1	无	选择进货日期
DataGridView	dgvPurchase	Columns 属性中添加 7 列	显示商品进货信息
ToolStrip	toolStrip1	Items 属性中添加 5 个 ToolStripButton	显示工具栏

(2) 当窗体加载时，在 dgvPurchase 控件中显示所有的商品进货信息以及在 cmbEmpId 控件中显示所有的员工名称，以供用户选择进货员工。此处分别调用了公共类中的 tb_JhGoodsInfoFind()方法和 fillCmbProd()方法。tb_JhGoodsInfoFind()方法用于查询所有商品进货信息，并绑定到 DataGridView 控件上；fillCmbProd()方法用于查询所有员工名称，并绑定到 ComboBox 控件上。其关键代码如下。

【例 17-13】 在商品进货信息窗体中，在 dgvPurchase 控件中显示所有的商品进货信息以及在 cmbEmpId 控件中显示所有的员工名称的关键代码。

```
private void frmPurchaseGoodsInfo_Load(object sender, EventArgs e)
```

```
{
    jhMethod.tb_JhGoodsInfoFind("", 5, dgvPurchase);            //显示所有的商品进货信息
    empMethod.fillCmbProd(this.cmbEmpId);                        //显示所有的员工名称
}
```

(3) 当单击 DataGridView 控件中显示的某条信息时,相应的各项信息会显示在对应的文本框中。在 DataGridView 控件的 CellClick 事件中调用自定义的 FillControls()方法可以实现此功能。其关键代码如下。

【例 17-14】 在商品进货信息窗体中,在 dgvPurchase 控件中单击某条信息,相应的各项信息会显示在对应的文本框中的关键代码。

```
private void dgvPurchase_CellClick(object sender, DataGridViewCellEventArgs e)
{
    if (intFalg == 2 || intFalg == 3)
    {
        FillControls();
    }
}
```

在此处,调用了自定义的 FillControls()方法实现显示单击信息的详细内容。FillControls()方法的关键代码如下。

【例 17-15】 FillControls()方法的关键代码。

```
private void FillControls()
{
    try
    {
        SqlDataReader sqldr = jhMethod.tb_JhGoodsInfoFind(this.dgvPurchase[0, this.dgvPurchase.
CurrentCell.RowIndex].Value.ToString(), 1);
        sqldr.Read();
        if (sqldr.HasRows)
        {
            cmbEmpId.Text = sqldr[1].ToString();                    //获取员工名称
            txtGoodsName.Text = sqldr[4].ToString();                //获取商品名称
            cmbDepotName.Text = sqldr[3].ToString();                //获取所属仓库
            txtGoodsNum.Text = sqldr[5].ToString();                 //获取进货数量
            cmbGoodsUnit.Text = sqldr[6].ToString();                //获取商品计量单位
            txtGoodsJhPrice.Text = sqldr[7].ToString();             //获取商品进货单价
            txtGoodsNeedPrice.Text = sqldr[9].ToString();           //获取商品应付金额
            txtGoodsPaidPrice.Text = sqldr[10].ToString();          //获取商品实付金额
            txtGoodsSellPrice.Text = sqldr[8].ToString();           //获取商品销售单价
            txtGoodsRemark.Text = sqldr[11].ToString();             //获取商品备注
            txtJhCompName.Text = sqldr[2].ToString();               //获取商品供应商
            txtGoodsID.Text = sqldr[0].ToString();                  //获取商品进货编号
            txtGoodsID.Enabled = false;
        }
    }
    catch (Exception ee)
    {
        MessageBox.Show(ee.ToString());
```

```
        }
    }
```

(4) 若想对信息进行修改，单击“修改”按钮，然后选中要修改的信息，对信息进行修改，确认修改无误后，最后单击“保存”按钮确认修改。“保存”按钮的 Click 事件中的代码如下。

【例 17-16】 “保存”按钮的 Click 事件中的代码。

```
private void toolSave_Click(object sender, EventArgs e)
{
①   if (getIntCount() == 1)
    {
②       if (intFalg == 1)
        {
③           if (jhMethod.tb_JhGoodsInfoMethodAdd(jhGood) == 2)   //判定条件
            {
                MessageBox.Show("添加成功", "提示");              //弹出提示
                intFalg = 0;                                      //初始化变量
④               jhMethod.tb_JhGoodsInfoFind("", 5, dgvPurchase); //调用方法
                ControlStatus();                                  //调用方法
                ClearContorl();                                   //调用方法
            }
            else
            {
                MessageBox.Show("添加失败", "提示");
                intFalg = 0;
                jhMethod.tb_JhGoodsInfoFind("", 5, dgvPurchase);
                ControlStatus();
                ClearContorl();
            }
        }
        if (intFalg == 2)
        {
⑤           if (jhMethod.tb_JhGoodsInfoMethodUpdate(jhGood) == 2)
            {
                MessageBox.Show("修改成功", "提示");
                intFalg = 0;
                jhMethod.tb_JhGoodsInfoFind("", 5, dgvPurchase);
                ControlStatus();
                ClearContorl();
            }
            else
            {
                MessageBox.Show("修改失败", "提示");
                intFalg = 0;
                jhMethod.tb_JhGoodsInfoFind("", 5, dgvPurchase);
                ControlStatus();
                ClearContorl();
            }
        }
        if (intFalg == 3)
```

```
            {
                if (jhMethod.tb_JhGoodsInfoMethodDelete(jhGood) == 1)
                {
                    MessageBox.Show("删除成功", "提示");
                    intFalg = 0;
                    jhMethod.tb_JhGoodsInfoFind("", 5, dgvPurchase);
                    ControlStatus();
                    ClearContorl();
                }
                else
                {
                    MessageBox.Show("删除失败", "提示");
                    intFalg = 0;
                    jhMethod.tb_JhGoodsInfoFind("", 5, dgvPurchase);
                    ControlStatus();
                    ClearContorl();
                }
            }
        }
    }
```

提示(对于带数字标号代码的解释):

① 自定义方法,给变量赋值,判定文本框是否为空,返回 1 表示文本框不为空,返回 0 表示文本框为空。

② 操作标记,标记为 1 时,表示添加;标记为 2 时,表示修改。

③ 公共类中的自定义方法用于添加数据,返回值为 2 时,表示添加成功,返回值为不为 2 时,表示添加失败。

④ 公共类中的自定义方法用于刷新指定的控件。

⑤ 公共类中的自定义方法用于修改数据,返回值为 2 时,表示修改成功,返回值为不为 2 时,表示修改失败。

(5) 新建一个 Windows 窗体,命名为 frmFindGoods.cs,主要用于实现商品进货信息查询。该窗体所包括的主要控件如表 17-11 所示。

表 17-11　进货信息查询窗体中的主要控件

控件类型	控件 Name	主要属性设置	用　途
ComboBox	cmbConditions	Items 属性中添加 3 项	选择查询范围
TextBox	txtQuery	无	输入查询关键字
Button	btnOk	Text 属性设置为"查询"	实现查询
DataGridView	dgvPurChaseInfo	Columns 属性中添加 7 列	显示商品进货信息

(6) 选择查询范围,输入查询关键字后,单击"查询"按钮进行查询,查询结果显示在 DataGridView 控件中。关键代码如下。

【例 17-17】 "查询"按钮的 Click 事件中的代码。

```
tb_JhGoodsInfoMethod jhMethod = new tb_JhGoodsInfoMethod();          //实例化类
```

```
private void btnOk_Click(object sender, EventArgs e)
{
    if (cmbConditions.Text == "")                                   //如果选择项为空
    {
        MessageBox.Show("请选择查询条件!");                           //弹出提示
        return;
    }
    if (cmbConditions.Text != "" && cmbConditions.Text != "查询所有信息" && txtQuery.Text == "")
    {
        MessageBox.Show("请输入查询信息");
        return;
    }
    switch (cmbConditions.Text)                                     //判定条件
    {
        case "商品编号":                                             //商品编号
            jhMethod.tb_JhGoodsInfoFind(txtQuery.Text, 1, dgvPurChaseInfo);
            cmbConditions.SelectedIndex = 0;
            break;
        case "商品名称":                                             //商品名称
            jhMethod.tb_JhGoodsInfoFind(txtQuery.Text, 2, dgvPurChaseInfo);
            cmbConditions.SelectedIndex = 0;
            break;
        case "查询所有信息":                                         //所有信息
            jhMethod.tb_JhGoodsInfoFind(txtQuery.Text, 5, dgvPurChaseInfo);
            cmbConditions.SelectedIndex = 0;
            break;
    }
}
```

17.8 商品销售管理模块设计

17.8.1 商品销售管理模块概述

商品销售管理模块包括商品销售信息窗体和商品退货信息窗体,分别用于对商品销售信息进行浏览、添加、修改、删除和对退货信息进行浏览、添加、修改、删除。“商品销售信息”窗体如图 17-20 所示。当顾客对购买的商品不满意时,在未使用商品的情况下,可以对商品进行退货。“商品退货信息”窗体如图 17-21 所示。

17.8.2 商品销售管理模块技术分析

在开发此模块的过程中,会发现一个很重要的问题,就是要对输入的数据进行严格的控制。此时,需要用到的是 TextBox 控件的 KeyPress 事件和 TextChanged 事件。

1. KeyPress 事件

在控件有焦点的情况下按下按键时发生。下面以商品销售窗体中的文本框 txtdeSellPrice 的 KeyPress 事件进行说明,txtdeSellPrice 文本框是用来输入销售单价的控件。

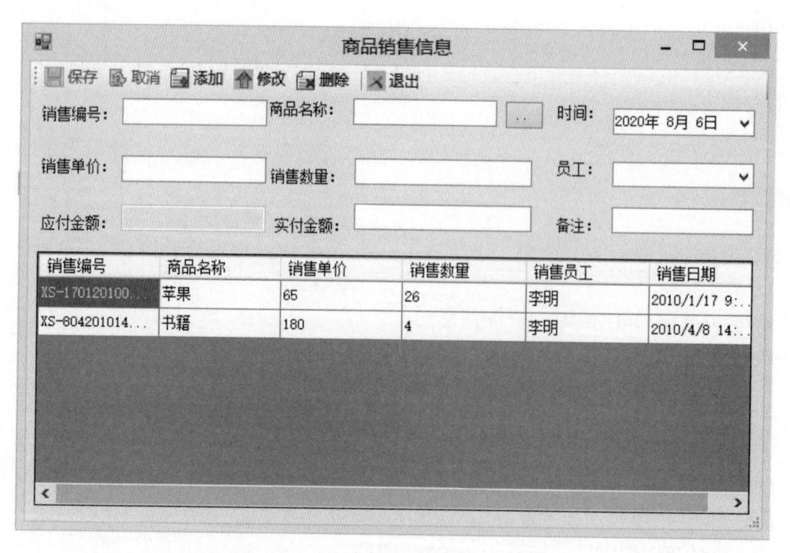

图 17-20 “商品销售信息”窗体

图 17-21 “商品退货信息”窗体

【例 17-18】 txtdeSellPrice 文本框的 KeyPress 事件中的代码。

```
private void txtdeSellHasPay_KeyPress(object sender, KeyPressEventArgs e)
{
    if (e.KeyChar != 8 && !char.IsDigit(e.KeyChar) && e.KeyChar != '.')      //获取输入的值
    {
        MessageBox.Show("输入数字");                                          //弹出提示
        e.Handled = true;
    }
}
```

2. TextChanged 事件

在控件的 Text 属性值更改时发生。下面以在商品销售窗体中如何实现自动生成应付金额为例，来说明 TextChanged 事件的使用。一般来说，应付金额是等于销售单价乘以销售数量之积。

【例 17-19】 通过 txtSellGoodsNum 文本框的 TextChanged()事件，自动计算商品的应付金额的代码。

```
private void txtSellGoodsNum_TextChanged(object sender, EventArgs e)
{
    if (txtdeSellPrice.Text != "" && txtSellGoodsNum.Text!= "")          //如果输入不为空
    {
        txSellNeedPay.Text = Convert.ToString(Convert.ToSingle(txtdeSellPrice.Text) * Convert.
ToInt32(txtSellGoodsNum.Text));                                     //自动计算应付金额
    }
}
```

17.8.3 商品销售管理模块实现过程

在本模块中所使用的数据表为：tb_SellGoods、tb_ThGoodsInfo。

商品销售管理模块主要实现了商品销售及商品退货管理，具体实现步骤如下。

(1) 新建一个 Windows 窗体，命名为 frmSellGoods.cs，主要用于实现对商品销售信息进行管理。该窗体所包括的主要控件如表 17-12 所示。

表 17-12　商品销售管理窗体的主要控件

对象类型	对象 Name	主要属性设置	用　途
TextBox	txtSellID	无	输入销售 ID
	txtGoodsName	无	输入商品名称
	txtdeSellPrice	无	输入销售单价
	txtSellGoodsNum	无	输入销售数量
	txSellNeedPay	无	显示应付金额
	txtdeSellHasPay	无	输入实付金额
	txtSellRemark	无	输入备注信息
Button	btnQuery	Text 属性设置为"…"	选择商品名称
DateTimePicker	DaSellGoodsTime	无	选择日期
ComboBox	cmbEmpID	无	选择销售员工名称
DataGridView	dgvSellGoods	Columns 属性中添加 6 列	显示商品销售信息
ToolStrip	toolStrip1	Items 属性中添加 6 个 ToolStripButton	显示工具栏

(2) 当窗体加载时，在 dgvSellGoods 控件中显示所有的商品销售信息以及在 cmbEmpId 控件中显示所有的员工名称，以供用户选择进货员工。此处分别调用了公共类中的 tb_SellGoodsFind()方法和 fillCmbProd()方法。tb_SellGoodsFind()方法用于查询所有商品销售信息，并绑定到 DataGridView 控件上；fillCmbProd()方法用于查询所有员工名称，并绑定到 ComboBox 控件上。关键代码如下。

【例 17-20】 在商品进货信息窗体中，在 dgvSellGoods 控件中显示所有的商品进货信息以及在 cmbEmpId 控件中显示所有的员工名称的关键代码。

```
private void frmSellGoods_Load(object sender, EventArgs e)
{
    sellMethod.tb_SellGoodsFind(dgvSellGoods);                    //显示所有的商品销售信息
    empMethod.fillCmbProd(this.cmbEmpID);                         //显示所有的员工名称
}
```

(3) 当单击 DataGridView 控件中显示的某条信息时，可以查看其详细信息。在控件的 CellClick 事件中调用自定义的 FillControls()方法可以实现此功能。关键代码如下。

【例 17-21】 在商品进货信息窗体中，在 dgvSellGoods 控件中单击某条信息，相应的各项信息会显示在对应的文本框中的关键代码。

```
private void dgvSellGoods_CellClick(object sender, DataGridViewCellEventArgs e)
{
    if (intCount == 2 || intCount == 3)
    {
        FillControls();
    }
}
```

自定义的 FillControls()方法，根据单击商品信息商品销售信息的编号，检索出与之相关的所有信息，并显示到相关的控件中。其关键代码如下。

【例 17-22】 自定义的 FillControls()方法的关键代码。

```
private void FillControls()
{
    try
    {
        //调用 dtb_SellGoodsFind 方法返回 SqlDataReader 对象
        SqlDataReader sqldr = sellMethod.dtb_SellGoodsFind(this.dgvSellGoods[0, this.dgvSellGoods.
CurrentCell.RowIndex].Value.ToString());
        sqldr.Read();                                             //调用 Read 方法读取
        if (sqldr.HasRows)                                        //判定是否存在数据
        {
            txtSellID.Text = sqldr[0].ToString();                 //获取商品销售编号
            //设置商品销售编号文本框的 Enable 属性为 false
            txtSellID.Enabled = false;
            cmbEmpID.Text = sqldr[3].ToString();                  //获取员工名称
            txtGoodsName.Text = sqldr[4].ToString();              //获取商品名称
            txtSellGoodsNum.Text = sqldr[5].ToString();           //获取销售数量
            //获取销售时间
            DaSellGoodsTime.Value = Convert.ToDateTime(sqldr[6].ToString());
            txtSellRemark.Text = sqldr[10].ToString();            //获取销售备注
            txtdeSellPrice.Text = sqldr[7].ToString();            //获取销售单价
            txSellNeedPay.Text = sqldr[8].ToString();             //获取应付金额
            txtdeSellHasPay.Text = sqldr[9].ToString();           //获取实付金额
        }
        sqldr.Close();                                            //关闭对象
```

```
    }
    catch (Exception ee)
    {
        MessageBox.Show(ee.ToString());
    }
}
```

(4) 当添加新数据或者对指定的信息进行修改时，确认输入无误后，单击菜单栏中的“保存”按钮，完成对新数据的添加或确认修改。其关键代码如下。

【例 17-23】 “保存”按钮的 Click 事件中的代码。

```
private void toolSave_Click(object sender, EventArgs e)
{
①   if (fillGetInfo() == 1)                                     //判定返回值是否为 1
    {
②       if (intCount == 1)                                      //如果 intCount 等于 1,执行添加操作
        {
③           int nTemp = sellMethod.blSellGoodsNum(GoodId);   //获取商品库存数量
            //获取销售的数量
            int nTemp1 = Convert.ToInt32(this.txtSellGoodsNum.Text.Trim());
            //比较商品库存数量与销售数量,应该是销售数量小于或等于库存数量,才能销售
            if ( nTemp1 > nTemp )
            {
                MessageBox.Show("商品库存数量不足,请重新填入数量");
                this.txtSellGoodsNum.Text = "";
                return;
            }
            //调用 tb_SellGoodsAdd() 方法添加数据
④           if (sellMethod.tb_SellGoodsAdd(sellGoods) == 1)
            {
                MessageBox.Show("添加成功");
                Clear();                                        //清空文本框
                ControlStatus();                                //设置按钮状态
                intCount = 0;                                   //添加标记
                //调用 tb_ SellGoodsFind()方法重新绑定控件
                sellMethod.tb_SellGoodsFind(dgvSellGoods);
            }
            else
            {
                MessageBox.Show("添加失败");
                Clear();
                ControlStatus();
                intCount = 0;                                   //添加标记
            }
        }
        if (intCount == 2)
        {
            //调用 tb_SellGoodsUpdate()方法修改数据
⑤           if (sellMethod.tb_SellGoodsUpdate(sellGoods) == 1)
            {
```

```
                MessageBox.Show("修改成功");
                Clear();
                ControlStatus();
                intCount = 0;                          //添加标记
                sellMethod.tb_SellGoodsFind(dgvSellGoods);
            }
            else
            {
                MessageBox.Show("修改失败");
                Clear();
                ControlStatus();
                intCount = 0;                          //添加标记
            }
        }
        if (intCount == 3)
        {
            //删除商品销售信息时,要同时更新商品的库存信息
            //否则会导致数据的不准确
            tb_KcGoods kcGoods = new tb_KcGoods();
            kcGoods.strGoodsID = sellGoods.strGoodsID;
            kcGoods.intKcNum = Convert.ToInt32(this.txtSellGoodsNum.Text.Trim());
⑥          if (sellMethod.tb_SellGoodsDelete(sellGoods) == 1)
            {
                //更新库存表中库存数量
⑦              if (sellMethod.tb_KcGoodsUpdate(kcGoods) == 1)
                {
                    MessageBox.Show("删除成功");
                    Clear();
                    ControlStatus();
                    intCount = 0;                      //添加标记
                    sellMethod.tb_SellGoodsFind(dgvSellGoods);
                }
            }
            else
            {
                MessageBox.Show("删除失败");
                Clear();
                ControlStatus();
                intCount = 0;                          //添加标记
            }
        }
    }
}
```

提示(对于带数字标号的代码的解释):

① 自定义方法,给变量赋值,判定文本框是否为空,返回 1 表示文本框不为空,返回 0 表示文本框为空。

② 操作标记,标记为 1 时,表示添加;标记为 2 时,表示修改;标记为 3 时,表示删除。

③ 公共类中的自定义方法用于获取商品库存数量。

④ 公共类中的自定义方法用于添加数据，返回值为 1 时，表示添加成功，返回值不为 1 时，表示添加失败。

⑤ 公共类中的自定义方法用于修改数据，返回值为 1 时，表示修改成功，返回值不为 1 时，表示修改失败。

⑥ 公共类中的自定义方法用于删除数据，返回值为 1 时，表示删除成功，返回值不为 1 时，表示删除失败。

⑦ 公共类中的自定义方法用于更新商品库存数量，返回值为 1 时，表示更新成功，返回值不为 1 时，表示更新失败。

(5) 新建一个 Windows 窗体，命名为 frmThGoodsInfo. cs，主要用于实现管理所有的商品销售信息，该窗体所包括的主要控件如表 17-13 所示。

表 17-13　商品退货信息窗体中的主要控件

对象类型	对象 Name	主要属性设置	用　途
TextBox	txtThGoodsID	无	输入/显示退货 ID
	txtSellID	无	输入/显示销售 ID
	txtThGoodsName	无	输入/显示商品名称
	txtDataTime	无	输入/显示销售日期
	txtNum	无	输入/显示销售数量
	txtPrice	无	输入/显示销售单价
	txtThGoodsNum	无	输入/显示退货数量
	txtThGoodsPrice	无	输入/显示退货单价
	txtThNeedPay	无	输入/显示应付金额
	txtThHasPay	无	输入/显示实付金额
	txtThGoodsResult	无	输入/显示退货原因
Button	btnQuery	Text 属性设置为“…”	选择销售 ID
ComboBox	cmbEmpID	无	选择/显示员工编号
DateTimePicker	daThGoodsTime	无	选择/显示退货时间
DataGridView	dgvReturnInfo	Columns 属性中添加 5 列	显示所有信息
ToolStrip	toolStrip1	Items 属性中添加 5 个 ToolStripButton	显示工具栏

(6) 为了保证输入信息的准确性，必须对输入的数据类型进行限制，文本框 txtThGoodsNum、txtThGoodsPrice、txtThNeedPay 和 txtThNeedPay 分别用于输入退货数量、退货单价、应付金额和实付金额，所以在这 4 个文本框中不能随意输入数据。但 txtThNeedPay 中的信息是等于 txtThGoodsNum 与 txtThGoodsPrice 相乘的结果。

在文本框中，限制输入数据类型的代码如下。

【例 17-24】 限制在文本框中只能输入数字和退格键(BackSpace)的关键代码。

```
private void txThGoodsNum_KeyPress(object sender, KeyPressEventArgs e)
{
    if (e.KeyChar != 8 && !char.IsDigit(e.KeyChar))            //判定是否输入数字
    {
        MessageBox.Show("输入数字");
```

```
            e.Handled = true;
        }
    }

    private void txtThGoodsPrice_KeyPress(object sender, KeyPressEventArgs e)
    {
        //判定是否输入数字
        if (e.KeyChar != 8 && !char.IsDigit(e.KeyChar) && e.KeyChar != '.')
        {
            MessageBox.Show("输入数字");
            e.Handled = true;
        }
    }

    private void txtThNeedPay_KeyPress(object sender, KeyPressEventArgs e)
    {
        //判定是否输入数字
        if (e.KeyChar != 8 && !char.IsDigit(e.KeyChar) && e.KeyChar != '.')
        {
            MessageBox.Show("输入数字");
            e.Handled = true;
        }
    }
```

下面以在商品退货窗体中如何自动生成应付金额为例，来说明 TextChanged 事件的使用。通过 TextChanged 事件自动生成应付金额的关键代码如下。

【例 17-25】 通过 TextChanged 事件自动生成应付金额的关键代码。

```
    private void txtThGoodsNum_TextChanged(object sender, EventArgs e)
    {
        if (txtThGoodsNum.Text != "" && txtThGoodsPrice.Text != "")
        {
            txtThHasPay.Text = Convert.ToString(Convert.ToSingle(txtThGoodsPrice.Text) * Convert.
ToInt32(txtThGoodsNum.Text));
        }
    }

    private void txtThGoodsPrice_TextChanged(object sender, EventArgs e)
    {
        if (txtThGoodsNum.Text != "" && txtThGoodsPrice.Text != "")
        {
            txtThHasPay.Text = Convert.ToString(Convert.ToSingle(txtThGoodsPrice.Text) * Convert.
ToInt32(txtThGoodsNum.Text));
        }
    }
```

（7）当添加新数据或者对指定的信息进行修改、删除时，确认输入无误后，单击菜单栏中的“保存”按钮，完成对新数据的添加或确认修改、删除。关键代码如下。

【例 17-26】 “保存”按钮的 Click 事件中的代码。

```
    private void toolSave_Click(object sender, EventArgs e)
```

```
{
    if (retuCount() == 1)
    {
        if (intCoun == 1)                                       //添加退货信息
        {
            //比较商品销售数量与退货数量
            //退货数量不能大于销售数量
            int nSellNum = Convert.ToInt32(this.txtNum.Text.Trim());
            int nReturnNum = Convert.ToInt32(this.txtThGoodsNum.Text.Trim());
            if (nReturnNum > nSellNum)
            {
                MessageBox.Show("退货数量不正确,请重新填入数量");
                this.txtThGoodsNum.Text = "";
                return;
            }

            if (tbMendd.tb_ThGoodsAdd(tbGoodinfo) == 1)         //判定是否添加成功
            {
                MessageBox.Show("添加成功");                    //弹出提示
                ControlStatus();                                //调用方法
                getClear();                                     //调用方法
                tbMendd.tb_ThGoodsFind(dgvReturnInfo);          //调用方法
                intCoun = 0;                                    //添加标记
            }
            else
            {
                MessageBox.Show("添加失败");
                ControlStatus();
                getClear();
                tbMendd.tb_ThGoodsFind(dgvReturnInfo);
                intCoun = 0;                                    //添加标记
            }
        }
        if (intCoun == 2)                                       //修改退货信息
        {
            if (tbMendd.tb_ThGoodsUpdate(tbGoodinfo) == 1)      //判定是否修改成功
            {
                MessageBox.Show("修改成功");
                ControlStatus();
                getClear();
                tbMendd.tb_ThGoodsFind(dgvReturnInfo);
                intCoun = 0;                                    //修改标记
            }
            else
            {
                MessageBox.Show("修改失败");
                ControlStatus();
                getClear();
                tbMendd.tb_ThGoodsFind(dgvReturnInfo);
                intCoun = 0;                                    //修改标记
            }
        }
        if (intCoun == 3)                                       //删除退货信息
```

```
                {
                    if (tbMendd.tb_ThGoodsDelete(txtThGoodsID.Text) == 1)  //判定是否删除成功
                    {
                        MessageBox.Show("删除成功");
                        ControlStatus();
                        getClear();
                        tbMendd.tb_ThGoodsFind(dgvReturnInfo);
                        intCoun = 0;                                       //删除标记
                    }
                    else
                    {
                        MessageBox.Show("删除失败");
                        ControlStatus();
                        getClear();
                        tbMendd.tb_ThGoodsFind(dgvReturnInfo);
                        intCoun = 0;                                       //删除标记
                    }
                }
            }
        }
```

17.9 库存管理模块设计

17.9.1 库存管理模块概述

超市在经营过程中,需要对商品信息进行入库处理。根据实际需求开发出库存管理模块,此模块包含库存警报窗体和库存查询窗体。

当某件商品出现短缺情况时,需要设置库存警报,提醒经营者对短缺的商品进行补充。"库存警报"窗体运行结果如图 17-22 所示。库存信息查询主要是根据用户选择的条件和输入的查询关键字查询货物的库存信息,仓库管理人员可以通过库存查询及时了解指定货物在库存中的详细情况。库存查询窗体运行结果如图 17-23 所示。

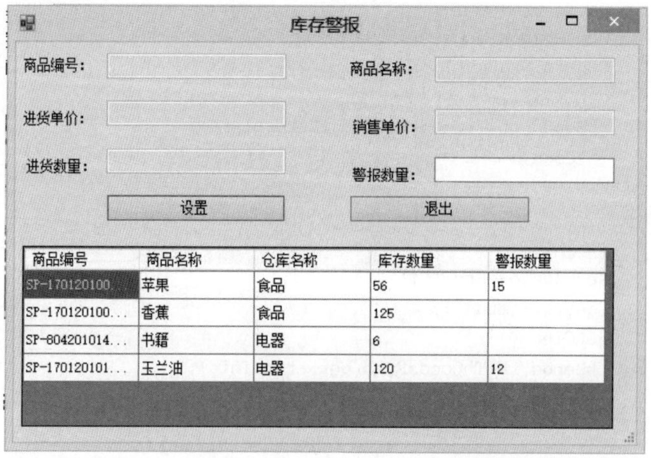

库存警报

商品编号: 商品名称:
进货单价: 销售单价:
进货数量: 警报数量:
设置 退出

商品编号	商品名称	仓库名称	库存数量	警报数量
SP-170120100...	苹果	食品	56	15
SP-170120100...	香蕉	食品	125	
SP-604201014...	书籍	电器	6	
SP-170120101...	玉兰油	电器	120	12

图 17-22 "库存警报"窗体运行结果

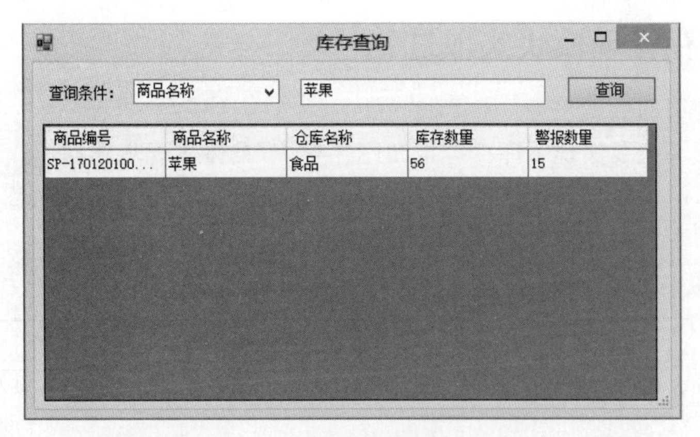

图 17-23　“库存查询”窗体运行结果

17.9.2　库存管理模块技术分析

开发库存管理模块过程中，使用 ComboBox 控件选择库存查询的范围，ComboBox 控件的功能强大，使用方便。在应用中，主要使用此控件的 Text 属性，Text 属性用来获取或设置与控件关联的文本。

下面以库存信息查询窗体中的 ComboBox 控件的应用为例，说明如何使用 ComboBox 控件选择库存查询的范围。

【例 17-27】　使用 ComboBox 控件选择库存查询的范围的代码。

```
private void btnSearch_Click(object sender, EventArgs e)
{
    if (this.cmbKey.Text == "")
    {
        MessageBox.Show("请选择查询条件!");
        return;
    }
    if (this.txtKey.Text == "")
    {
        MessageBox.Show("请输入查询信息");
        return;
    }
    switch (cmbKey.Text)
    {
        case "商品编号"://"商品编号":
            kcgood.strGoodsID = txtKey.Text;
            tb_GoodMethd.tb_ThGoodsFind(this.dgvStockInfo, 1, kcgood);
            break;
        case "商品名称"://商品名称"
            kcgood.strKcGoodsName = txtKey.Text;
            tb_GoodMethd.tb_ThGoodsFind(this.dgvStockInfo, 2, kcgood);
            break;
    }
}
```

17.9.3 库存管理模块实现过程

在本模块中所使用的数据表为：tb_KcGoods。

商品销售管理模块主要实现了库存警报和库存查询，具体实现步骤如下。

(1) 新建一个 Windows 窗体，命名为 frmKcGoods.cs，主要用于实现对商品库存信息进行管理。该窗体所包括的主要控件如表 17-14 所示。

表 17-14 库存警报窗体中的主要控件

对象类型	对象 Name	主要属性设置	用途
TextBox	txtID	无	输入商品 ID
	txtGoodsName	无	输入商品名称
	txtGoodsJhPrice	无	输入进货单价
	txtGoodsSellPrice	无	输入销售单价
	txtGoodsNum	无	输入进货数量
	txtNum	无	输入警报数量
Button	btnAdd	Text 属性设置为"设置"	设置库存警报信息
	btnExit	Text 属性设置为"退出"	关闭库存警报窗体
DataGridView	dgvStockInfo	Columns 属性中添加 5 列	显示所有信息

(2) 当窗体加载时，首先检索出现有的库存警报数据绑定到 DataGridView 控件上显示出来。关键代码如下。

【例 17-28】 在库存警报窗体中，在 dgvStockInfo 控件中显示现有的库存警报信息的关键代码。

```
private void frmStockGoodsInfo_Load(object sender, EventArgs e)
{
    tb_GoodMethd.tb_ThGoodsFind(dgvStockInfo, 4, kcGood);                //调用方法
}
```

(3) 当单击 DataGridView 控件中显示的某条信息时，可以查看其详细信息。在控件的 CellClick 事件中调用自定义的 FillControls()方法可以实现此功能。关键代码如下。

【例 17-29】 在库存警报窗体中，在 dgvStockInfo 控件中单击某条信息，相应的各项信息会显示在对应的文本框中的关键代码。

```
private void dgvStockInfo_CellClick(object sender, DataGridViewCellEventArgs e)
{
     FillControls();
}
```

自定义的 FillControls()方法，根据单击商品销售信息的编号，检索出与之相关的所有信息，并显示到相关的控件中。关键代码如下。

【例 17-30】 自定义的 FillControls()方法的关键代码。

```
private void FillControls()
{
    try
```

```
    {
        SqlDataReader sqldr = tb_GoodMethd.tb_ThGoodsFind(this.dgvStockInfo[0, this.dgvStockInfo.
CurrentCell.RowIndex].Value.ToString());

        sqldr.Read();
        if (sqldr.HasRows)
        {
            txtID.Text = sqldr[1].ToString();                          //显示商品 ID
            txtGoodsName.Text = sqldr[2].ToString();                   //显示商品名称
            txtGoodsJhPrice.Text = sqldr[9].ToString();                //显示进货价格
            txtGoodsSellPrice.Text = sqldr[10].ToString();             //显示销售价格
            txtGoodsNum.Text = sqldr[5].ToString();                    //显示进货数量
        }
        sqldr.Close();
    }
    catch (Exception ee)
    {
        MessageBox.Show(ee.ToString());
    }
}
```

（4）如果某件商品库存数量改变，可以选中该商品信息，然后修改其警报数量，单击"设置"按钮后，更改商品的库存警报数量。关键代码如下。

【例 17-31】 在库存警报窗体中，设置商品的库存警报数量的关键代码。

```
private void btnAdd_Click(object sender, EventArgs e)
{
    if (txtID.Text == "")
    {
        MessageBox.Show("请选择商品信息");                          //弹出提示
        return;
    }
    if (txtNum.Text == "")
    {
        MessageBox.Show("请输入商品警报数量");                      //弹出提示
        return;
    }
    int intResult = tb_GoodMethd.tb_KcGoodsUpdate(txtID.Text, Convert.ToInt32(txtNum.Text));
    if (intResult == 1)
    {
        MessageBox.Show("添加成功!");
        tb_GoodMethd.tb_ThGoodsFind(this.dgvStockInfo, 4, kcGood);    //调用方法
        ClearFill();                                                 //调用方法
    }
    else
    {
        MessageBox.Show("添加失败!");
        ClearFill();
    }
}
```

(5) 新建一个 Windows 窗体,命名为 frmStockGoodsFind.cs,主要用于实现查询库存信息。该窗体用到的主要控件如表 17-15 所示。

表 17-15 库存查询窗体中的主要控件

控件类型	控件 Name	主要属性设置	用途
ComboBox	cmbKey	Items 属性中添加两项	设置查询范围
TextBox	txtKey	无	输入查询关键字
Button	btnSearch	Text 属性中设置为"查询"	查询
DataGridView	dgvStockInfo	Columns 属性中添加 5 列	显示所查询的信息

(6) 设置查询范围,输入查询关键字,单击"查询"按钮进行查询,与关键字相关的信息会显示在 DataGridView 控件中。关键代码如下。

【例 17-32】 在库存查询窗体中,实现商品库存信息查询的关键代码。

```
private void btnSearch_Click(object sender, EventArgs e)
{
    if (this.cmbKey.Text == "")                              //判定是否选择查询条件
    {
        MessageBox.Show("请选择查询条件!");
        return;
    }
    if (this.txtKey.Text == "")                              //判定是否输入查询信息
    {
        MessageBox.Show("请输入查询信息");
        return;
    }
    switch (cmbKey.Text)
    {
        case "商品编号":                                     //商品编号
            kcgood.strGoodsID = txtKey.Text;
            tb_GoodMethd.tb_ThGoodsFind(this.dgvStockInfo, 1, kcgood);
            break;
        case "商品名称":                                     //商品名称
            kcgood.strKcGoodsName = txtKey.Text;
            tb_GoodMethd.tb_ThGoodsFind(this.dgvStockInfo, 2, kcgood);
            break;
    }
}
```

17.10 系统开发技巧与难点分析

开发本系统过程中,使用了触发器。触发器是一种特殊类型的存储过程,它与数据表相结合,当数据表中的数据被更改时,触发器会被触发,执行相应操作,这说明了触发器是由数据库管理系统调用的。当使用一种或多种数据修改操作,在指定表中对数据进行修改时,触发器会生效。数据修改操作包括 UPDATE、INSERT 或 DELETE。触发器可以查询其他表,而且可以包含复杂的 SQL 语句。它们主要用于强制复杂的业务规则或要求。

触发器语句中使用了两种特殊的表:deleted 和 inserted 表。可以使用这两个临时的驻留内存的表测试某些数据修改的效果及设置触发器操作的条件;然而,不能直接对表中的数据进行更改。deleted 表用于存储 DELETE 和 UPDATE 语句所影响的副本。在执行 DELETE 和 UPDATE 语句时,行从触发器表中删除,并传输到 deleted 表中。deleted 表和触发器表通常没有相同的行。

inserted 表用于存储 INSERT 和 UPDATE 语句所影响的行的副本。在一个插入或更新事务处理中,新建行被同时添加到 inserted 表和触发器表中。inserted 表中的表是触发器表中新行的副本。

更新事务类似于在删除之后执行插入。首先旧行被复制到 deleted 表中,然后新行被复制到触发器表和 inserted 表中。

由上面的论述,可以得到如下的规律。

1. 插入操作(Insert)

inserted 表有数据,deleted 表无数据。

2. 删除操作(Delete)

inserted 表无数据,deleted 表有数据。

3. 更新操作(Update)

inserted 表有数据(新数据),deleted 表有数据(旧数据)。

在本系统的开发中,主要用到 8 个触发器,它们分别在表 tb_JhGoodsInfo、tb_SellGoods 和 tb_ThGoodsInfo 中。在此只介绍两个触发器,其他触发器可参见本书的附带光盘。

1) tri_JhGoods_Add 触发器

触发器 tri_JhGoods_Add 主要实现向进货信息表(tb_JhGoodsInfo)中添加新记录时,在库存信息表(tb_KcGoods)中自动添加记录的功能。创建该触发器的 SQL 语句如下。

```
Create Trigger [dbo].[tri_JhGoods_Add] on [dbo].[tb_JhGoodsInfo]
for insert
as insert into tb _ KcGoods ( GoodsID, JhCompName, KcDeptName, KcGoodsName, KcNum, KcUnit, KcTime,
KcGoodsPrice,KcSellPrice,KcRemark,KcEmp,KcFalg)
select inserted. GoodsID, inserted. JhCompName, inserted. DepotName, inserted. GoodsName, inserted.
GoodsNum, inserted. GoodsUnit, Inserted. GoodTime, inserted. GoodsJhPrice, inserted. GoodsSellPrice,
inserted.GoodsRemark,inserted.EmpId,0 FROM Inserted
```

2) tri_JhGoods_Update 触发器

触发器 tri_JhGoods_Update 主要实现在进货信息表(tb_JhGoodsInfo)中更新记录时,在库存信息表(tb_KcGoods)中自动更新记录的功能。创建该触发器的 SQL 语句如下。

```
Create Trigger [dbo].[tri_JhGoods_Update] on [dbo].[tb_JhGoodsInfo]
for update
as update tb_KcGoods set JhCompName = i.JhCompName,KcDeptName = i.DepotName,
KcGoodsName = i.GoodsName,KcNum = i.GoodsNum,KcUnit = i.GoodsUnit,
KcTime = i.GoodTime,KcGoodsPrice = i.GoodsJhPrice,
KcSellPrice = i.GoodsSellPrice,KcRemark = i.GoodsRemark,KcEmp = i.EmpId,KcFalg = 0
from tb_KcGoods Kc,inserted i
where Kc.GoodsID = i.GoodsID
```

17.11 小结

在本章中,开发了一套完整的超市进销存管理系统。在系统开发中,要从实际应用开发,根据实际需要设计流程图。根据实际系统数据量来选择数据库,分析系统具体需要的模块,对模块要进行严格的编码控制,对于一些常见的错误要进行异常处理。

通过对本章的学习,读者不仅能够掌握超市进销存管理系统的开发流程,而且对开发其他软件也有很好的启发和借鉴意义。

参 考 文 献

[1] 黄兴荣,李昌领,李继良. C#程序设计实用教程[M]. 2版.北京：清华大学出版社,2016.
[2] 黄兴荣. C#程序设计项目教程——实验指导与课程设计[M]. 北京：清华大学出版社,2010.
[3] 明日科技. C#项目开发全程实录[M].4版. 北京：清华大学出版社,2018.
[4] 段德亮,余健,张仁才,等. C#课程案例精编[M]. 北京：清华大学出版社,2008.

图书资源支持

感谢您一直以来对清华版图书的支持和爱护。为了配合本书的使用，本书提供配套的资源，有需求的读者请扫描下方的“书圈”微信公众号二维码，在图书专区下载，也可以拨打电话或发送电子邮件咨询。

如果您在使用本书的过程中遇到了什么问题，或者有相关图书出版计划，也请您发邮件告诉我们，以便我们更好地为您服务。

我们的联系方式：

地　　址：北京市海淀区双清路学研大厦A座714

邮　　编：100084

电　　话：010-83470236　010-83470237

客服邮箱：2301891038@qq.com

QQ：2301891038（请写明您的单位和姓名）

资源下载：关注公众号“书圈”下载配套资源。

书圈

获取最新书目

观看课程直播